全国职业技术院校模具制造/模具设计专业教材

模具钳工技能训练
(第二版)

人力资源和社会保障部教材办公室组织编写

中国劳动社会保障出版社

简介

本书主要内容包括入门知识、测量、划线、錾削、锯削、锉削、孔和螺纹加工、锉配、研磨与抛光、模具的制作等。

本书由宋军民主编，邓敏、储燕清、赵钱、戴文博参加编写。

图书在版编目(CIP)数据

模具钳工技能训练/人力资源和社会保障部教材办公室组织编写. —2版. —北京：中国劳动社会保障出版社，2016

全国职业技术院校模具制造/模具设计专业教材

ISBN 978-7-5167-2708-9

Ⅰ.①模… Ⅱ.①人… Ⅲ.①模具-钳工-职业教育-教材 Ⅳ.①TG76

中国版本图书馆CIP数据核字（2016）第195910号

中国劳动社会保障出版社出版发行

（北京市惠新东街1号 邮政编码：100029）

*

北京市艺辉印刷有限公司印刷装订 新华书店经销

787毫米×1092毫米 16开本 14.75印张 300千字

2016年9月第2版 2020年12月第3次印刷

定价：27.00元

读者服务部电话：(010) 64929211/84209101/64921644

营销中心电话：(010) 64962347

出版社网址：http://www.class.com.cn

http://zyjy.class.com.cn

为了更好地适应全国职业技术院校模具类专业的教学要求，全面提升教学质量，人力资源和社会保障部教材办公室组织有关学校的骨干教师和行业、企业专家，对全国中等职业技术学校和高等职业技术院校模具类专业教材进行了修订和补充开发。教材的修订和开发以人力资源社会保障部颁布的《技工院校模具制造专业教学计划和教学大纲（2016）》与《技工院校模具设计专业教学计划和教学大纲（2016）》为依据，充分调研了企业生产和学校教学情况，广泛听取了教师对现行教材使用情况的反馈意见，吸收和借鉴了各地职业技术院校教学改革的成功经验。

教材体系

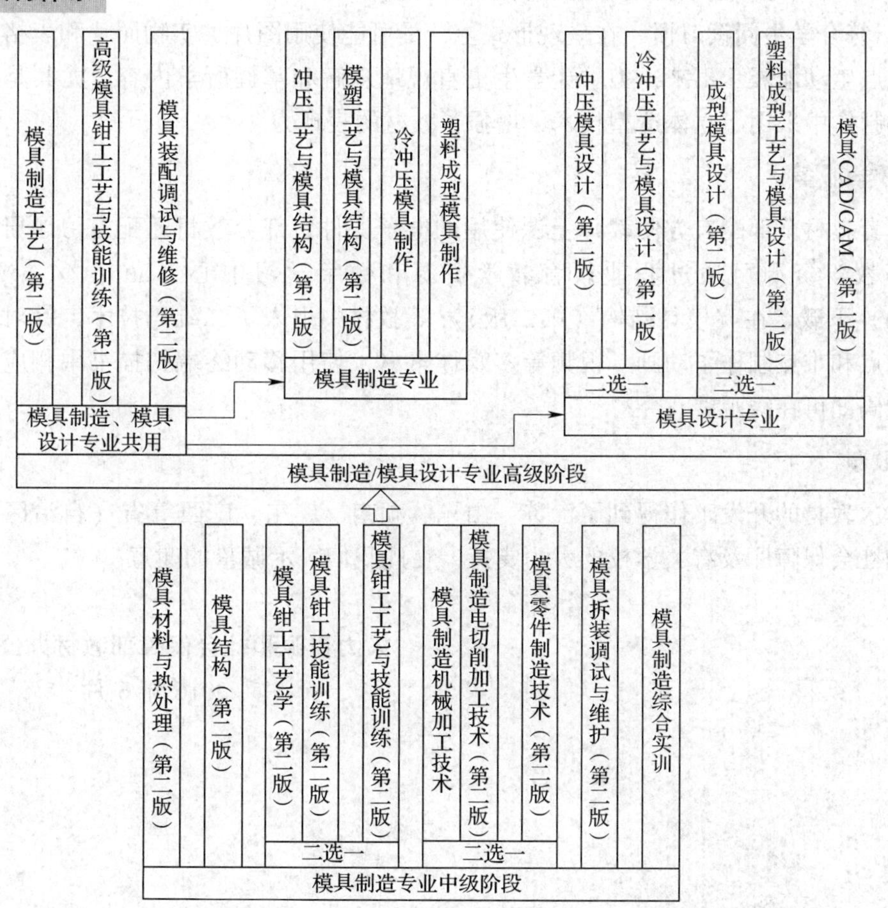

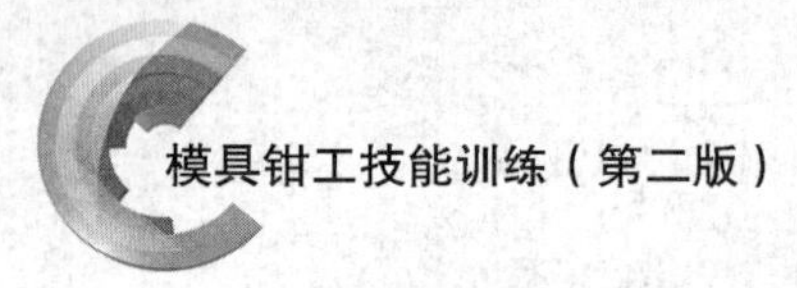

适用对象

模具制造/模具设计专业中级、高级两个层次和以下 3 种学制：

- 初中毕业生 3 年学制培养中级工
- 高中毕业生 3 年学制培养高级工
- 初中毕业生 5 年学制培养高级工

编写特色

◆ **紧贴国家职业标准** 紧密贴合《中华人民共和国职业分类大典（2015 年版）》中对模具工等职业的职业能力要求，同时参照了模具工、工具钳工等国家职业技能标准。

◆ **体现行业技术发展** 根据模具行业的最新发展，在教材中充实模具制造、设计方面的新技术，如模具 CAD/CAM/CAE 技术、快速成型技术、多轴数控加工技术、微细加工技术等，体现教材的先进性。

◆ **更新国家技术标准** 采用最新的国家技术标准，如《工模具钢》（GB/T 1299—2014）、《冲压件尺寸公差》（GB/T 13914—2013）、《冲压件角度公差》（GB/T 13915—2013）等，使教材内容更加科学和规范。

◆ **符合学生阅读习惯** 在呈现形式上，尽可能使用图片、实物照片和表格等形式将知识点生动地展示出来，力求让学生更直观地理解和掌握所学内容。尤其是在教材插图的制作中采用了立体造型技术，增强了教材的表现力。

教学服务

本套教材全部配有方便教师上课使用的电子课件，部分教材还配有习题册，电子课件等教学资源可通过职业教育教学资源和数字学习中心（http：// zyjy. class. com. cn）下载。在《模具结构（第二版）》等教材中引入了二维码技术，针对书中的教学重点和难点制作了动画、视频等多媒体素材，使用移动终端扫描书中相应位置处的二维码即可在线观看。

致谢

本次教材的开发工作得到了江苏、山东、湖南、广东、广西等省（自治区）人力资源和社会保障厅及有关学校的大力支持，在此我们表示诚挚的谢意。

人力资源和社会保障部教材办公室

2016 年 6 月

目 录
Contents

入门知识

任务一 车 间 参 观

工作任务

模具钳工具有技术性强、灵活性大、手工操作多、工作范围广等特点。作为一名技能人才，必须对生产环境有一个较全面的认识。本任务就是参观钳工车间，了解模具钳工工作内容及技能要求，熟悉常用设备名称及安全操作规程，认知车间安全操作标识，并掌握6S管理的基本含义。钳工实习车间如图1—1—1所示。

图1—1—1 钳工实习车间

相关理论

模具是成型制品或零部件生产的重要工艺装备，从航空、航天、汽车、轻工、医疗器械、建筑等行业的零部件，到计算机及各种家用电器，乃至人们日常生活用品，几乎各行各业都有模具生产的制品和零部件。模具工业是国民经济发展的重要支柱，现代工业发达的国家对模具工业都十分重视。模具技术水平的高低，反映了一个国家制造业的能力和工业产品的水平。

1. 模具钳工工作内容及技能要求

（1）模具钳工工作内容

钳工是采用手工工具且经常在台虎钳上进行手工操作的工种。随着科学技术的不断发展，机械自动化加工的水平越来越高，钳工的工作范围也越来越广，需要掌握的知识及技能也越来越多，于是产生了分工，以适应不同的专业需求。按工作内容及性质，钳工可分为普通钳工、机修钳工、工具钳工三类，而模具钳工属于工具钳工，主要完成模具的制造及修理工作，其工作内容如下：

1）模具加工前的准备工作，如毛坯表面的清理、工件的划线等。

2）一些精密零件的加工，如制作样板及工具、模具用的有关零件，刮削、研磨有关表面。

3）模具的装配、调整、试模及维修。

4）模具在装配前进行的钻孔、铰孔、攻螺纹、套螺纹，及装配时进行的零件修理等。

（2）模具钳工技能要求

作为一名优秀的模具钳工，应掌握的基本操作技能有划线、錾削、锯削、锉削、钻孔、扩孔、锪孔、铰孔、攻螺纹、套螺纹、矫正、弯形、刮削、研磨、测量和简单的热处理等（见图1—1—2），并掌握模具的加工制作、调试和修理等技能。

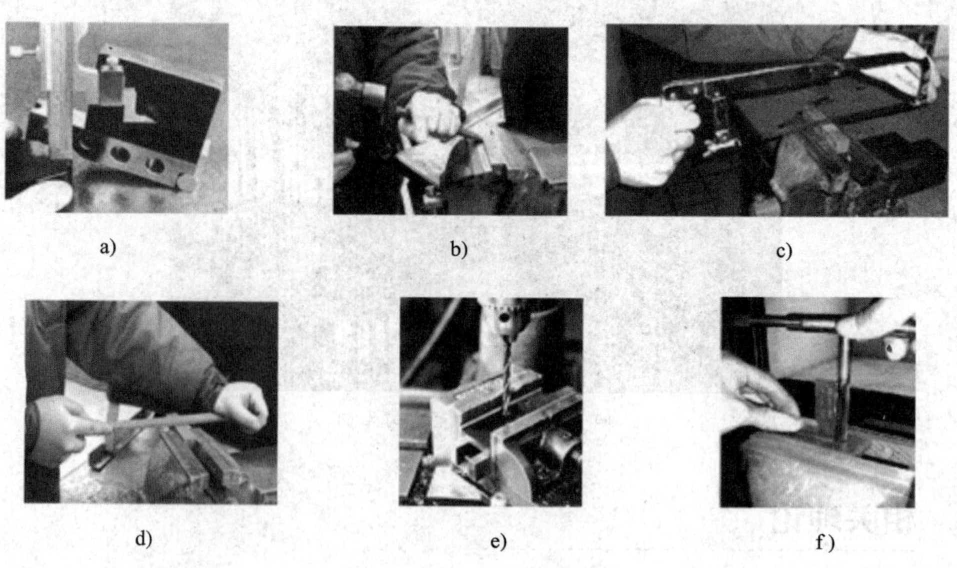

a)　b)　c)　d)　e)　f)

g)

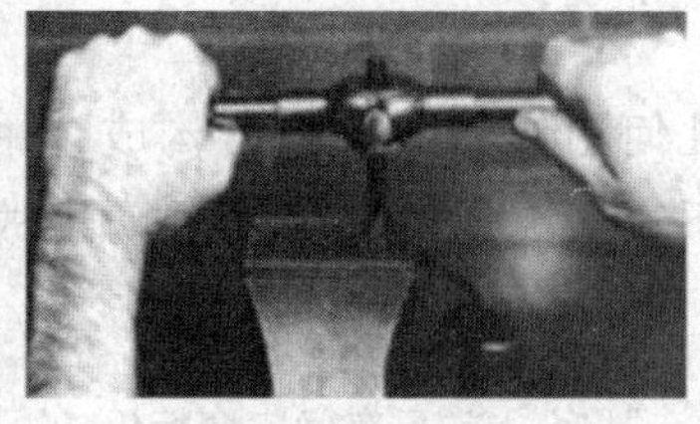
h)

i)

图 1—1—2 模具钳工基本操作技能

a）划线 b）錾削 c）锯削 d）锉削 e）钻孔 f）铰孔 g）攻螺纹 h）套螺纹 i）弯形

另外，模具钳工应掌握所加工模具的结构、模具零部件的加工工艺、模具材料及其性能、模具的标准化等知识。

2. 6S 管理

（1）基本含义

6S 就是整理（SEIRI）、整顿（SEITON）、清扫（SEISO）、清洁（SEIKETSU）、素养（SHITSUKE）、安全（SECURITY）六个项目，因均以字母“S”开头，简称 6S。6S 是指在现场对人员、机器、材料、方法、环境等生产要素进行有效的管理，是现代企业中流行的一种管理方法。通过 6S 管理，能营造一目了然的工作环境，其最终目的是提升工作效率，养成员工遵守规定、自觉维护工作环境整洁以及文明礼貌的良好习惯。

（2）基本内容

6S 管理基本内容见表 1—1—1。

表 1—1—1 6S 管理基本内容

项目	基本内容	目的
整理	将工作场所的物品区分为有必要和没有必要两种，将有必要的保留，其他的清除	活用空间，消除积压物品，防止物品误用，营造清爽的工作场所环境
整顿	把保留的必要物品依规定位置整齐地摆放，并加以标识	工作环境整齐，工作场所一目了然，节省寻找物品的时间
清扫	清扫工作场所，保持环境干净、亮丽	稳定品质，减少工业伤害
清洁	维持清扫过后的现场整洁美观	维持上面 3S 成果
素养	每位成员遵守规则做事，培养积极主动的精神，养成良好的习惯	培养遵守规则、有好习惯的员工，营造团结合作的精神
安全	重视全员安全教育，树立安全第一的观念，防患于未然	建立安全生产环境，将工作建立在安全的前提下

3. 车间安全标识

安全标识由安全色、几何图形和图形符号构成，用来表达特定的安全信息。安全标识的作用是引起人们对不安全因素的注意，预防事故的发生，常见车间安全标识见表1—1—2。

表1—1—2　　常见车间安全标识

标识	 禁止通行 NO THOROUGHFARE	 禁止饮用 NO DRINKING	 禁止乘人 NO RIDING	 禁止戴手套 NO PUTTING ON GLOVES	 禁止堆放 NO STACKING
含义	此处禁止行人通过	不是饮用水，禁止饮用	吊栏或货梯不允许人乘坐	在操作时，不允许戴手套	禁止堆放物品
标识	 修理时禁止转动	 禁止抛物 NO TOSSING	 禁止吊钻杆时过人	 禁止伸入 NO REACHING IN	 禁止携带金属物或手表
含义	维修时，禁止转动方向盘	禁止从高空向下抛扔物品	吊钻杆时，禁止人通过	在危险地方，禁止将手伸入	禁止携带金属物或手表进入
标识	 禁止翻滚	 注意安全 CAUTION DANGER	 当心吊物 CAUTION HANGING	 当心烫伤 CAUTION SCALD	 当心机械绞伤
含义	禁止翻滚物品	车间等处设立的警示标志，提醒人们注意安全	在有行车起吊物品时，应注意安全	在高温区，应注意安全，以免烫伤	在机械加工区，应注意安全，以免被机械绞伤

续表

标识	当心弧光 CAUTION ARC	当心伤手 CAUTION INJURE HAND	当心绊倒 CAUTION STUMBLING	进入厂区请佩戴员工证 WEAR IDENTIFICATION BADGE AT THE FACTORY	PPE 个人防护用品存放处 PERSONAL PROTECTIVE EQUIPMENT AREA
含义	在焊接加工区，应佩戴防护帽，以免弧光灼伤眼睛	在机械加工区，应避免伤手	在堆放物品区，应避免绊倒	在厂区门口设立的提示标志，提醒员工佩戴员工证进入厂区	标示个人防护用品存放的地方
标识	货梯 FREIGHT ELEVATOR	禁止用水灭火 NO WATERING TO PUT OUT THE FIRE	禁止合闸 NO SWITCHING ON	当心触电 DANGER ELECTRIC SHOCK	禁止合闸 有人工作
含义	专门供搬运货物的电梯	不允许用水灭火	不允许合闸操作	带电区域，谨防触电	有人工作，不允许合闸

任务实施

一、实习步骤

1. 参观钳工车间及作品。
2. 在参观车间的过程中，记录表1—1—3所列设备的名称及其安全操作规程。
3. 抄录钳工车间的安全要求。

表1—1—3 设备及其安全操作规程

图例	名称	安全操作规程

续表

图例	名称	安全操作规程

续表

图例	名称	安全操作规程

二、评分标准

车间参观评分标准见表1—1—4。

表1—1—4 车间参观评分标准

班级：________ 姓名：________ 学号：________ 成绩：________

序号	技术要求	配分	评分标准	自检记录	交检记录	得分
1	表1—1—3设备名称填写正确	2×6	错误一处扣2分			
2	表1—1—3安全操作规程填写正确	10×6	错误一处扣10分			
3	钳工车间安全要求抄录正确	28	不正确不得分			
4	遵守参观纪律		违者每次倒扣2分，严重者倒扣5~10分			

任务二　台虎钳的保养

工作任务

模具钳工的很多工作需在台虎钳（见图1—2—1）上完成，本次任务通过保养台虎钳，了解台虎钳的基本结构，熟悉模具钳工常用设备和工、量、刃具，并掌握安全文明生产的基本要求。

图1—2—1　台虎钳

相关理论

1. 模具钳工的常用设备

（1）钳工工作台

钳工工作台（又称钳桌）用来安装台虎钳，放置工具和工件等，如图 1—2—2a 所示，其高度为 800 ~ 900 mm。台虎钳的安装高度一般以钳口高度与操作者肘关节平齐为宜，即操作者将肘关节放在台虎钳最高点并半握拳时，拳刚好抵住下颚，图 1—2—2b 所示为钳工工作台及台虎钳的合适高度。钳工工作台的长度和宽度则随不同的工作情况而定。

a)

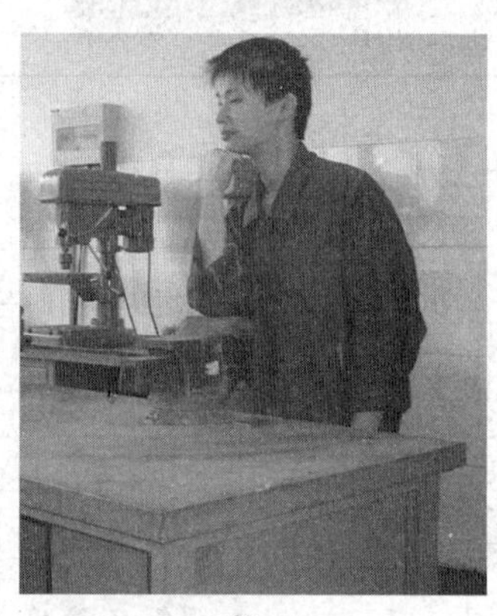

b)

图 1—2—2　钳工工作台及台虎钳的合适高度

（2）台虎钳

台虎钳是用来夹持工件的通用夹具，常用的有固定式和回转式两种，如图 1—2—3 所示。

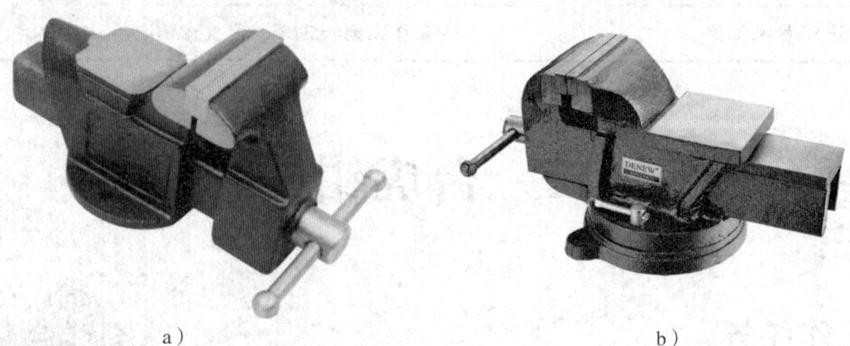

a）　　b）

图 1—2—3　台虎钳的种类

a）固定式　b）回转式

回转式台虎钳的结构如图 1—2—4 所示，其工作原理如下：

活动钳身通过导轨与固定钳身的导轨做滑动配合。丝杆装在活动钳身上，可以旋转，但不能轴向移动，并与安装在固定钳身内的丝杆螺母配合。当摇动手柄使丝杆旋转时，就可以带动活动钳身相对于固定钳身做轴向移动，起夹紧或放松的作用。弹簧借助挡圈和开口销固定在丝杆上，其作用是当放松丝杆时，可使活动钳身及时退出。在固定钳身和活动钳身上各装有钢制钳口，并用螺钉固定。钳口的工作面上制有交叉的网纹，使工件夹紧后不易产生滑动。钳口经过淬硬，具有较好的耐磨性。固定钳身装在转座上，并能绕转座轴线转动，当转到要求的方向时，扳动夹紧手柄使夹紧螺钉旋紧，便可在夹紧盘的作用下把固定钳身固紧。转座上有三个螺栓孔，用来与钳工工作台固定。

台虎钳的规格以钳口的宽度表示，有100 mm、125 mm和150 mm等。在钳工工作台上安装台虎钳时，必须使固定钳身的工作面处于钳工工作台边缘以外，以保证夹持长条形工件时工件的下端不受钳工工作台边缘的阻碍。

（3）砂轮机

砂轮机主要用来刃磨錾子、钻头和刮刀等刀具或其他工具，也可用来磨去工件或材料上的毛刺、锐边、氧化皮等。

砂轮机主要由砂轮、电动机、搁架和机座组成，如图1—2—5所示。

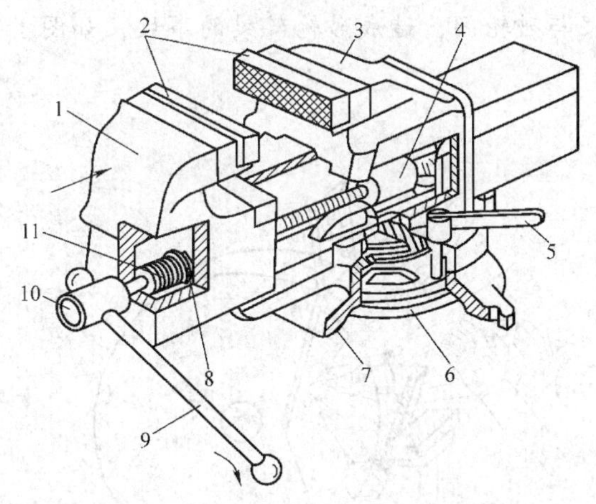

图 1—2—4 回转式台虎钳的结构

1—固定钳身 2—钳口 3—活动钳身 4—螺母 5—夹紧手柄 6—夹紧盘 7—转座 8—挡圈 9—手柄 10—丝杆 11—弹簧

图 1—2—5 砂轮机

1—搁架 2—砂轮 3—电动机 4—机座

重点提示

由于砂轮质地硬而脆，且磨削时砂轮的转速较高，使用时应严格遵守安全操作规程。

1. 根据砂轮使用说明书，选择与砂轮机主轴转数相符合的砂轮。

2. 新领的砂轮要有出厂合格证或检查试验标志。安装前如发现砂轮的质量、硬度、粒度和外观等有缺陷，则不能使用。

3. 砂轮机的旋转方向要正确，只能使磨屑向下飞离砂轮。

4. 新装砂轮在启动时不要过急，先点动检查，经过 5～10 min 试转后，才能使用。

5. 砂轮机启动后，应在旋转平稳后再进行磨削。若砂轮机跳动明显，应及时停机修整。

6. 磨削时，人应站在砂轮机的侧面，并戴好防护眼镜，且用力不宜过大。不准两人同时在一块砂轮上磨削。

7. 砂轮两面要装有法兰盘，其直径不得小于砂轮直径的三分之一，砂轮与法兰盘之间应垫好衬垫。

8. 拧紧螺母时，要用专用的扳手，不能拧得太紧，严禁用硬的东西锤敲，防止砂轮受击碎裂。

9. 初磨时不能用力过猛，以免砂轮受力不均而发生事故。

10. 禁止磨削紫铜、铅、木头等材料，以防砂轮嵌塞。

11. 磨刀时间较长的刀具，应及时进行冷却。

12. 经常修整砂轮表面的平衡度，保持良好的状态。

13. 砂轮机的搁架与砂轮之间的距离一般应保持在 1～3 mm 范围之内，如图 1—2—6a 所示，否则容易造成磨削件轧入搁架与砂轮间，造成砂轮碎裂的事故，如图 1—2—6b 所示。

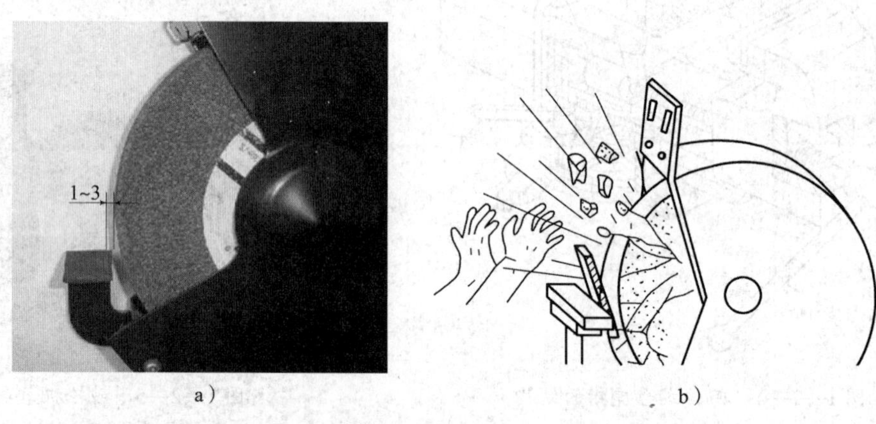

图 1—2—6　搁架与砂轮之间的距离及砂轮碎裂事故

（4）钻床

钻床是用来对工件进行孔加工的设备，有台式钻床、立式钻床和摇臂钻床等，常用钻床如图 1—2—7 所示。

2. 模具钳工的常用工具、量具和刃具

（1）常用的工具和刃具

模具钳工常用的工具和刃具包括：划线用的划针、划线盘、划规、样冲和划线平板，錾削用的锤子和各种錾子，锉削用的各种锉刀，锯削用的手锯，孔加工用的麻花钻、锪钻和铰刀，螺纹加工用的丝锥、板牙和铰杠，刮削用的各种平面刮刀和曲面刮刀，各种扳手和旋具等，如图 1—2—8 所示。

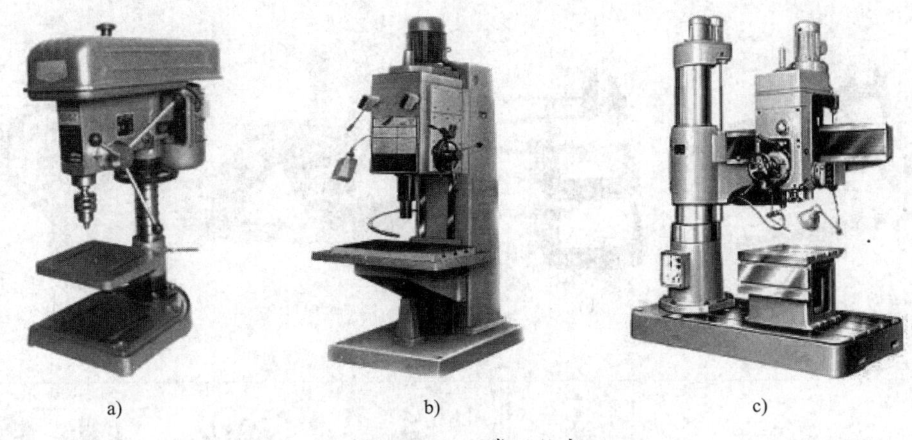

图 1—2—7 常用钻床

a）台式钻床 b）立式钻床 c）摇臂钻床

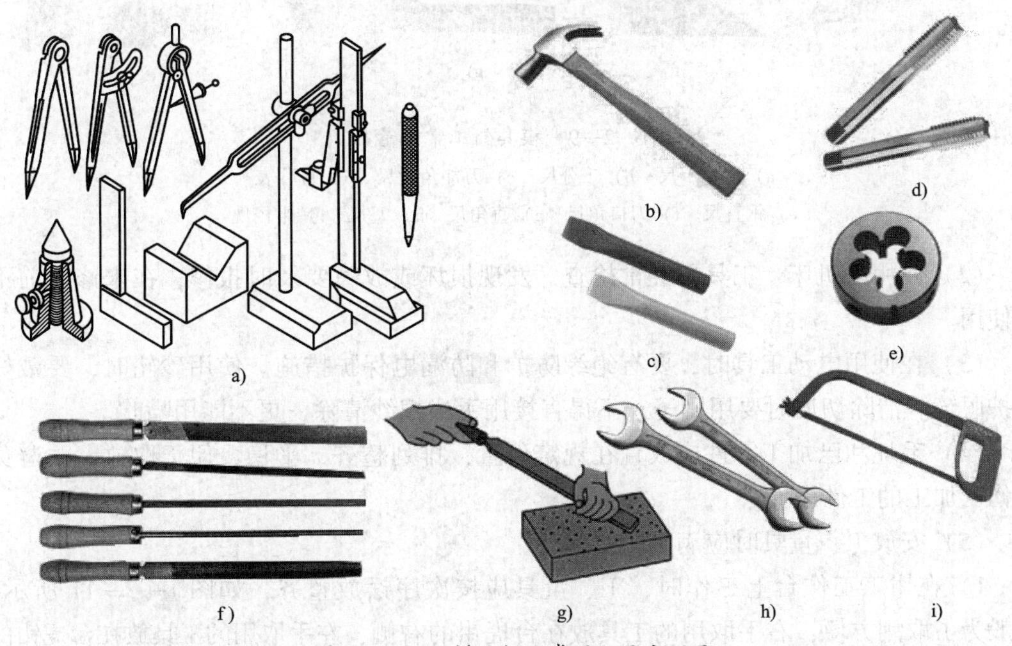

图 1—2—8 模具钳工常用工具和刃具

a）划线工具 b）锤子 c）錾子 d）丝锥 e）圆板牙

f）锉刀 g）刮削与刮刀 h）扳手 i）手锯

（2）常用的量具

模具钳工常用的量具有游标卡尺、千分尺、万能角度尺、百分表、钢直尺、刀口角尺、直角尺、塞尺、半径规等，如图 1—2—9 所示。

3. 模具钳工安全文明生产的基本要求

（1）主要设备的布局要合理、适当。钳工工作台要放在便于工作和光线适宜的地方，若面对面使用钳工工作台时，中间要装安全防护网（见图 1—2—10）；钻床和砂轮机一般应安装在场地的边沿，以保证安全。

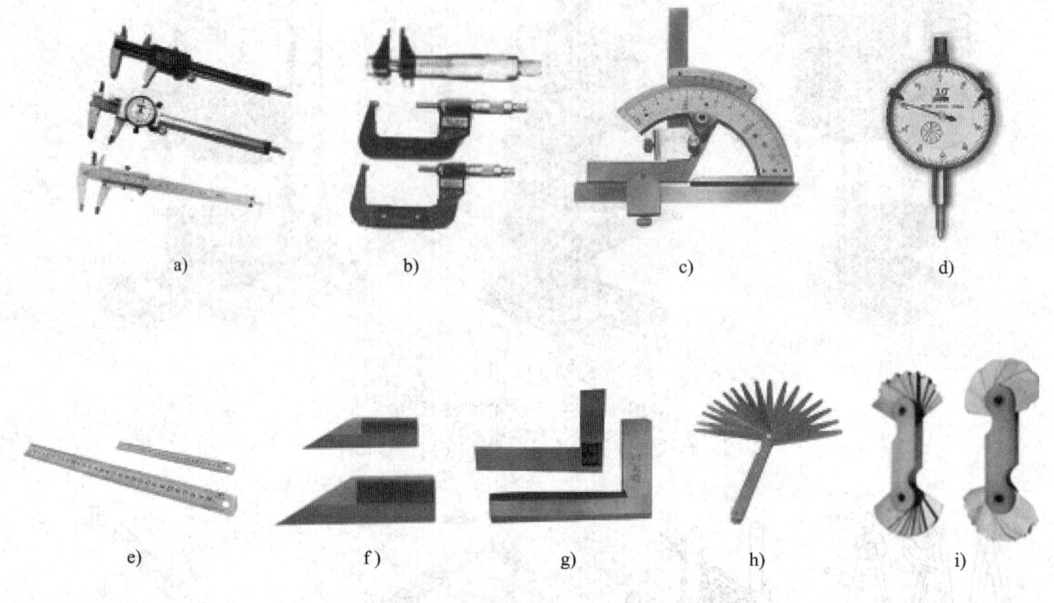

图 1—2—9　模具钳工常用量具

a）游标卡尺　b）千分尺　c）万能角度尺　d）百分表

e）钢直尺　f）刀口角尺　g）直角尺　h）塞尺　i）半径规

（2）使用的机床、工具要经常检查，发现损坏或故障要及时报修，在未修好前不得使用。

（3）在使用电动工具时，要有绝缘防护和防漏电保护措施。使用砂轮时，要戴好防护眼镜。清除切屑时要用刷子，不得直接用手或棉纱清除，更不能用嘴吹。

（4）毛坯和已加工零件应放置在规定位置，排列整齐、平稳，便于取放，并避免碰伤已加工的工件表面。

（5）安放工、量具时应满足的要求

1）在钳工工作台上工作时，工、量具应按次序摆放整齐，如图 1—2—11 所示。一般为了取用方便，右手取用的工具放在台虎钳的右侧，左手取用的工具放在台虎钳的左侧，量具放在台虎钳的右前方。也可以根据加工情况把常用的工具放在台虎钳的右侧，

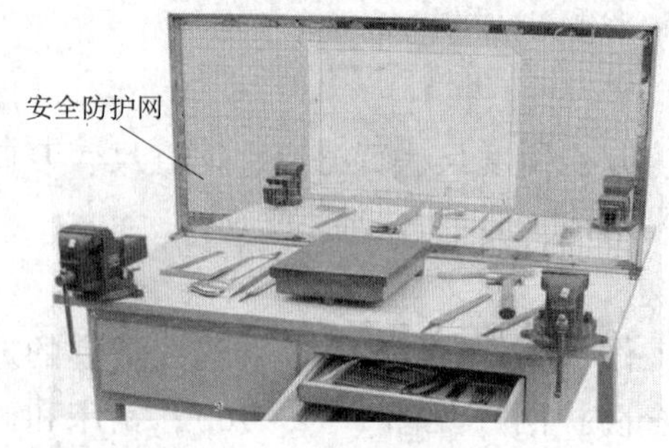

图 1—2—10　装安全防护网的钳工工作台

图 1—2—11　工、量具在钳工工作台上的摆放

其余的放在左侧。但不管如何放置，工、量具不能超出钳工工作台的边缘，防止被台虎钳的手柄在旋转时碰到，从而发生事故。

2）量具在使用时不能与工具或工件混放在一起，应放在量具盒上或放在专用的板架上。

3）工具在使用时要摆放整齐，以方便取用，不能乱放，更不能叠放。

4）工、量具在使用后要整齐地放在工具箱内，并有固定的位置，不得任意堆放，以防损坏和取用不便。

5）量具每天使用完毕后应擦拭干净并做一定的保养后，放在专用的盒内。

6）工作场地应保持整洁。工作完毕后，使用过的设备和工具都要按要求进行清理和涂油，工作场地要清扫干净，切屑、坯料、垃圾等要分别倒在指定的位置。

任务实施

一、实习步骤

1. 明确实习工位，并领取工、量具。

2. 对自己所在工位的台虎钳进行拆装和保养工作，掌握台虎钳各零件的名称及作用，填写表 1—2—1。

表 1—2—1　　台虎钳各零件的名称及作用

序号	名称	件数	作用

二、评分标准

台虎钳保养评分标准见表1—2—2。

表 1—2—2　　台虎钳保养评分标准

班级：________　姓名：________　学号：________　成绩：________

序号	技术要求	配分	评分标准	自检记录	交检记录	得分
1	表1—2—1填写正确	30	每错一处扣3分			
2	工具使用正确	10	每错一处扣2分			
3	台虎钳保养正确	20	每错一处扣5分			
4	工具、量具摆放正确	20	每错一处扣5分			
5	遵守实习纪律	10	违者每次扣5分			
6	安全文明生产	10	违者每次扣2分			

模块二

测量

任务一　异形板的测量

工作任务

测量的目的不仅在于判定零件加工完成后是否合格，还要根据测量的结果，分析产生不合格零件的原因，以及需进一步采取的必要工艺措施，以提高产品的加工精度和合格率，从而降低生产成本，提高生产效率。

如图 2—1—1、图 2—1—2 所示的异形板零件由内径、孔距、沟槽、角度等构成，要完成该零件的测量，必须掌握钳工常用量具的结构特点及正确使用方法，如游标卡尺、千分尺、万能角度尺、直角尺、半径规等，并学会保养量具，最终能通过检测结果判断零件是否合格以及产生误差的原因。

相关理论

1. 游标卡尺

（1）游标卡尺的结构

游标卡尺是一种中等精度的量具，主要用来测量工件的外径、孔径、长度、宽度、深度、孔距等尺寸。常用普通游标卡尺的结构如图 2—1—3 所示。

测量时，旋松紧固螺钉可使游标沿尺身移动，并通过游标和尺身上的刻线进行读数。有的游标卡尺上带有微调装置，在调节尺寸时可先将微调装置上的紧固螺钉旋紧，再通过其内的微调螺母与螺杆配合推动游标前进或后退，从而获得所需要的尺寸。前端量爪可分别用来测量外径、孔径、长度、宽度、孔距等尺寸，后端测深杆可用来测量深度尺寸，如图 2—1—4 所示。

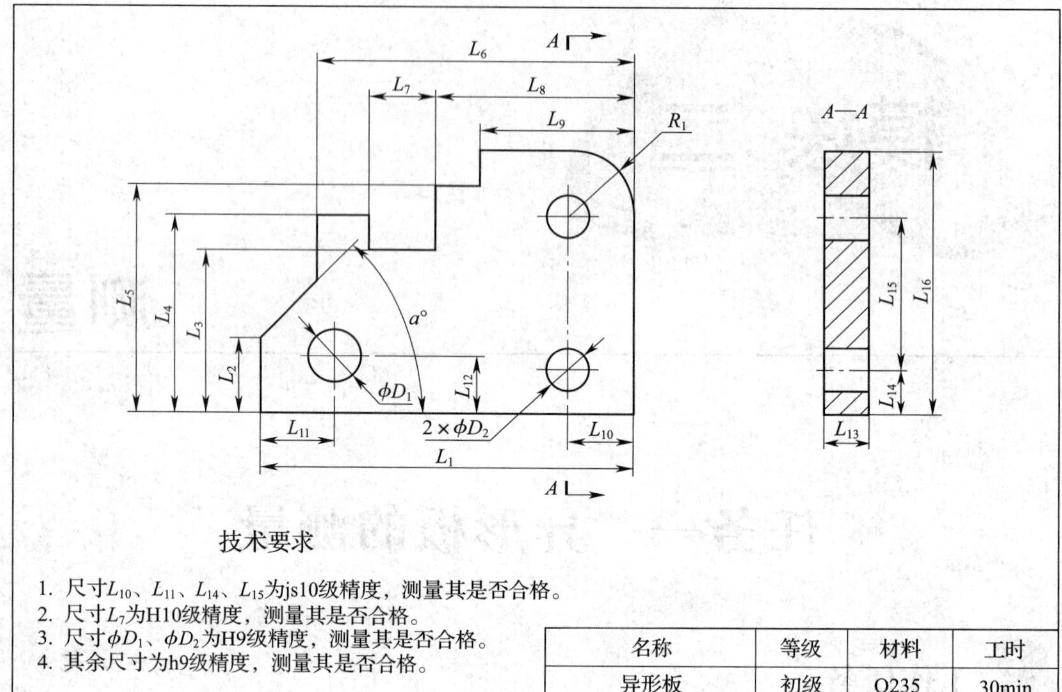

图 2—1—1　异形板零件图

图 2—1—2　异形板实物图

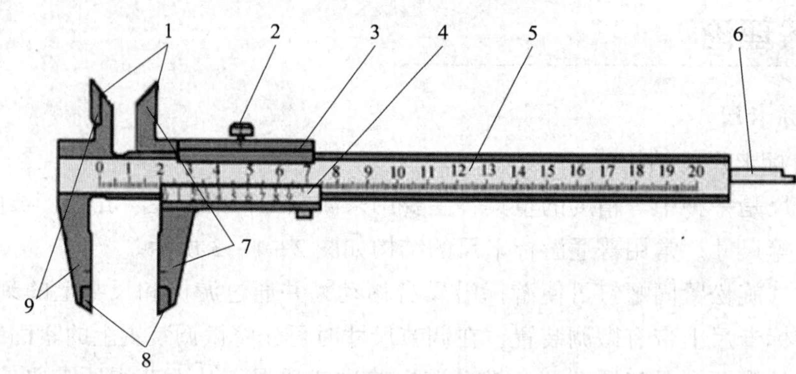

图 2—1—3　常用普通游标卡尺的结构

1—孔用量爪　2—紧固螺钉　3—活动尺身　4—游标　5—主尺尺身

6—测深杆　7—活动量爪　8—轴用量爪　9—固定量爪

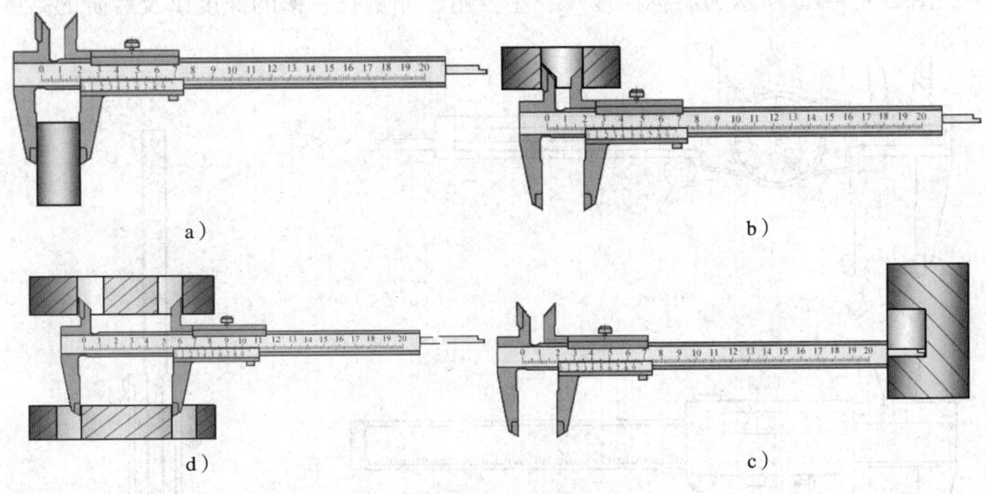

图 2—1—4 游标卡尺的应用

a）测量外径 b）测量内径 c）测量孔距 d）测量深度

（2）游标卡尺的使用要点

1）测量前先把量爪和工件的被测表面擦干净，检查游标卡尺各部件工作是否正常，如游标移动是否灵活、紧固螺钉能否起作用等。

2）校对零位的准确性。将两量爪紧密贴合后应无明显的光隙，尺身零线与游标零线应对齐。

3）测量时，右手握住尺身，拇指移动游标。先将两量爪张开到略大于被测尺寸的位置，再将固定量爪的测量面紧贴工件，轻轻移动活动量爪，至其接触工件表面为止，如图 2—1—5a 所示。测量时，游标卡尺测量面的连线要垂直于被测表面，不可处于歪斜位置，否则测量结果不正确，如图 2—1—5b 所示。

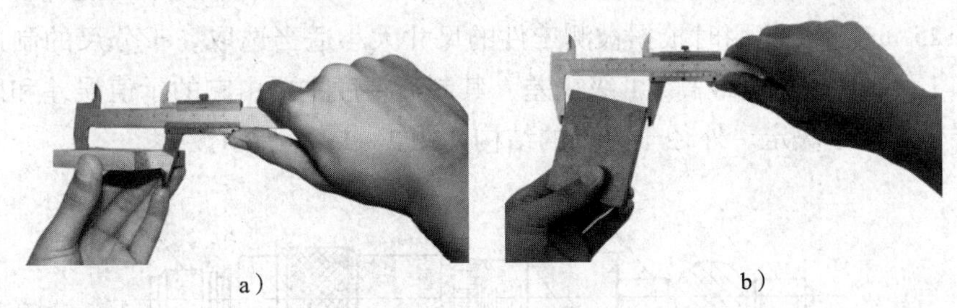

图 2—1—5 游标卡尺的使用要点

a）正确 b）错误

4）读数时，游标卡尺应朝向光线充足的地方，视线应垂直于尺面。

（3）其他类型游标卡尺

用普通游标卡尺测量工件时，容易因判断刻线的错误而产生测量误差，为了减少示值测量误差，现在有的游标卡尺上装有百分表或数显装置，成为带表游标卡尺或数显游标卡尺，分别如图 2—1—6a、b 所示。

如图 2—1—6c 所示为游标深度尺，主要用于测量孔、槽的深度以及台阶的高度。

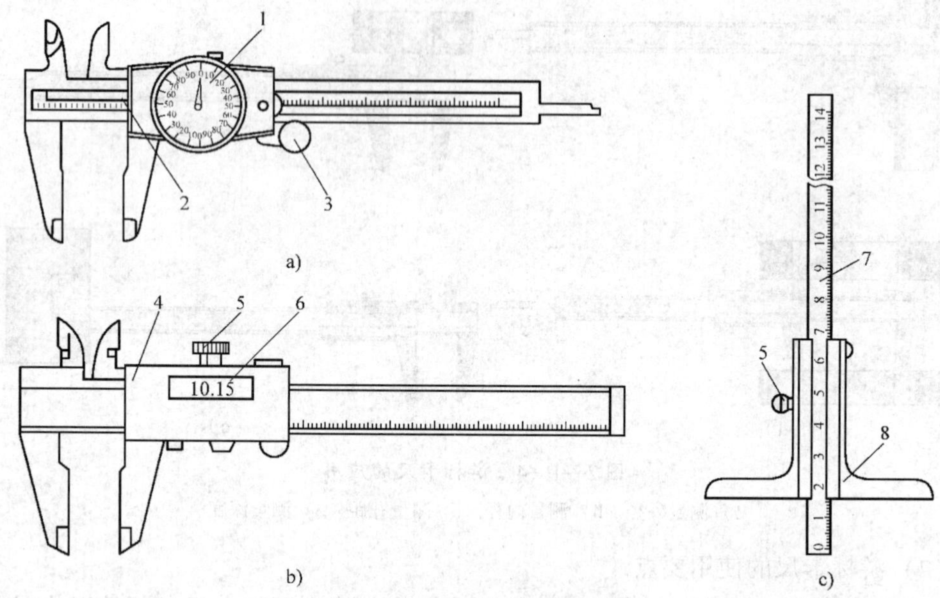

图 2—1—6　其他类型游标卡尺

a）带表游标卡尺　b）数显游标卡尺　c）游标深度尺

1—指示表　2—读数部位　3—微动装置　4—尺框　5—紧固螺钉　6—显示器　7—尺身　8—尺架

2. 千分尺

千分尺是一种精密量具，其测量精度比游标卡尺高，而且比较灵敏，按用途可分为外径千分尺、内径千分尺、深度千分尺等。

（1）千分尺的规格和结构

千分尺的规格按测量范围可分为 0 ~ 25 mm、25 ~ 50 mm、50 ~ 75 mm、75 ~ 100 mm 和 100 ~ 125 mm 等，使用时根据被测工件的尺寸大小适当选取。千分尺的制造精度分为 0 级和 1 级，0 级精度最高，1 级稍差，其制造精度主要由它的示值误差和两测量面平行度误差的大小决定。外径千分尺的结构如图 2—1—7 所示。

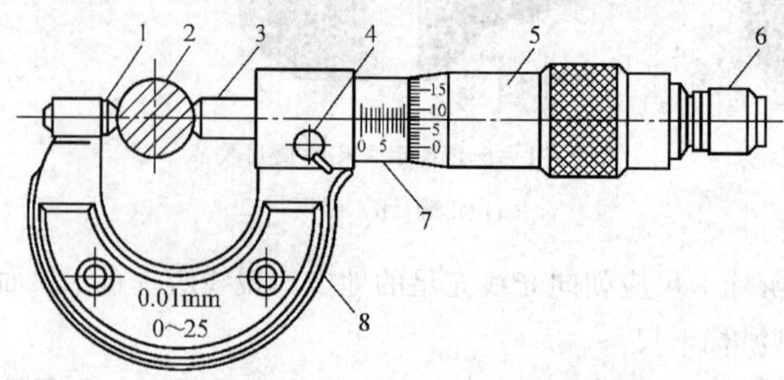

图 2—1—7　外径千分尺的结构

1—砧座　2—工件　3—测微螺杆　4—锁紧手柄　5—微分筒

6—棘轮　7—固定套筒　8—尺架

（2）千分尺的使用和保养

1）用千分尺测量工件前应检查零位的准确性。

2）测量时，千分尺的测量面和工件的被测量表面应擦拭干净，以保证测量准确。

3）可单手或双手握持千分尺对工件进行测量，其使用方法如图 2—1—8 所示。单手测量时旋转力要适当，控制好测量力。双手测量时，应先转动微分筒，当测量面刚接触工件表面时再改用棘轮贴紧工件。

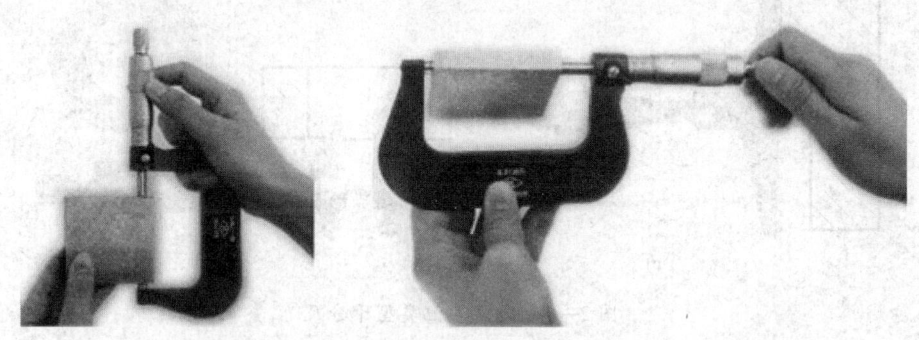

图 2—1—8　千分尺的使用方法

4）用千分尺测量平面尺寸时，一般测量工件的 4 个角和中间共 5 个点，对于狭长平面，只需测量两头和中间共 3 个点，其正确测量位置如图 2—1—9 所示。

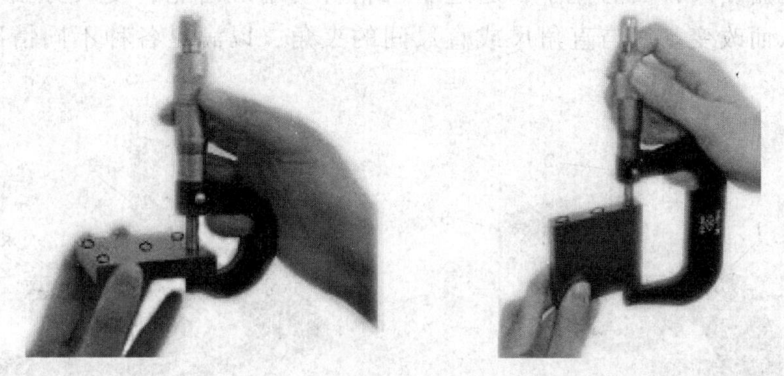

图 2—1—9　千分尺的正确测量位置

5）千分尺使用完毕后应擦拭干净，并将测量面涂上防锈油。

6）使用千分尺时，不可与工具、刀具、工件等混放，用后立即放入盒内。

7）定期送计量部门进行精度鉴定。

（3）其他类型千分尺

如图 2—1—10 所示为其他类型的千分尺。螺纹千分尺用于测量螺纹的中径尺寸，测量时应根据不同的螺距选用相应的测量头；公法线千分尺用于测量齿轮的公法线长度，两个测砧的测量面做成两个互相平行的圆平面；深度千分尺没有尺架，主要用于测量孔和沟槽的深度以及两平面间的距离；内径千分尺用于测量孔类尺寸。

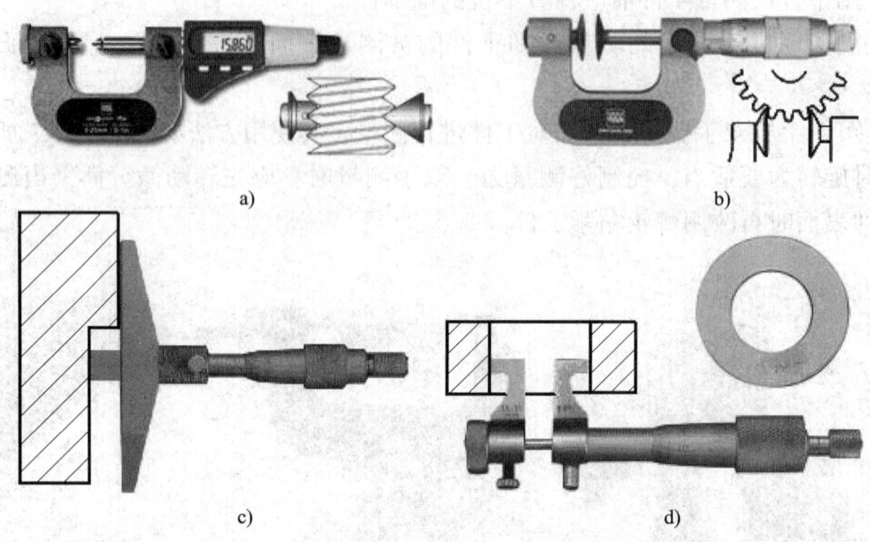

图 2—1—10　其他类型千分尺

a）带数显螺纹千分尺　b）公法线千分尺　c）深度千分尺　d）内径千分尺

3. 万能角度尺

如图 2—1—11 所示的万能角度尺是用来测量工件内、外角度的量具，测量时，可转动万能角度尺背面的捏手，通过小齿轮转动扇形齿轮，使尺身相对扇形板产生转动，从而改变基尺与直角尺或直尺间的夹角，以满足各种不同情况的测量需要。

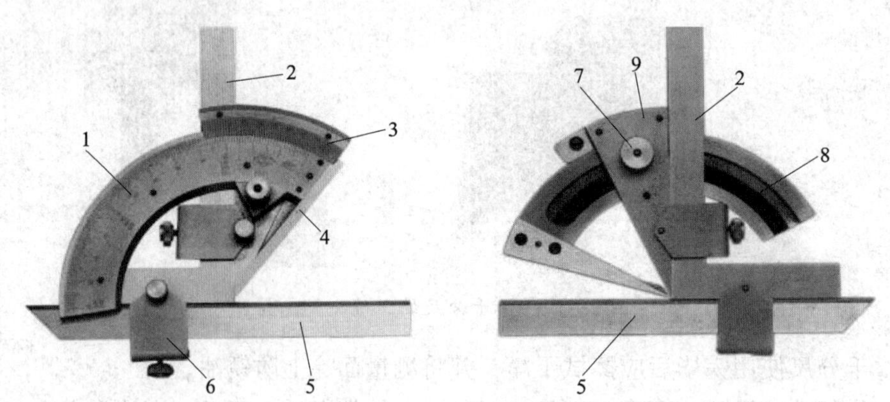

图 2—1—11　万能角度尺

1—尺身　2—直角尺　3—游标　4—基尺　5—直尺　6—夹块

7—捏手　8—扇形齿轮　9—扇形板

由于直角尺和直尺的移动和拆换，万能角度尺可以测量 0°～320°间任何大小的角度，其测量范围如图 2—1—12 所示。图 2—1—12a 所示为测量 0°～50°角时的情况，被测工件放在基尺和直尺的测量面之间，此时按尺身上的第一排刻度示值读数；图

2—1—12b 所示为测量 50°～140°角时的情况，此时应将直角尺取下，装上直尺，利用基尺和直尺的测量面进行测量，按尺身的第二排刻度示值读数；图 2—1—12c 所示为测量 140°～230°角时的情况，此时应装上直尺及直角尺，安装时使得直角尺的直角顶点与基尺的尖端对齐，被测工件在直角尺的短边和基尺的测量面间进行测量，按尺身上第三排刻度示值读数；图 2—1—12d 所示为测量 230°～320°角时的情况，此时将直角尺和直尺全部取下，直接利用基尺和扇形板的测量面对被测工件进行测量，按尺身上第四排刻度示值读数。

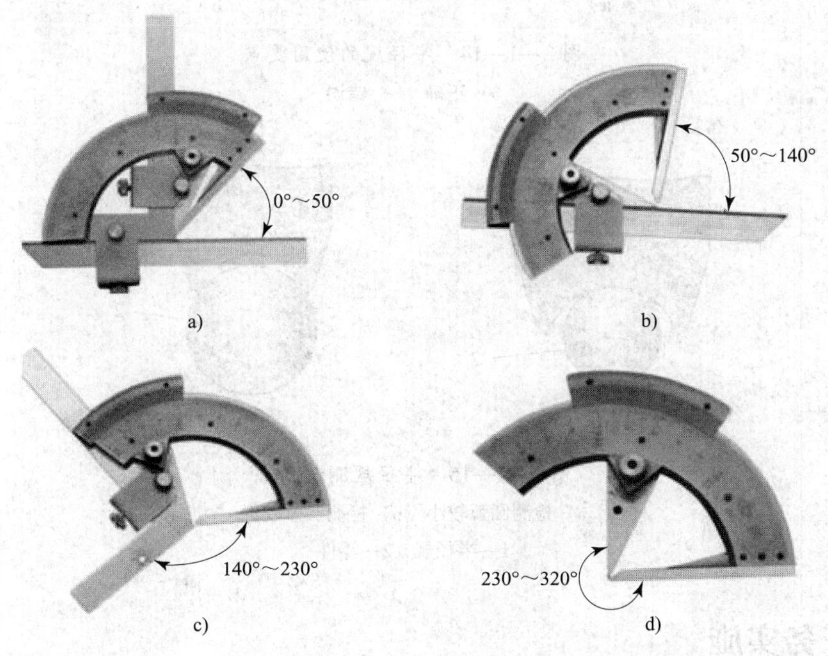

图 2—1—12　万能角度尺的测量范围

4. 半径规

半径规也叫 R 规，是钳工用来测量零件内外圆弧半径的样板量具，如图 2—1—13 所示。

使用半径规测量零件圆弧半径时，必须使半径规垂直于零件被测表面（见图 2—1—14），其测量面与零件的圆弧完全紧密地接触。

测量时，采用透光法判断零件圆弧半径误差。若光隙位于圆弧的两边，说明工件的半径小于样板的半径，如图 2—1—15a 所示；若位于圆弧的中间部分，说明工件的圆弧半径大于样板的圆弧半径，如图 2—1—15b 所示。

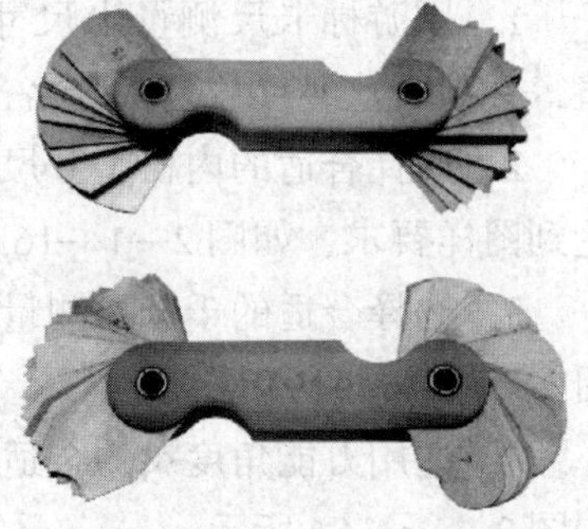

图 2—1—13　半径规

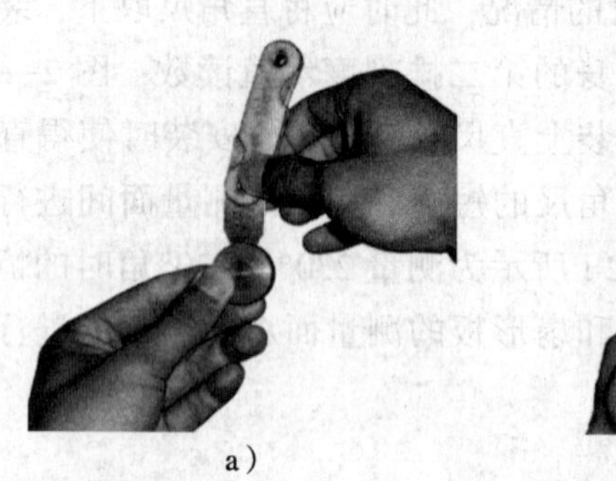
a）

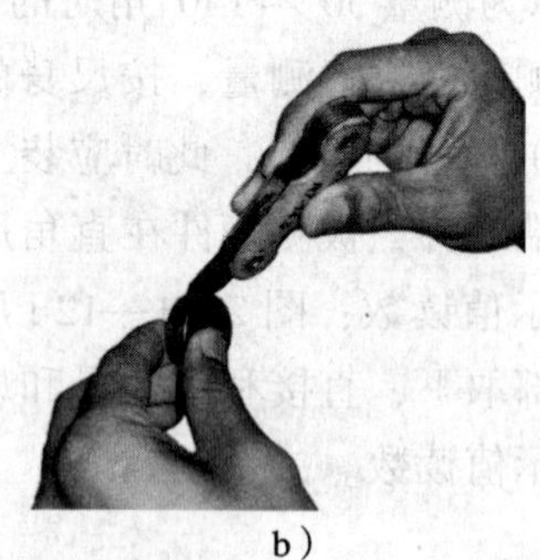
b）

图 2—1—14　半径规的使用要点

a）正确　b）错误

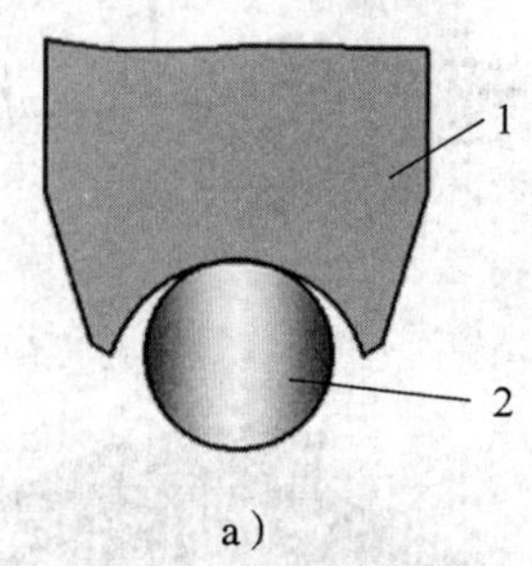

a）

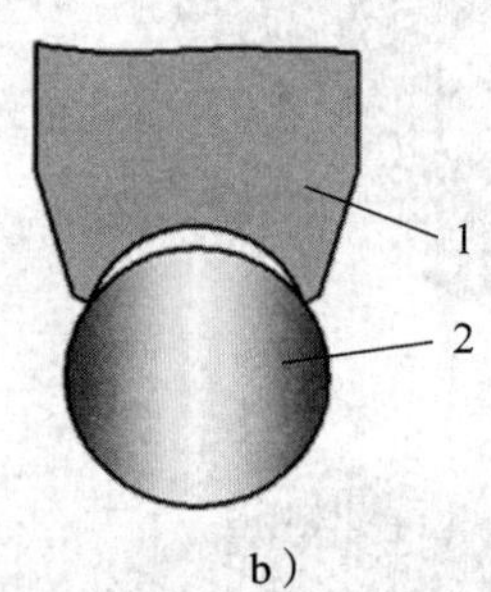

b）

图 2—1—15　半径规测量方法

a）检测圆弧较小　b）检测圆弧较大

1—半径规　2—零件

任务实施

一、实习步骤

异形板的测量步骤如图 2—1—16 所示。

1. 用游标卡尺测量出尺寸 L_2、L_7、L_9、L_{10}、L_{11}、L_{12}、L_{14} 和 L_{15} 的最大值及最小值，并判断这些尺寸是否合格，如图 2—1—16a 所示。

2. 选择合适的内径千分尺测量出三个孔的孔径 ϕD_1 和 $2\times\phi D_2$，并判断孔径是否达到图样要求，如图 2—1—16b 所示。

3. 选择合适的千分尺测量出其余尺寸，并判断这些尺寸是否能达到图样要求，如图 2—1—16c 所示。

4. 选用万能角度尺的合适测量范围，测量出角 α 的值，并判断该角度是否合格，如图 2—1—16d 所示。

5. 选用半径规测量 R_1 圆弧，并判断圆弧是否合格，如图 2—1—16d 所示。

6. 对所用量具进行维护和保养。

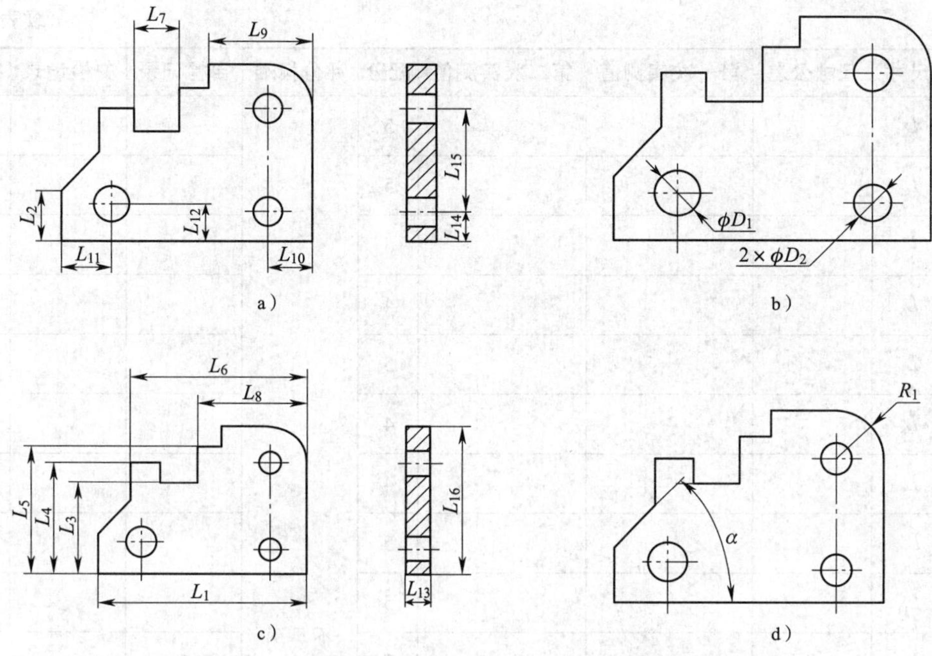

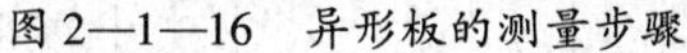
图 2—1—16 异形板的测量步骤

重点提示

测量工件时应注意以下几点：

1. 工件的被测表面及量具的测量面均需擦拭干净。
2. 测量力应适当，不能过大或过小，否则将造成测量数据不准确。
3. 测量点应选择合适，一般不少于 3 ~ 5 点，且这些测量点须均匀分布。
4. 用万能角度尺测量时，尺身基面必须与工件基准面贴紧。
5. 量具使用完毕后必须擦拭干净并涂上防锈油，妥善存放。

二、评分标准

异形板测量评分标准见表 2—1—1。

表 2—1—1　　异形板测量评分标准

班级：________ 姓名：________ 学号：________ 成绩：________

序号	尺寸	尺寸公差	第一次实测值	第二次实测值	配分	评分标准	自检记录	交检记录	得分
1	L_1				4	不正确不得分			
2	L_2				5				

续表

序号	尺寸	尺寸公差	第一次实测值	第二次实测值	配分	评分标准	自检记录	交检记录	得分
3	L_3				5	不正确不得分			
4	L_4				5				
5	L_5				5				
6	L_6				4				
7	L_7				5				
8	L_8				4				
9	L_9				4				
10	L_{10}				5				
11	L_{11}				5				
12	L_{12}				5				
13	L_{13}				5				
14	L_{14}				5				
15	L_{15}				5				
16	L_{16}				4				
17	R_1				5				
18	ϕD_1				5				
19	ϕD_2（2 处）				5×2				
20	α				5				
21	安全文明生产					酌情倒扣分			

任务拓展

V 形块零件图如图 2—1—17 所示，其实物图如图 2—1—18 所示，试利用游标卡尺、千分尺、万能角度尺量出零件图中各个尺寸及角度。V 形块测量评分标准见表 2—1—2。

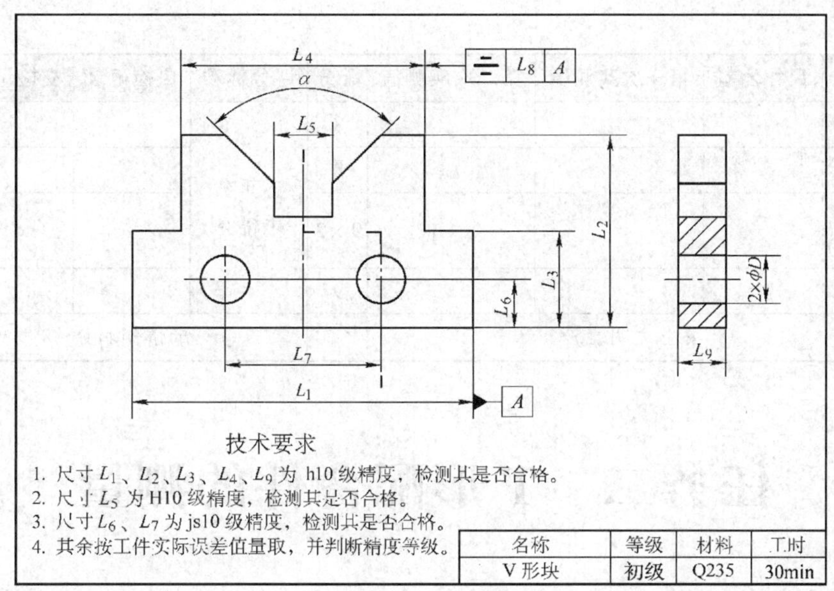

图 2—1—17　V 形块零件图

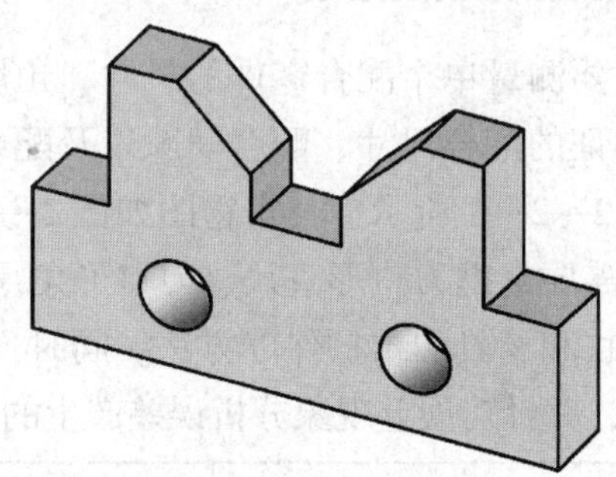

图 2—1—18　V 形块实物图

表 2—1—2　　V 形块测量评分标准

班级：＿＿＿＿＿　姓名：＿＿＿＿＿　学号：＿＿＿＿＿　成绩：＿＿＿＿＿

序号	尺寸	尺寸公差	第一次实测值	第二次实测值	配分	评分标准	自检记录	交检记录	得分
1	L_1				8	不正确不得分			
2	L_2				8				
3	L_3				8				
4	L_4				8				
5	L_5				8				
6	L_6				8				
7	L_7				9				

续表

序号	尺寸	尺寸公差	第一次实测值	第二次实测值	配分	评分标准	自检记录	交检记录	得分
8	L_8				8	不正确不得分			
9	L_9				8				
10	ϕD（2处）				9×2				
11	α				9				
12	安全文明生产					酌情倒扣分			

任务二　T形配合件的测量

工作任务

在测量配合件时，除了要测量单个配合零件的尺寸、角度以及各项形位误差以外，还需要测量配合后所需要保证的配合尺寸、配合间隙以及配合件的形位误差等。

T形配合件零件图如图2—2—1所示，其实物图如图2—2—2所示，若完成图中各项尺寸及形位误差的测量，需要掌握刀口形直尺、刀口形角尺、百分表以及塞尺等量具的结构特点、正确的使用方法和量具的维护保养方法。同时，通过练习，能依据检测结果正确判断零件误差的大小，并针对误差现象分析误差产生的原因，提出修整的措施。

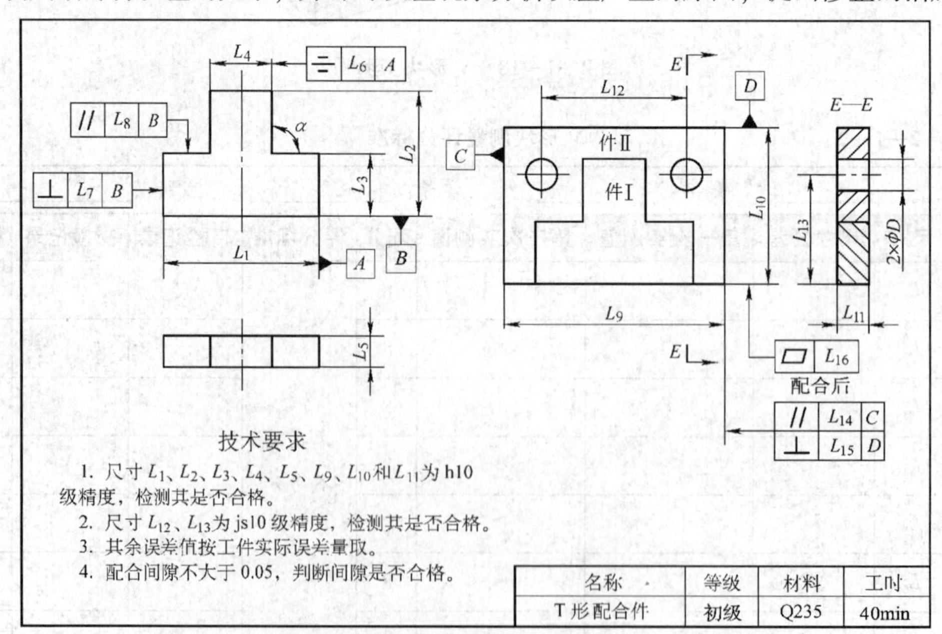

图2—2—1　T形配合件零件图

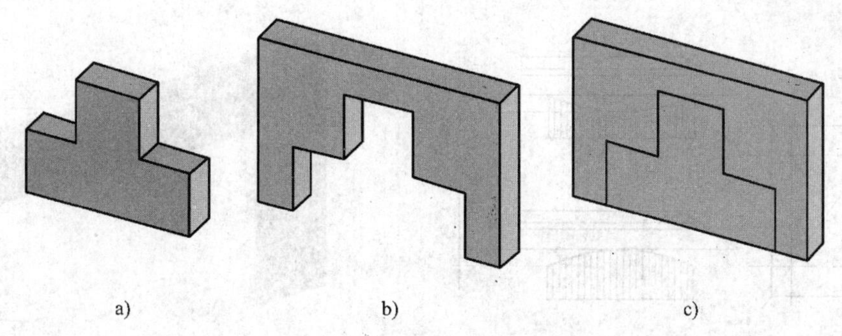

a) b) c)

图 2—2—2 T 形配合件实物图

a）件Ⅰ b）件Ⅱ c）配合

相关理论

1. 刀口形直尺

刀口形直尺如图 2—2—3 所示。通过透光法，利用刀口形直尺可以检查较小加工表面的直线度和平面度误差，其示意图如图 2—2—4 所示。

测量时，面对光源（最好选用自然光源），将刀口形直尺垂直放置于工件被测表面上（见图 2—2—4），保持视线与工件被测表面平行。同时，应在被测表面的纵向、横向和对角方向多处逐一进行测量，以确定各方向的直线度误差，图 2—2—5 所示为直线度测量误差及测量方向。若刀口形直尺与工件被测表面之间透光微弱、均匀，说明该方向直线度较好；若透光强弱不一，则说明该方向存在一定的直线度误差。

图 2—2—3 刀口形直尺

图 2—2—4 用透光法测量的示意图

刀口形直尺在被测量平面上改变测量位置时，不能在测量平面上拖动，应将其提起后再轻放到另一测量位置，否则，会因刀口形直尺的测量棱边磨损而降低测量精度。

2. 刀口形角尺

如图 2—2—6 所示的刀口形角尺主要用来测量零件上的垂直度误差。

垂直度误差的测量方法如图 2—2—7 所示。测量前，应注意将量具表面和工件被测表面擦拭干净，确保刀口形角尺的基准面与工件基准面紧密贴合，以避免产生附加误差。刀口形角尺在被检查表面上改变测量位置时，不允许在平面上拖动，应提起后再轻放到另一测量位置，否则，会因刀口形角尺的测量棱边产生局部磨损而降低测量精度。

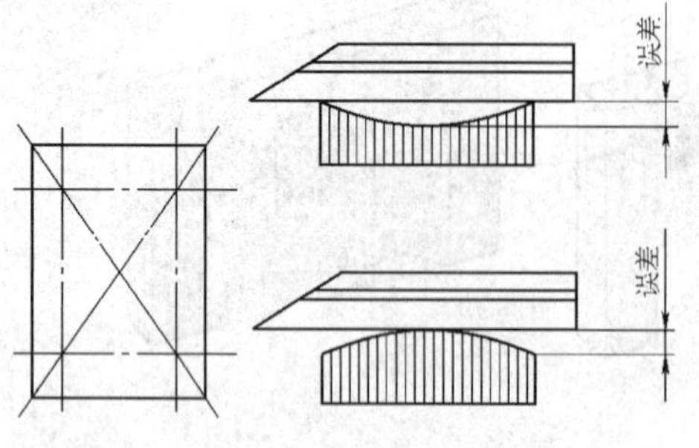

图 2—2—5　直线度测量误差及测量方向

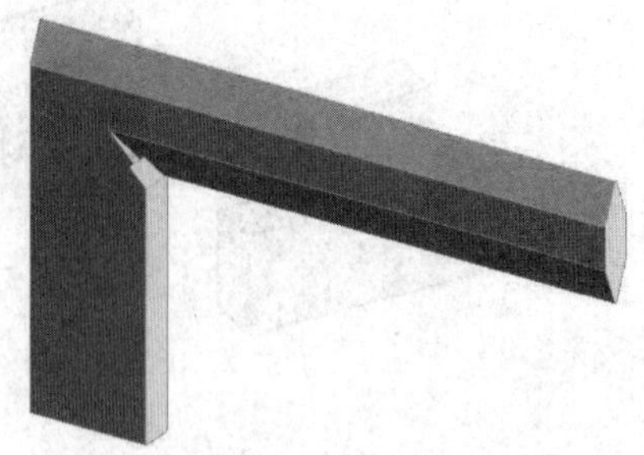

图 2—2—6　刀口形角尺

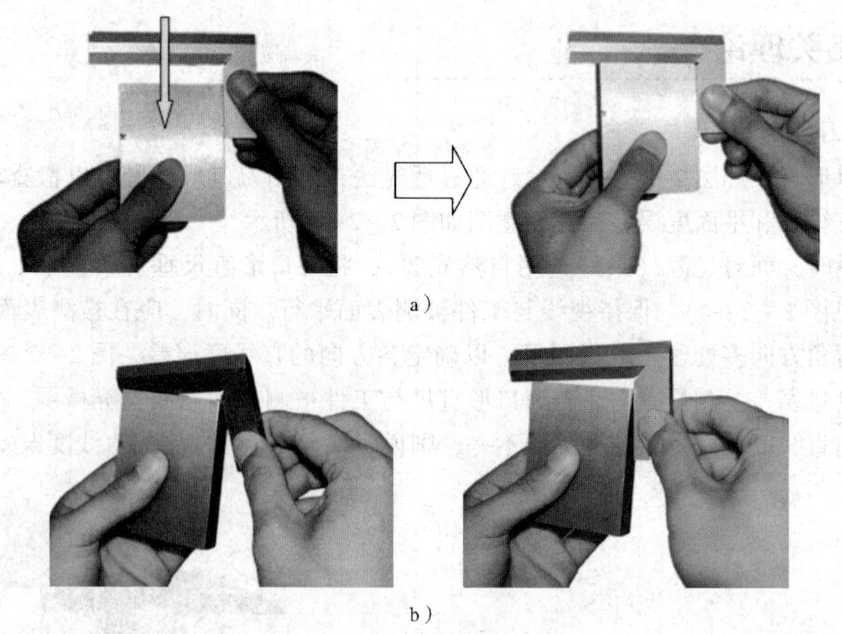

a）

b）

图 2—2—7　垂直度误差的测量方法

a）正确　b）错误

3. 百分表

利用百分表可以检验机床精度，测量工件的尺寸、形状以及位置误差。

（1）普通外径百分表

普通外径百分表的结构如图 2—2—8 所示。普通外径百分表的测量精度可达 0.01 mm，即长指针绕圆周方向转动一格时，测量杆沿轴线方向移动 0.01 mm。

普通外径百分表需与磁性表座和测量平板配合使用，其安装方法如图 2—2—9 所示，测量方法如图 2—2—10 所示。

普通外径百分表主要用来测量外表面，使用时必须使测量杆与工件被测表面垂直（见图 2—2—10a），测头的压入深度不得超过百分表的测量范围。测量时，工件在测量平板上的拖动速度应适当，避免因拖动速度过快造成测量误差的加大。

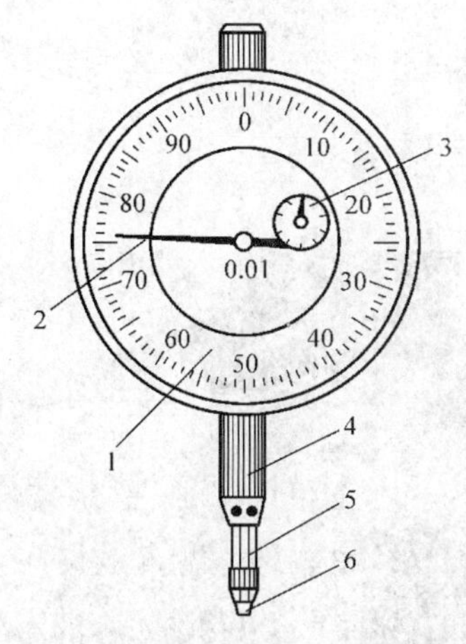

图 2—2—8 普通外径百分表的结构

1—刻度盘 2—长指针 3—短指针

4—装夹杆 5—测量杆 6—测量触头

图 2—2—9 普通外径百分表的安装方法

a）

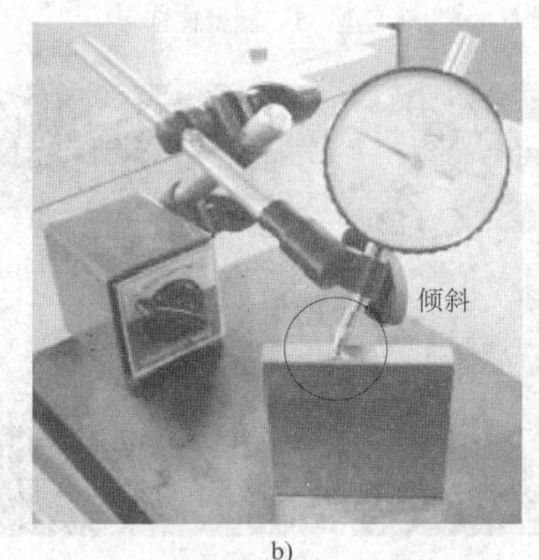

b）

图 2—2—10 普通外径百分表的测量方法

a）正确 b）错误

（2）杠杆百分表

杠杆百分表的结构如图 2—2—11 所示，测量精度与普通外径百分表一致。使用杠杆百分表时需保持测量杆与工件被测表面之间呈 30°左右的斜角，其正确的安装和测量方法如图 2—2—12 所示。图 2—2—13 所示为错误的测量方法，在操作过程中应避免。

利用杠杆百分表还可以测量工件的内型面，如图 2—2—14 所示。

杠杆百分表的测量行程较短，测量时，测量杆压入深度不宜过大，一般应控制在 0.1 mm 左右，若压入深度过大，易造成量具的损坏，同时也无法正确测量出工件的误差。

（3）其他类型百分表

图 2—2—15a 所示的内径百分表可用来测量孔径和孔的形状误差，通过更换可换触头，可改变内径百分表的测量范围。在使用内径百分表进行测量时，需左右摆动内径百分表，如图 2—2—15b 所示。

图 2—2—11　杠杆百分表的结构

1—球形测量触头　2—指针

3—装夹连接杆　4—刻度盘　5—测量杠杆

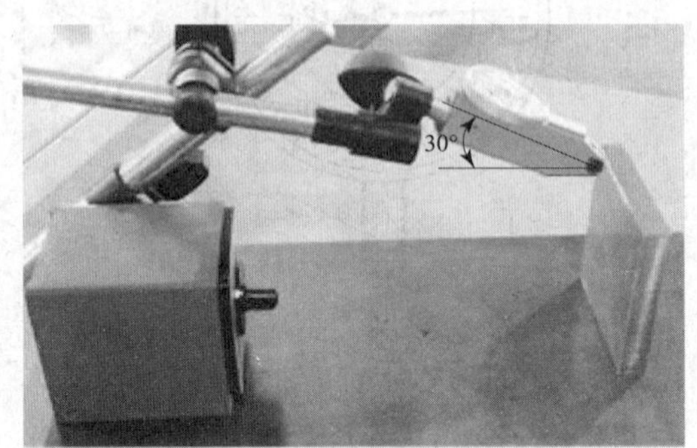

图 2—2—12　杠杆百分表的安装和测量方法

图 2—2—13　杠杆百分表的错误测量方法

图 2—2—14　用杠杆百分表测量内型面

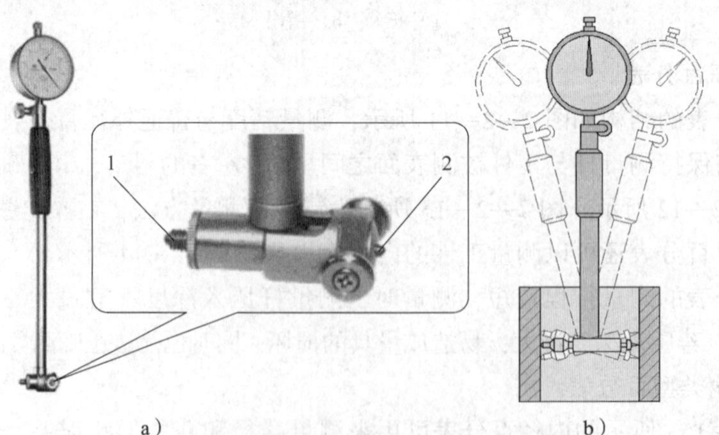

a）　　　　b）

图 2—2—15　内径百分表及其测量方法

a）内径百分表　b）测量方法

1—可换触头　2—固定触头

4. 塞尺

塞尺（见图 2—2—16）又称为间隙片或厚薄规，主要用来检验两个结合面之间间隙的大小。

用塞尺测量时，应根据间隙的大小，选用一片或数片重叠在一起插入间隙内，其方法如图 2—2—17 所示，可得到一个间隙范围，如 0. 05 mm 的间隙片能插入，而 0. 08 mm 的间隙片不能插入，则配合间隙为 0. 05 ~ 0. 08 mm。

图 2—2—16 塞尺

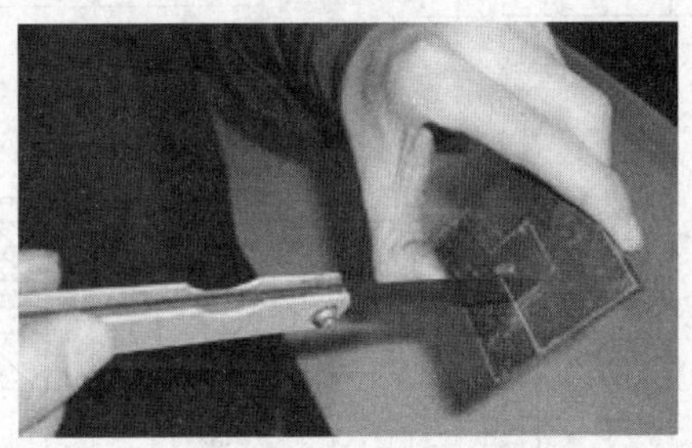

图 2—2—17 用塞尺测量间隙的方法

任务实施

一、实习步骤

T 形配合件的测量步骤如图 2—2—18 所示。

1. 选用合适的千分尺测量出尺寸 L_1、L_2、L_3、L_4、L_5、L_9、L_{10}、L_{11} 的最大值和最小值，并判断这些尺寸是否合格，如图 2—2—18a 所示。

2. 选用万能角度尺测量角度 α，并判断其是否合格，如图 2—2—18b 所示。

3. 选用普通游标卡尺测量孔距尺寸 L_{12} 和 L_{13} 的最大值和最小值，并判断这些尺寸是否合格，如图 2—2—18c 所示。

4. 选用合适的内径千分尺测量出孔径 ϕD_1 和 ϕD_2，并判断孔径是否达到图样要求，如图 2—2—18d 所示。

5. 选用合适的外径百分表测量形位误差值 L_6、L_8 和 L_{14}，并判断该误差值所达到的精度等级，如图 2—2—18e 所示。

6. 选用刀口形角尺测量垂直度误差值 L_7 和 L_{15}，并判断该误差值所达到的精度等级，如图 2—2—18f 所示。

7. 选用刀口形直尺测量平面度误差值 L_{16}，并判断其所达到的精度等级，如图 2—2—18g 所示。

8. 用塞尺测量工件的配合间隙，判断其是否符合图样要求，如图 2—2—18h 所示。

9. 对量具进行日常维护及保养。

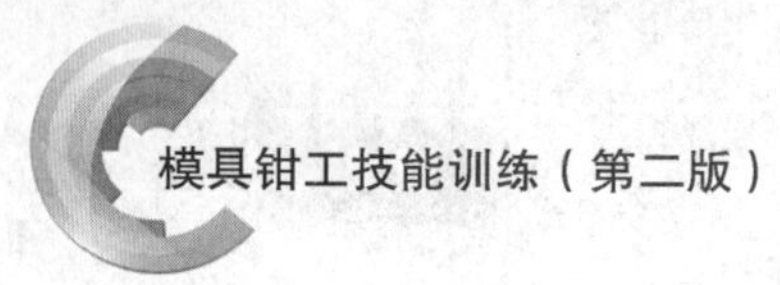

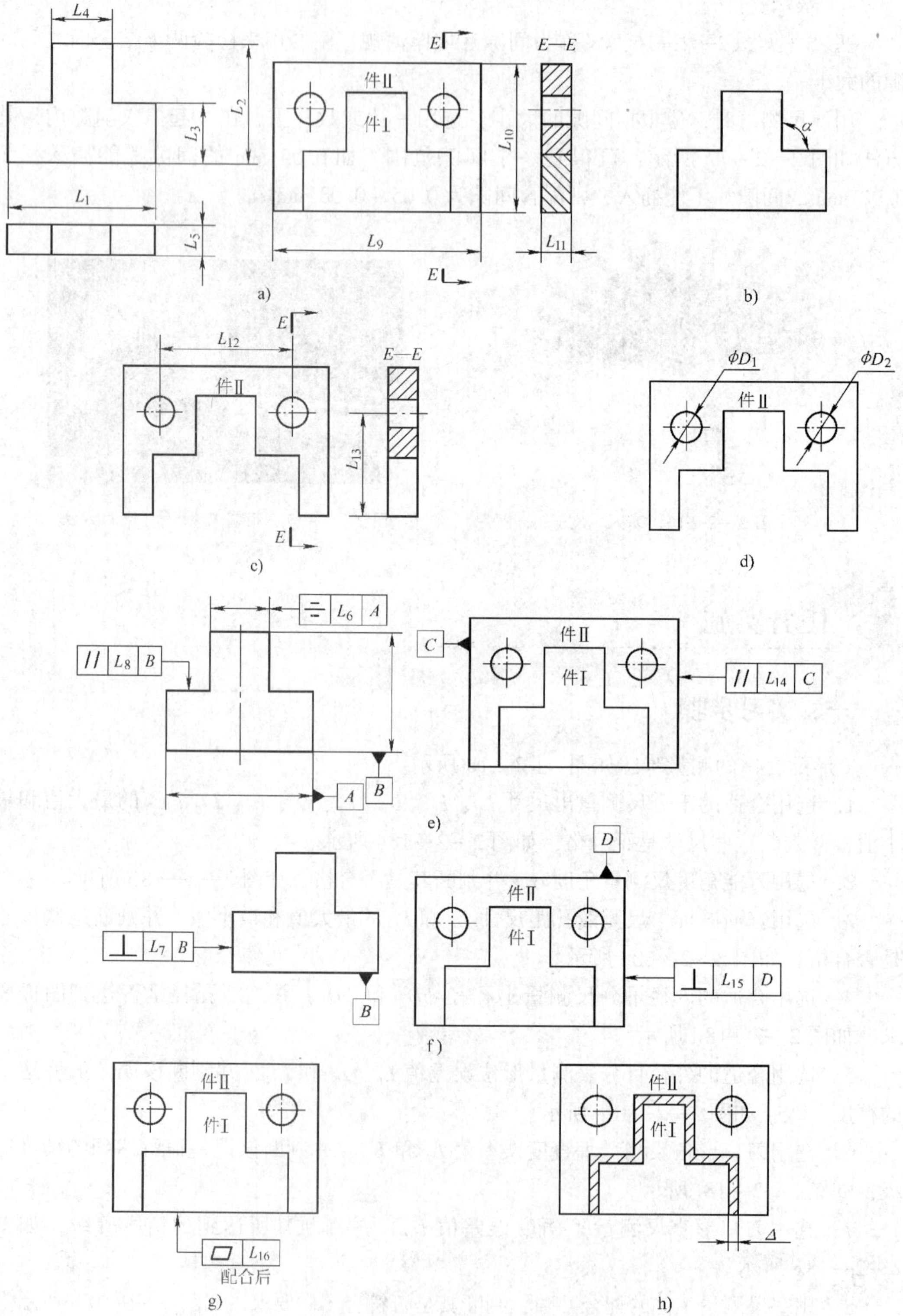

a)　b)　c)　d)　e)　f)　g)　h)

图 2—2—18　T 形配合件的测量步骤

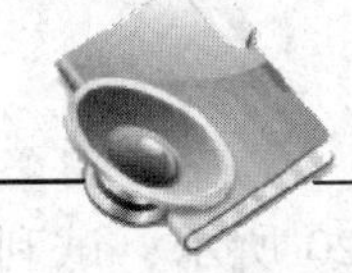

重点提示

测量工件时应注意以下几点：

1. 检测前应将工件的被测量面以及量具的测量面擦拭干净，以免影响测量精度。

2. 在使用百分表前，应将测量平板表面擦拭干净，并将磁性表座的开关打开，使磁性表座牢固地吸附在测量平板上。

3. 塞尺不可接触高温零件，以防止量具变形；同时测量力不可过大，以防止量具折断，尤其在选用较薄的塞尺时更应注意。

二、评分标准

T 形配合件测量评分标准见表 2—2—1。

表 2—2—1　　T 形配合件测量评分标准

班级：________ 姓名：________ 学号：________ 成绩：________

序号	尺寸	尺寸公差	第一次实测值	第二次实测值	配分	评分标准	自检记录	交检记录	得分
1	L_1				5	不正确不得分			
2	L_2				5				
3	L_3				5				
4	L_4				5				
5	L_5				5				
6	L_6				5				
7	L_7				5				
8	L_8				5				
9	L_9				5				
10	L_{10}				5				
11	L_{11}				5				
12	L_{12}				5				
13	L_{13}				5				
14	L_{14}				5				
15	L_{15}				5				
16	L_{16}				5				
17	ϕD_1				5				
18	ϕD_2				5				
19	α（2 处）				5×2				
20	安全文明生产					酌情倒扣分			

任务拓展

L 形封闭配合件零件图如图 2—2—19 所示，其实物图如图 2—2—20 所示，试利用游标卡尺、千分尺、万能角度尺、刀口形直尺、刀口形角尺、百分表和塞尺测量出零件图中所示的各个尺寸、角度及形位误差。L 形封闭配合件测量评分标准见表 2—2—2。

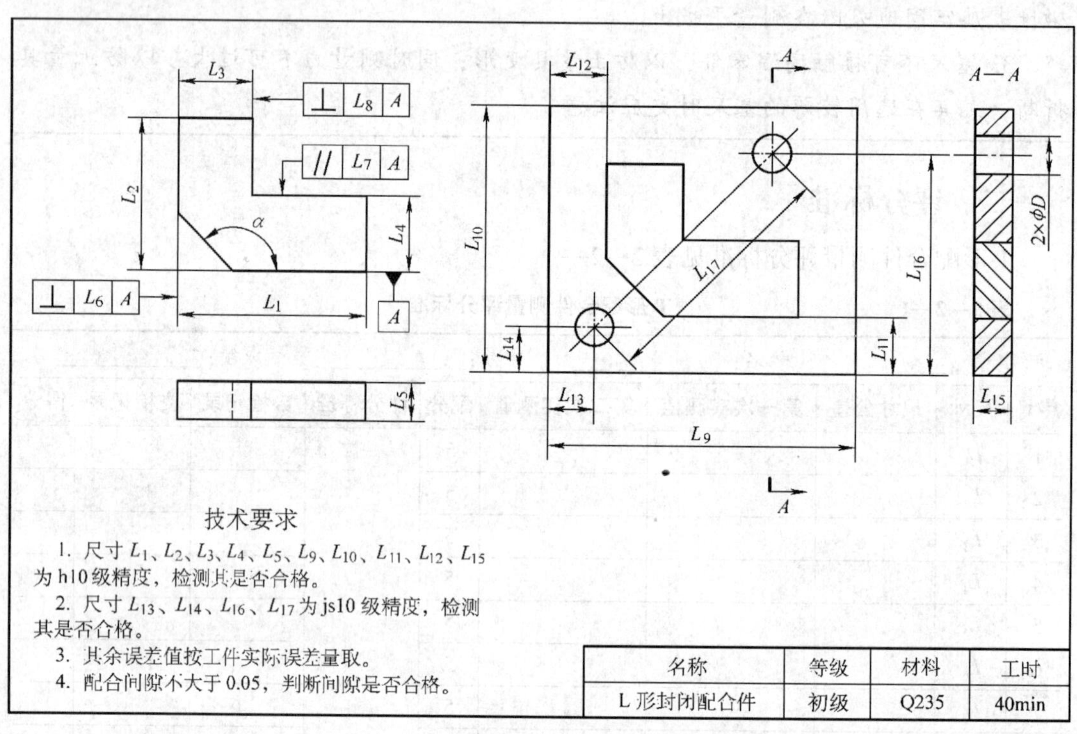

图 2—2—19　L 形封闭配合件零件图

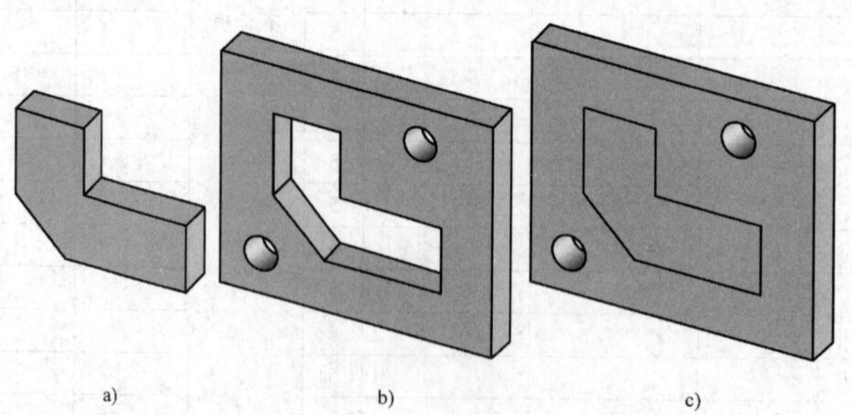

图 2—2—20　L 形封闭配合件实物图

a）件Ⅰ　b）件Ⅱ　c）配合

表 2—2—2　　L 形封闭配合件测量评分标准

班级：______　姓名：______　学号：______　成绩：______

序号	尺寸	尺寸公差	第一次实测值	第二次实测值	配分	评分标准	自检记录	交检记录	得分
1	L_1				5	不正确不得分			
2	L_2				5				
3	L_3				5				
4	L_4				5				
5	L_5				5				
6	L_6				5				
7	L_7				5				
8	L_8				5				
9	L_9				5				
10	L_{10}				5				
11	L_{11}				5				
12	L_{12}				5				
13	L_{13}				5				
14	L_{14}				5				
15	L_{15}				5				
16	L_{16}				5				
17	L_{17}				5				
18	ϕD（2 处）				5×2				
19	α				5				
20	安全文明生产					酌情倒扣分			

划线

任务一　异形样板的划线

工作任务

平面划线是指只需在工件的一个平面上划线，便能明确地表示出加工界线。现欲加工如图 3—1—1 所示的异形样板，试在厚度为 2 mm、长度为 250 mm、高度为 200 mm 的板料上划出所要求的图形界线。

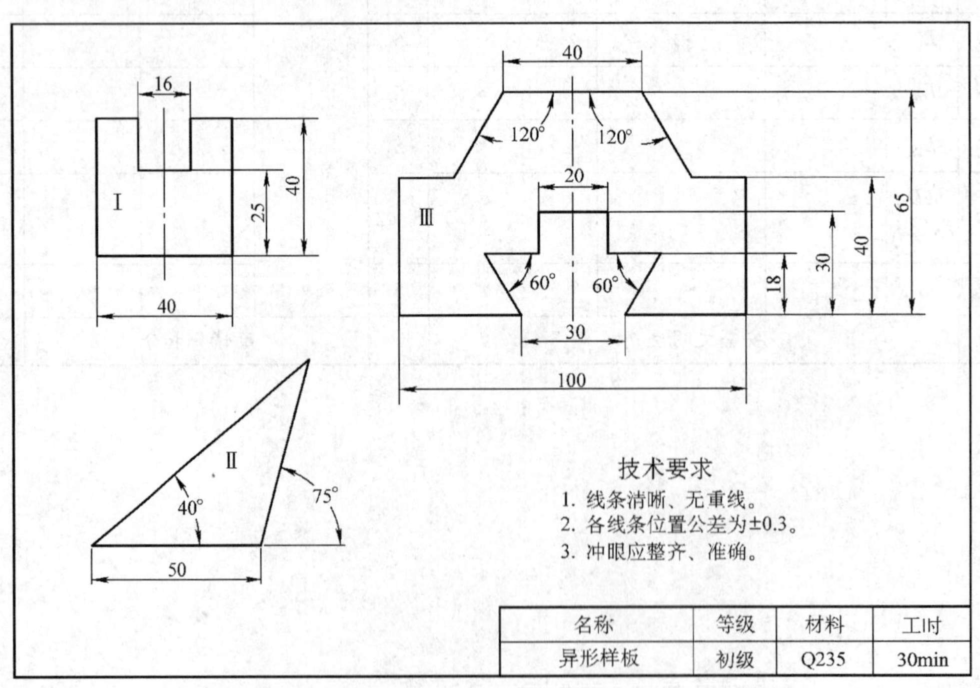

图 3—1—1　异形样板零件图

图 3—1—1 所示的异形样板的图形相对较简单，都为直线，只是所包含的角度较多，要完成所有划线工作，必须掌握正确使用常用划线工具的方法，以及角度线、平行线等的划法。

相关理论

1. 基准工具

划线用的基准工具如图 3—1—2 所示，主要包括划线平板、直角铁、方箱、磁性吸盘、V 形架等。

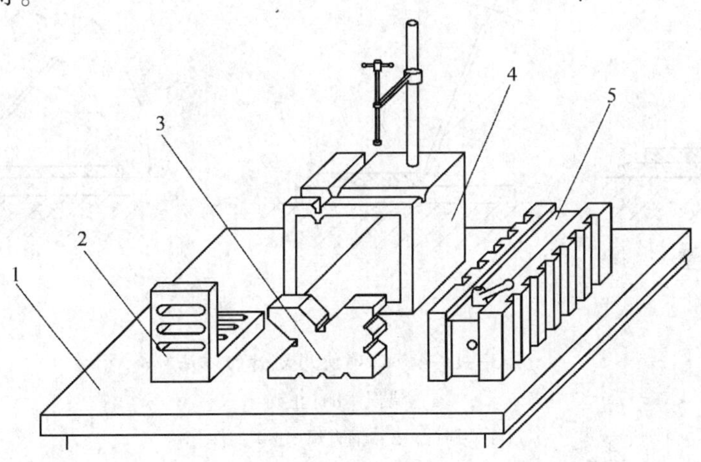

图 3—1—2 基准工具

1—划线平板 2—直角铁 3—V 形架 4—方箱 5—磁性吸盘

基准工具的工作表面要求平整，各工作表面要相互垂直。基准工具主要用于放置工件，使工件划线时处于正确的位置。使用基准工具时，必须保持工作面清洁，不得有毛刺或与其他物件发生撞击和挤压所致的损伤。

特别是划线平板，它的工作表面经过精刨或刮削加工，具有较高的精度，是划线的基准平面。在划线过程中应使平板表面保持清洁，防止切屑、杂质等在划线工具或工件的拖动下划伤平板表面。工具和工件在平板上应轻拿、轻放，避免撞击，更不可在平板上敲击工件。平板使用后应擦拭干净并涂上防锈油。

2. 划针

划针（见图 3—1—3）一般用工具钢或弹簧钢制成，其端部磨出 15° ~ 20°的尖角，直径一般为 3 ~ 5 mm，并经淬火处理，有的划针在尖端部焊有硬质合金，其耐磨性更好。

在使用划针时，一定要使划针尖端抵住钢直尺的底边，否则划出的线条不准确，如图 3—1—4a 所示。划线时正确使用划针的方法如图 3—1—4b 所示，划针上部向外侧倾斜 15° ~ 20°，沿划线方向倾斜 45° ~ 75°，这样划出的线条直、尺寸准。另外，还必须保持针尖的尖锐，划线时要尽量做到一次划成，使划出的线条既清晰又准确。

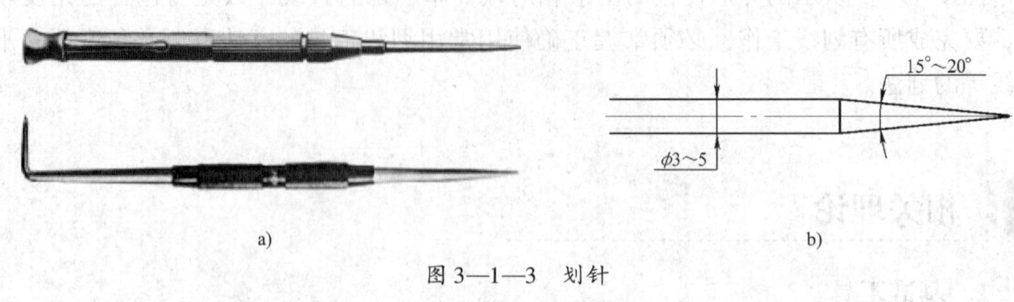

图 3—1—3　划针

a）划针实物图　b）划针端部

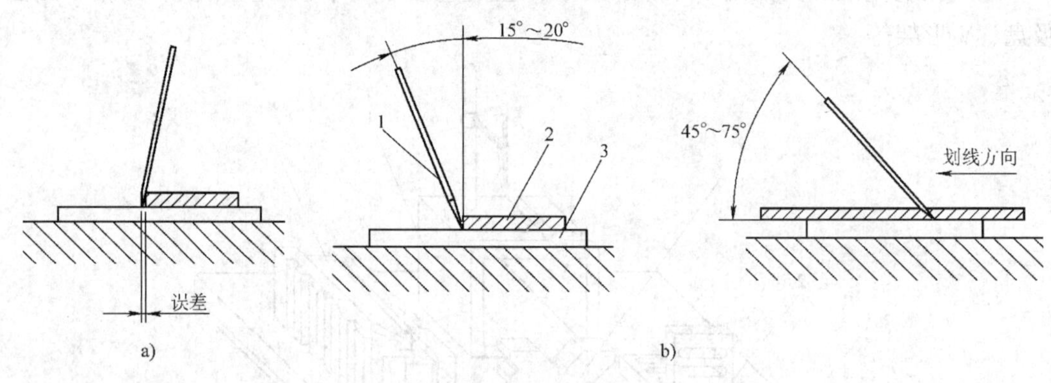

图 3—1—4　正确使用划针的方法

a）错误　b）正确

1—划针　2—钢直尺　3—工件

3. 划规

划规是用中碳钢或工具钢制成的，在划线中主要用来划圆和圆弧，等分线段、角度及量取尺寸等。钳工常用的划规如图 3—1—5 所示。图 3—1—5a 所示为普通划规，这种划规结构简单，制造方便；图 3—1—5b 所示为弹簧划规，使用时，旋转调节螺母，使调节尺寸方便，但该划规结构刚度低，一般用于在光滑表面上划线；图 3—1—5c 所示为大尺寸划规，也称为滑杆划规，用来划大尺寸的圆。

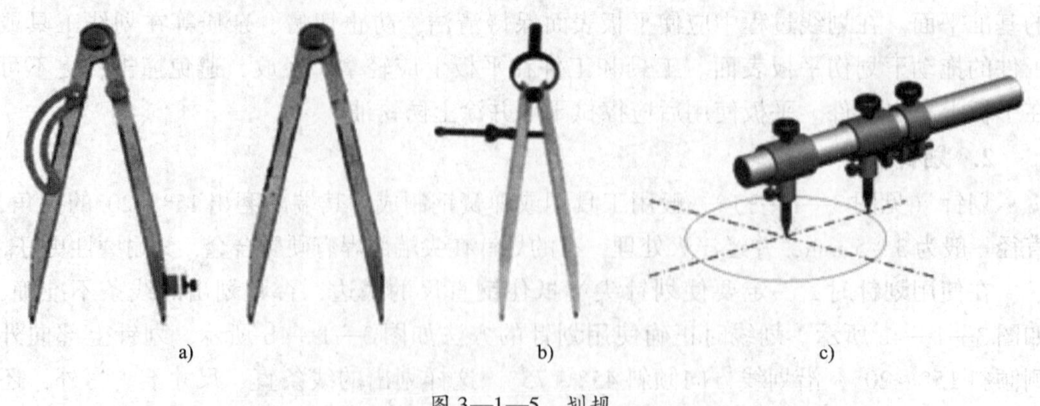

图 3—1—5　划规

如图 3—1—6 所示为正确使用划规的方法。图 3—1—6a 所示为用划规量取尺寸；图 3—1—6b 所示为划圆弧的方法，在实际操作时，应压住划规一脚加以定心，转动另一脚划线，划规要基本垂直于划线表面，可略有倾斜，但不能太大，在划尺寸较小的圆时，须把划规两脚的长短磨得稍有不同，而且两脚合拢时脚尖应能靠紧；图 3—1—6c 所示为用划规划出平行于工件边缘且有一定距离要求的平行线的方法。

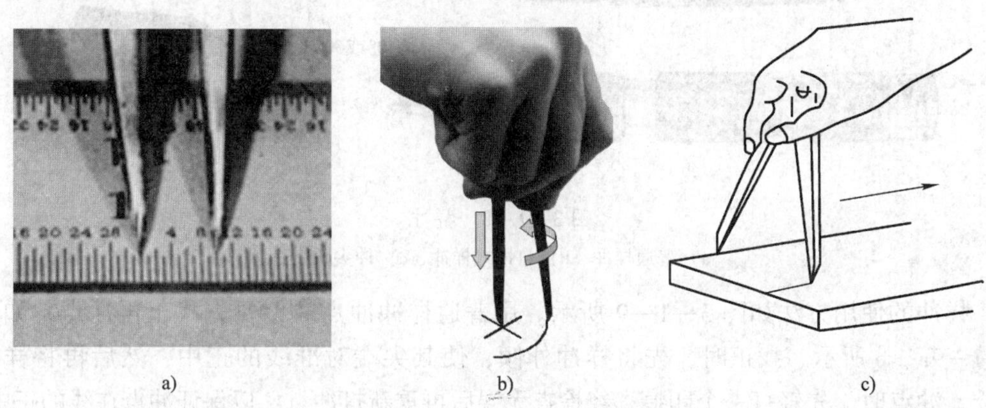

图 3—1—6　正确使用划规的方法

4. 划线盘

划线盘用于在划线平板上对工件进行划线或找正位置。划针的直端用来划线，弯头一端用于找正工件安放位置。

正确使用划线盘的方法如图 3—1—7 所示。如图 3—1—7a 所示，在使用划线盘时，利用夹紧螺母使划针处于所需的高度位置，划针伸出部分应尽量短些，并要牢固地夹紧。划线时用手握稳盘座，使划针与工件划线表面之间保持 40° ~ 60°的夹角，底座平面始终与划线平板表面贴紧并平稳移动，线条应一次性划出，如图 3—1—7b 所示。在划较长的直线时，应采用分段连接的方法，避免在划线过程中由于划针的弹性变形和划线盘本身的移动而造成划线误差。

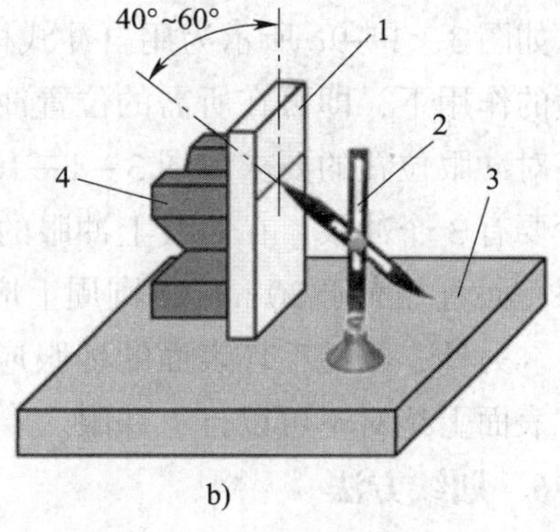

图 3—1—7　正确使用划线盘的方法

1—零件　2—划线盘　3—划线平板　4—V 形块

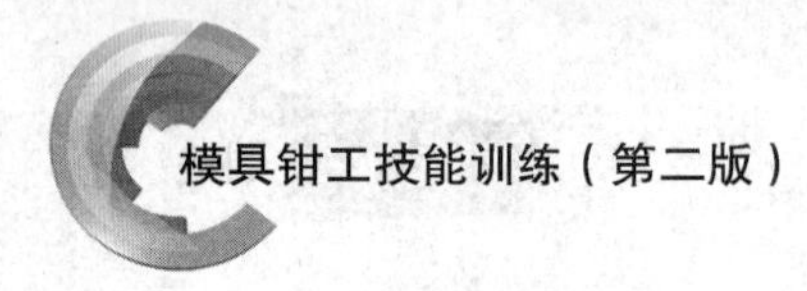

5. 样冲

样冲（见图 3—1—8）用来在已划好的加工线条上打出冲点以作为标记，或为划圆弧、钻孔定中心。它一般用工具钢制成，尖端处淬硬，冲尖顶角磨成 40°或 60°，一般在用于钻孔定中心时，冲尖顶角取 60°，用于做标记时，冲尖顶角取 40°。

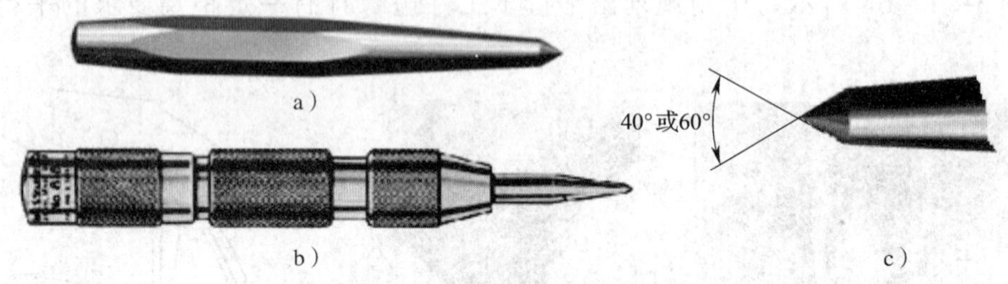

图 3—1—8　样冲

a）普通样冲　b）自冲式样冲　c）冲尖角度

样冲的使用方法如图 3—1—9 所示。用普通样冲冲点时，要先找正再冲点，如图 3—1—9a、b 所示。找正时，先将样冲外倾，使其尖端对准线的正中，然后再将样冲直立。冲点时，先轻打一个印痕，经检查无误后再重新打冲点，以保证冲点在线的正中。

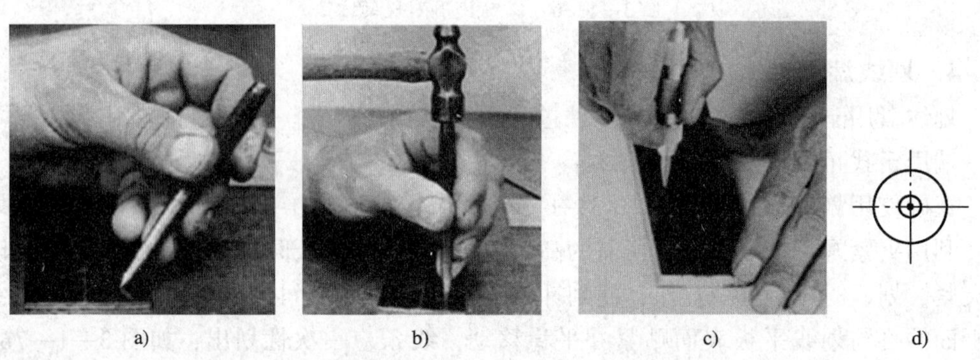

图 3—1—9　样冲的使用方法

a）找正　b）冲点　c）用自冲式样冲冲眼　d）正确的冲眼

如图 3—1—9c 所示为用自冲式样冲冲眼，找正位置后，只需将样冲用力下压，在弹簧的作用下，即可在所需的位置冲出正确的冲眼，如图 3—1—9d 所示。

对冲眼位置的要求如图 3—1—10 所示。直线上的冲眼距离可大些，但在短直线上至少要有 3 个冲眼；在曲线上冲眼的距离要小些，直径小于 20 mm 的圆周上应有 4 个冲眼，而直径大于 20 mm 的圆周上应有 8 个冲眼；在线条的相交处和拐角处必须打上冲眼。另外，粗糙毛坯表面的冲眼应深些，光滑表面或薄壁工件上的冲眼应浅些，精加工表面上绝对不可以打上冲眼。

6. 划线方法

图 3—1—1 所示的异形样板由一些基本的平行线、垂直线、角度线组成，这些线条的划法在划线操作中的应用较广泛，所以必须掌握这些线条的划法。

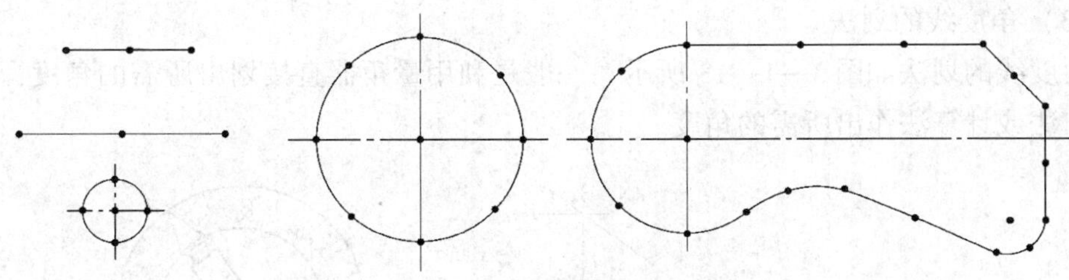
图 3—1—10　对冲眼位置要求

（1）平行线的划法

在划平行线时，应根据不同的条件选用不同的划线工具及方法，如图 3—1—11 所示。图 3—1—11a 所示为利用划规找出两个等高点来划出平行线；图 3—1—11b 所示为直接利用游标高度尺划出平行线；图 3—1—11c 所示为利用直角尺划出平行线；图 3—1—11d 所示为利用钢直尺保证所划出的直线到边缘的距离相等的方法划出平行线。

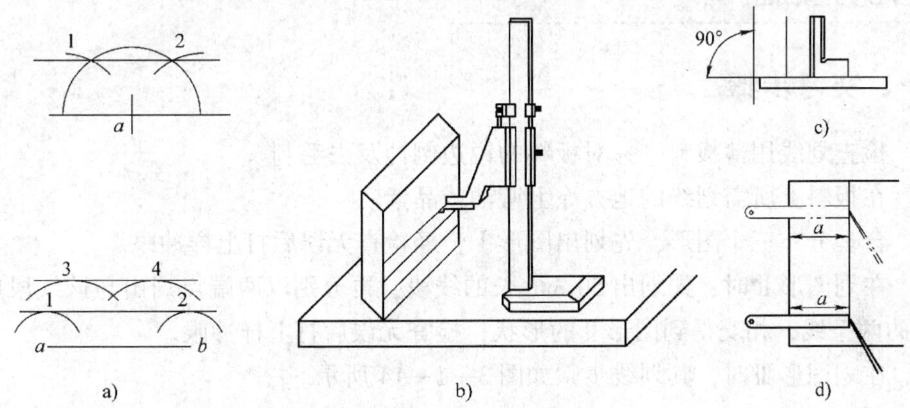

图 3—1—11　平行线的划法

（2）垂直线的划法

垂直线的划法如图 3—1—12 所示。作垂直线时，一般利用直角尺直接作出垂直线，如图 3—1—12a 所示；或者利用划规和钢直尺采用几何作图法作出垂线，如图 3—1—12b 所示，分别利用垂直平分线的方法、圆直径所对的圆心角为 90°的方法以及利用勾股定律的方法作出垂直线。

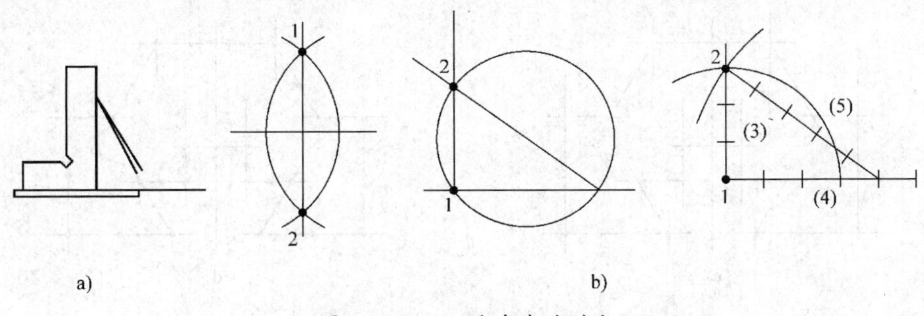

图 3—1—12　垂直线的划法

（3）角度线的划法

角度线的划法如图 3—1—13 所示，一般是利用量角器直接划出所需的角度，也可用几何法或计算法作出所需的角度。

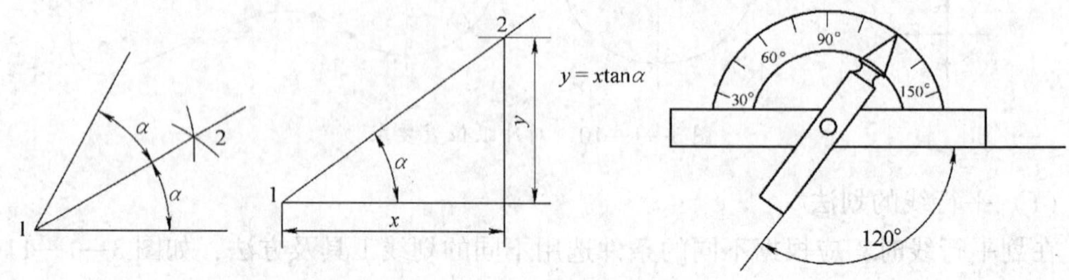

图 3—1—13　角度线的划法

任务实施

一、实习步骤

1. 检查划线用薄板料，并对板料的锐边倒钝及去毛刺。

2. 在板料上所需划线的地方涂上蓝油或品紫。

3. 合理分布三个图形，先划出图形Ⅰ，经检查无误后打上样冲眼。

4. 在划图形Ⅱ时，先划出 50 mm 长的线段，再分别以两端点划出与该线段成 75°及 40°的两条线，相交得到图形Ⅱ的形状，检查无误后打上样冲眼。

5. 在划图形Ⅲ时，其划线步骤如图 3—1—14 所示。

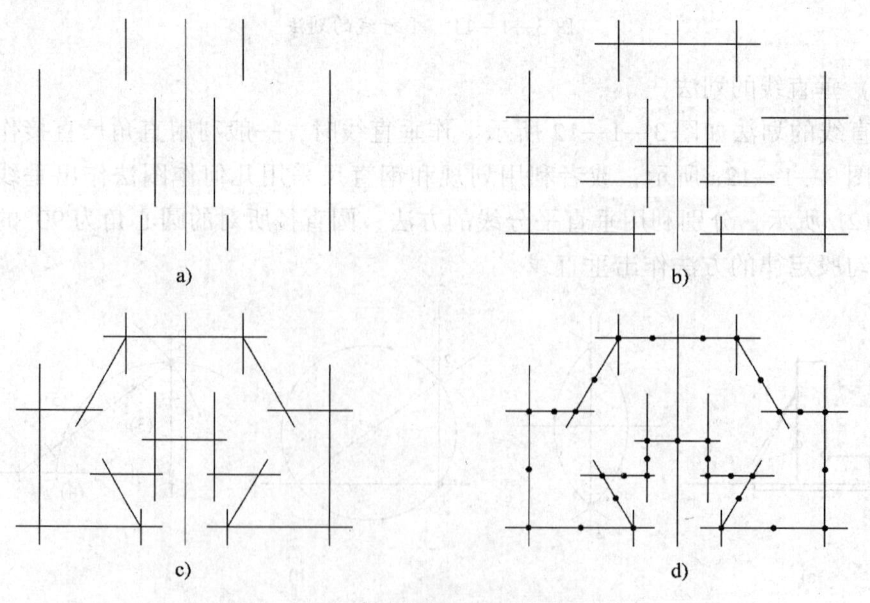

图 3—1—14　图形Ⅲ的划线步骤

重点提示

1. 划线时应保持划线平台表面的清洁及平整性。

2. 工件和工具在平台上要轻拿轻放。

3. 所划的线条应尽量做到一次划成，不要连续几次重复地划，否则线条变粗，反而模糊不清。

4. 划规两脚尖要保持锋利，以保证划出清晰、准确的线条。

5. 划线盘使用完毕后，应将划针置于直立状态，以保证安全并减少所占空间。

二、评分标准

异形样板划线评分标准见表 3—1—1。

表 3—1—1　　异形样板划线评分标准

班级：________　姓名：________　学号：________　成绩：________

序号	技术要求	配分	评分标准	自检记录	交检记录	得分
1	涂色薄而均匀	4	总体评定			
2	图形分布合理	9	每处不合理扣 3 分			
3	线条清晰	12	每处缺陷扣 2 分			
4	线条无重复	12	每处缺陷扣 2 分			
5	线条位置公差为 ±0.3 mm	30	每处超差扣 3 分			
6	冲眼分布合理、正确	18	每处缺陷扣 2 分			
7	选用工具、操作姿势正确	15	每次失误扣 5 分			
8	安全文明生产		违者每次倒扣 2 分，严重者倒扣 5 ~ 10 分			

任务拓展

试加工如图 3—1—15 所示的角度样板，在厚度为 2 mm、长度为 200 mm、高度为 200 mm 的板料上划出所要求的图形界线。角度样板划线评分标准见表 3—1—2。

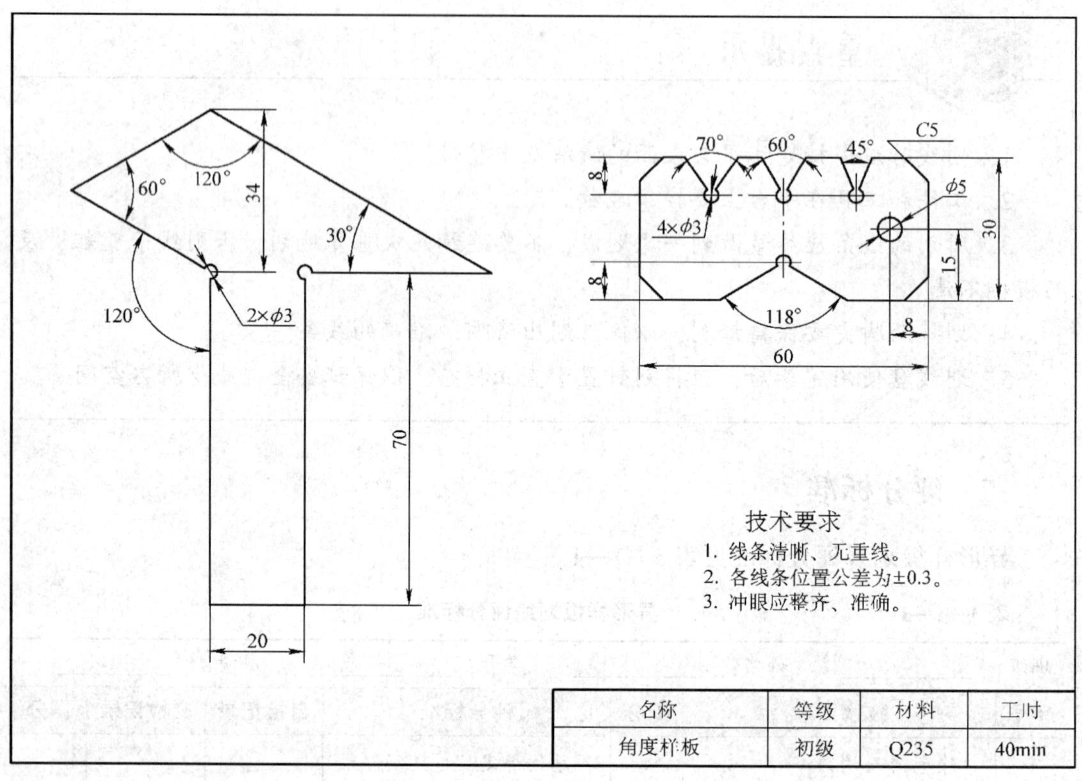

图 3—1—15 角度样板零件图

表 3—1—2 **角度样板划线评分标准**

班级：________ 姓名：________ 学号：________ 成绩：________

序号	技术要求	配分	评分标准	自检记录	交检记录	得分
1	涂色薄而均匀	5	总体评定			
2	图形分布合理	8	每处不合理扣 4 分			
3	线条清晰	12	每处缺陷扣 2 分			
4	线条无重复	12	每处缺陷扣 2 分			
5	线条位置公差为 ±0.3 mm	30	每处超差扣 3 分			
6	冲眼分布合理、正确	18	每处缺陷扣 2 分			
7	选用工具、操作姿势正确	15	每次失误扣 5 分			
8	安全文明生产		违者每次倒扣 2 分，严重者倒扣 5～10 分			

任务二　扳手样板的划线

工作任务

试加工如图 3—2—1 所示的扳手样板，在厚度为 2 mm、长度为 200 mm、高度为 100 mm 的板料上划出所要求的图形界线。

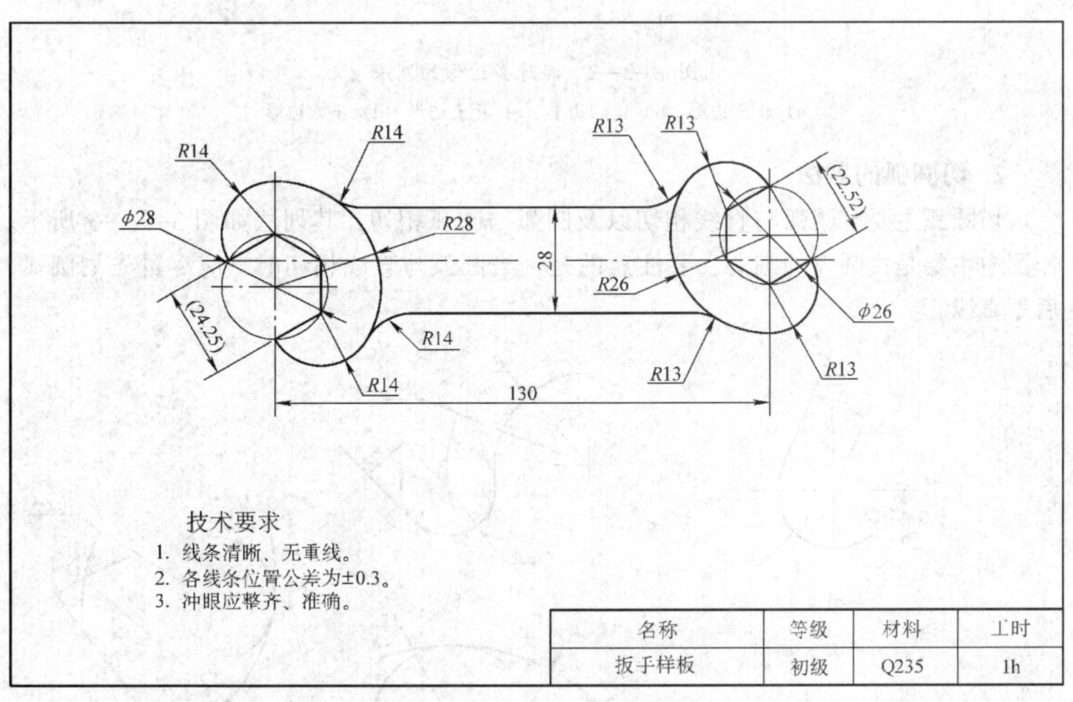

名称	等级	材料	工时
扳手样板	初级	Q235	1h

图 3—2—1　扳手样板零件图

扳手样板由正多边形、圆弧和直线组成，要完成图示的平面划线工作，必须掌握正多边形、圆弧与直线相切、圆弧与圆弧相切的划法。

相关理论

1. 正多边形的划法

正多边形都有一个外接圆，在划正多边形时，可以按照等分圆周的方法划出，常用的是按同一弦长等分圆周或按不同弦长等分圆周的方法划出正多边形。在实际应用中，一些特殊的等分圆周可用画法几何的方法，采用钢直尺和圆规直接对圆周进行三等分、四等分、五等分、六等分，并可相应作出正三边形、正四边形、正五边形、正六边形，如图 3—2—2 所示。当然，在这个基础上，能相应地把圆周等分成八、十、十二、十六等份，并划出相应的正多边形。

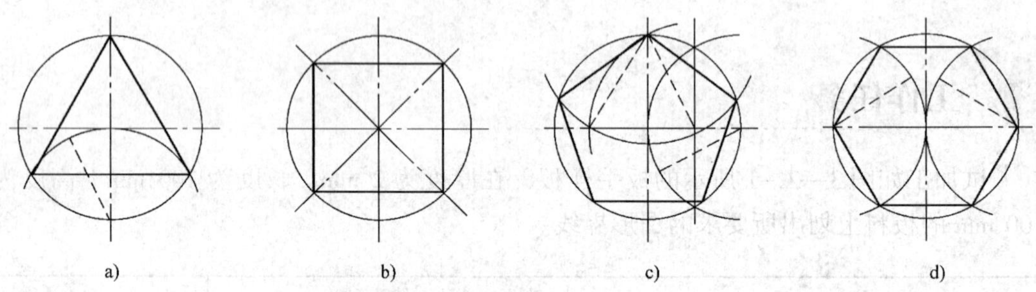

图 3—2—2　特殊多边形的划法

a）正三边形　b）正四边形　c）正五边形　d）正六边形

2. 切圆弧的划法

切圆弧主要有圆弧与直线相切以及圆弧与圆弧相切，其划法如图 3—2—3 所示。作图中主要是找圆弧的圆心，要注意的是，当圆弧与直线相切时，应尽量先划圆弧，后划直线。

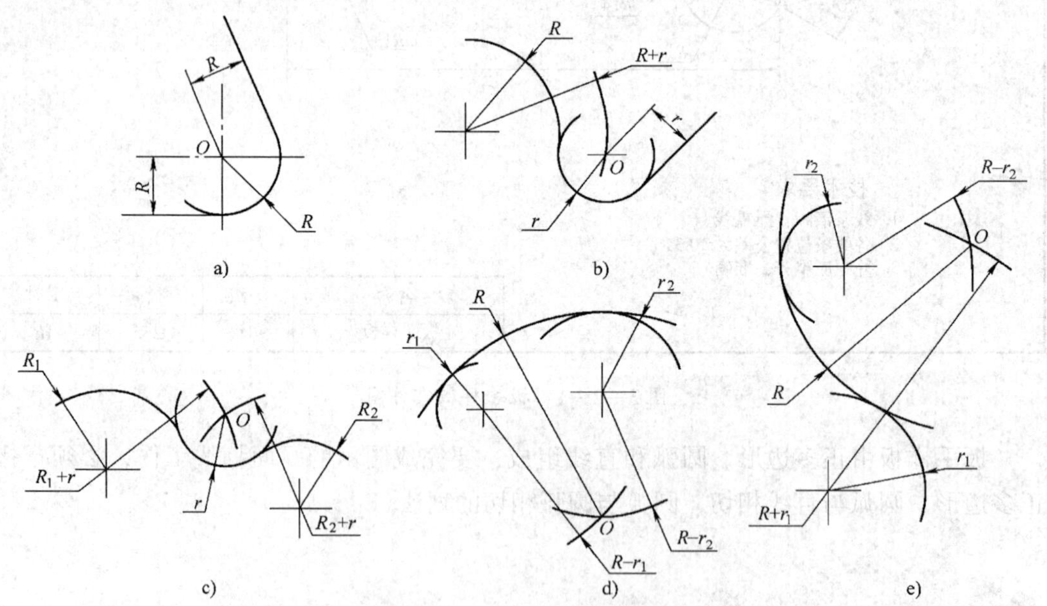

图 3—2—3　切圆弧的划法

a）圆弧与直线相切　b）两圆弧外切　c）圆弧与已知两圆弧外切

d）圆弧与已知两圆弧内切　e）圆弧与已知两圆弧分别内、外切

任务实施

一、实习步骤

1. 检查划线用薄板料，并对板料的锐边倒钝及去毛刺。

2. 在板料上所需划线的地方涂上蓝油或品紫。

3. 合理分布图形，按图3—2—4所示的划线步骤完成划线工作，经检查无误后打上样冲眼。

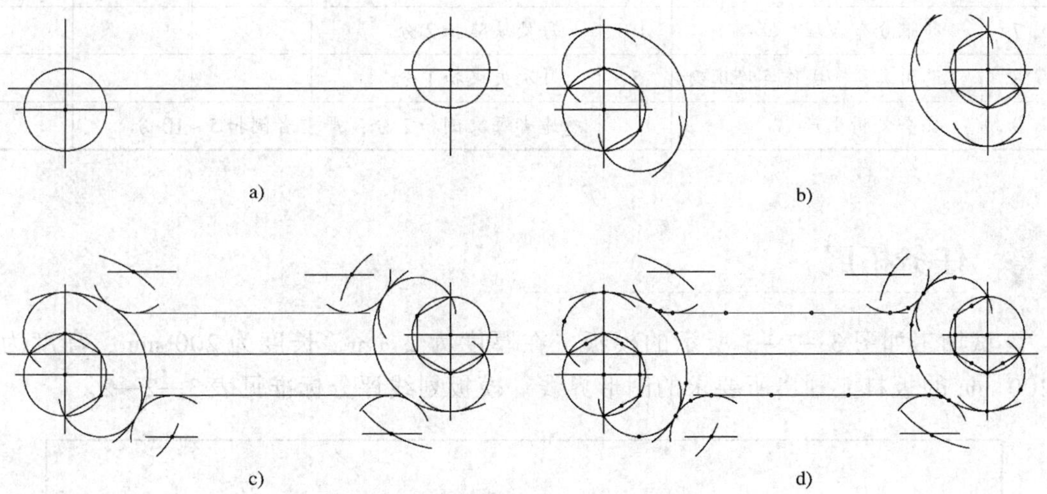

图3—2—4 扳手样板的划线步骤

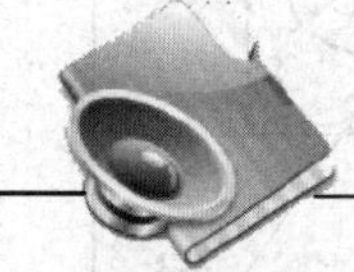

重点提示

1. 用划规划圆时，作为旋转中心的一脚应加以较大的压力，另一脚则以较轻的压力在工作表面上划圆弧，这样可使中心不至于滑移。

2. 选择划线基准时，不应使尺寸换算复杂化。

3. 圆弧线条上的样冲眼可打得适当密一些，以便于在加工中看得更加清晰。

4. 线条划完后，必须加以检验，经检查准确无误后方能打上样冲眼。

二、评分标准

扳手样板划线评分标准见表3—2—1。

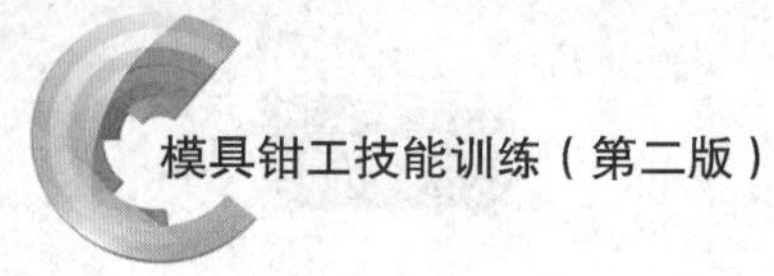

表 3—2—1　　扳手样板划线评分标准

班级：＿＿＿＿　姓名：＿＿＿＿　学号：＿＿＿＿　成绩：＿＿＿＿

序号	技术要求	配分	评分标准	自检记录	交检记录	得分
1	涂色薄而均匀	5	总体评定			
2	图形分布合理	6	每处不合理扣 3 分			
3	线条清晰	15	每处缺陷扣 3 分			
4	线条无重复	15	每处缺陷扣 3 分			
5	线条位置公差为 ±0.3 mm	24	每处超差扣 3 分			
6	圆弧线连接处光滑	20	每处缺陷扣 2 分			
7	冲眼分布合理、正确	10	每处缺陷扣 2 分			
8	选用工具、操作姿势正确	5	每次失误扣 1 分			
9	安全文明生产		违者每次倒扣 2 分，严重者倒扣 5～10 分			

任务拓展

试加工如图 3—2—5 所示的模板，在厚度为 2 mm、长度为 200 mm、高度为 200 mm 的板料上划出所要求的图形界线。模板划线评分标准见表 3—2—2。

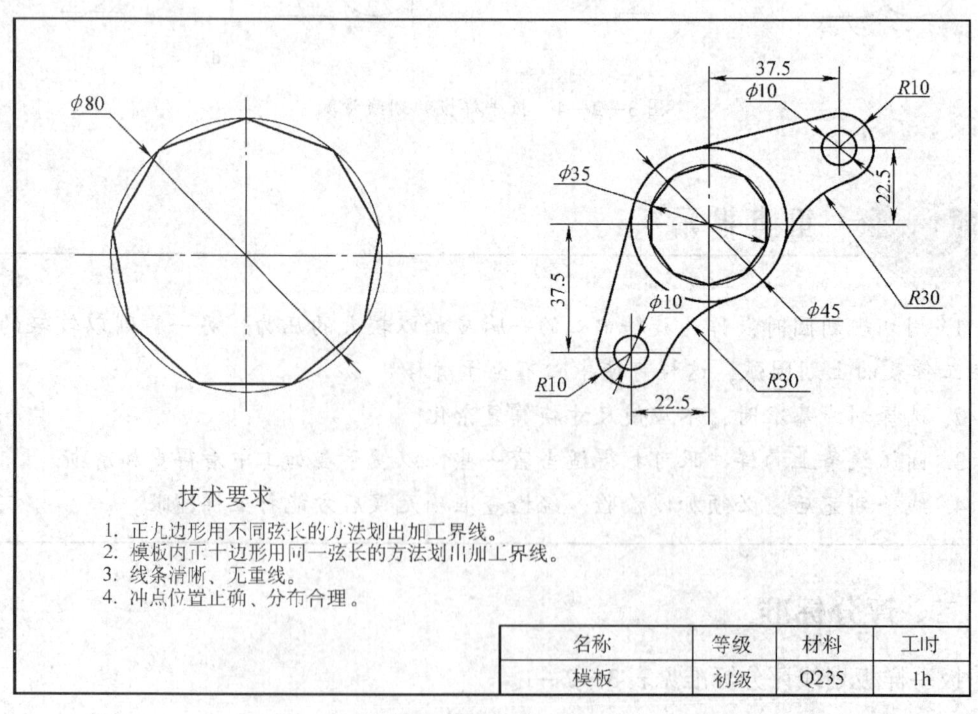

图 3—2—5　模板零件图

表 3—2—2　　模板划线评分标准

班级：＿＿＿＿　姓名：＿＿＿＿　学号：＿＿＿＿　成绩：＿＿＿＿

序号	技术要求	配分	评分标准	自检记录	交检记录	得分
1	涂色薄而均匀	5	总体评定			
2	图形分布合理	6	每处不合理扣 3 分			
3	线条清晰	15	每处缺陷扣 3 分			
4	线条无重复	15	每处缺陷扣 3 分			
5	线条位置公差为 ±0.3 mm	24	每处超差扣 3 分			
6	圆弧线连接处光滑	20	每处缺陷扣 2 分			
7	冲眼分布合理、正确	10	每处缺陷扣 2 分			
8	选用工具、操作姿势正确	5	每次失误扣 1 分			
9	安全文明生产		违者每次倒扣 2 分，严重者倒扣 5 ~ 10 分			

任务三　变速箱箱体的划线

工作任务

一些比较复杂的工件毛坯和半成品，在进入粗、精加工时，就是凭借划线作为加工和校正依据的，而这些划线大多属于立体划线。

如图 3—3—1 所示为齿轮箱体零件图，其实物图如图 3—3—2 所示，在生产过程中一般先经过浇铸得到毛坯，再经过一系列的加工成为成品。如图 3—3—2a 所示的箱体半成品在浇铸后对底平面及孔的外侧面都已经过加工，下面须对 4 个安装轴孔、螺纹孔以及底板上的安装孔进行加工。在加工前必须通过划线找出各孔的中心位置。

对箱体划线须掌握箱体支撑的方法、孔的填料方法以及孔的找正方法等。

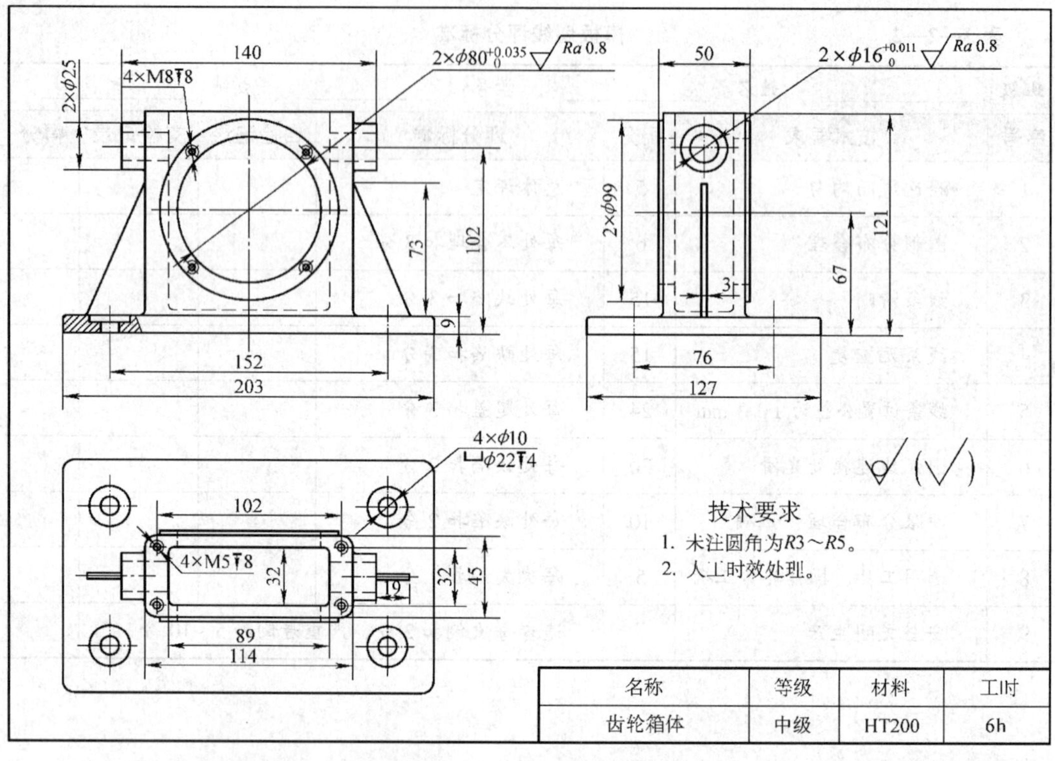

图 3—3—1　齿轮箱体零件图

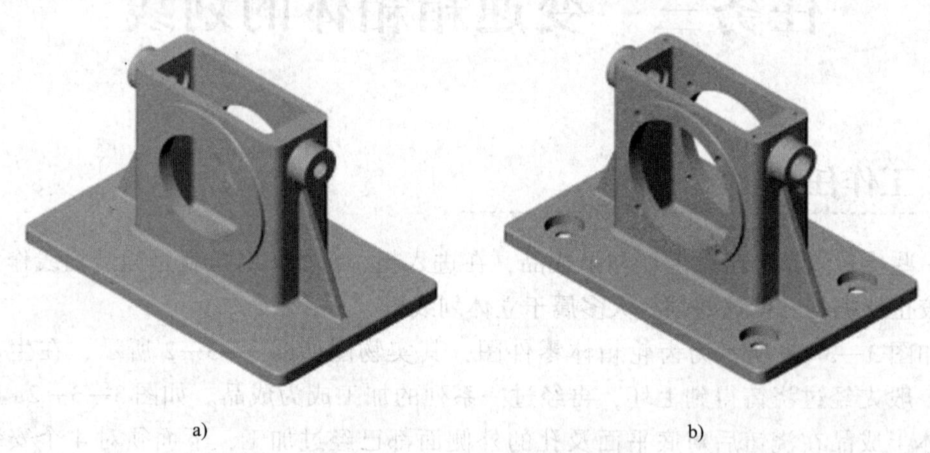

图 3—3—2　齿轮箱体实物图

a）半成品　b）成品

相关理论

1. 千斤顶的支撑方法

千斤顶一般用以支撑形状不规则或以未经加工过的毛坯平面作为基准平面的工件，使用时以三个为一组。如图 3—3—3 所示为千斤顶的使用方法。

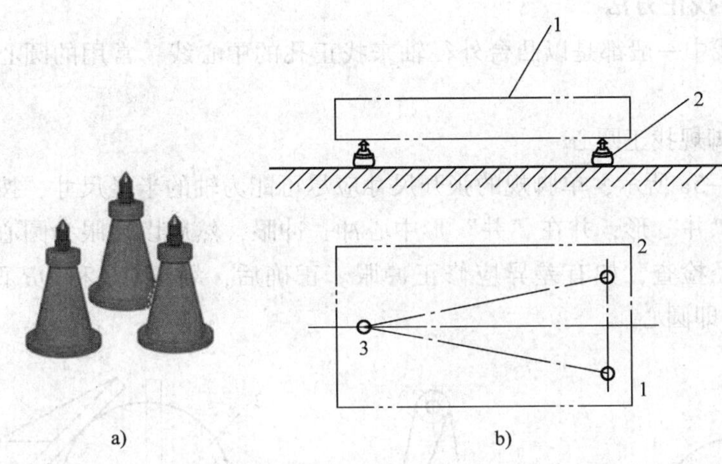

图 3—3—3 千斤顶的使用方法

a）千斤顶 b）使用方法

1—工件 2—千斤顶

在使用千斤顶支撑大平面的时候，三个千斤顶构成的三角形的面积越大，支撑越平稳。在实际支撑中，三个千斤顶绝对不能在一条直线上，应尽量使三个千斤顶构成的三角形的面积最大。如图 3—3—3 所示，为了找正方便，这个三角形为等腰三角形，而且应使其中一个千斤顶在工件的对称中心平面上。

2. 用划线盘找正水平方向

如图 3—3—4 所示为工件的找正方法。如图 3—3—4a 所示，在用划线盘找正水平方向时，应先找正方向 1，分别调节 1 和 2 两个千斤顶；然后找正方向 2，调节千斤顶 3，重复几次直到两个方向都水平为止。

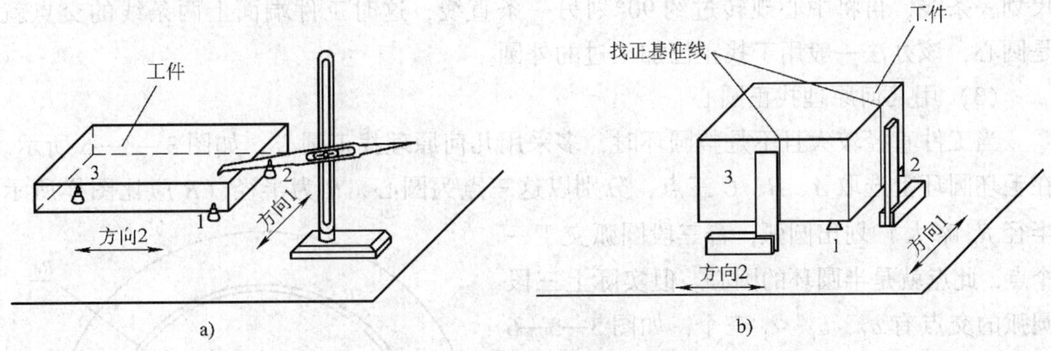

图 3—3—4 工件的找正方法

a）水平方向的找正 b）垂直方向的找正

3. 垂直方向的找正方法

如图 3—3—4b 所示，在用直角尺找正垂直方向时，也应先找正方向 1，调节 1 和 2 两个千斤顶，使找正基准线与直角尺重合；然后找正方向 2，调节千斤顶 3，使找正基准线与直角尺重合，重复几次使得两个方向的找正基准都与直角尺重合。

4. 圆心的找正方法

在箱体划线中一般都是以凸台外径轴来找正孔的中心线，常用的圆心找正方法有以下几种：

（1）用单脚规找正圆心

如图 3—3—5a 所示，单脚规的张开尺寸应尽可能为轴的半径尺寸，按图示在有轴的端面上划出“井”形，并在“井”形中心冲一冲眼，然后以冲眼为圆心，利用单脚规弯脚沿轴外径检查，如有差异应修正冲眼。正确后，划出 *AC* 和 *DB* 两条中心线，*AC*、*DB* 的交点即圆心。

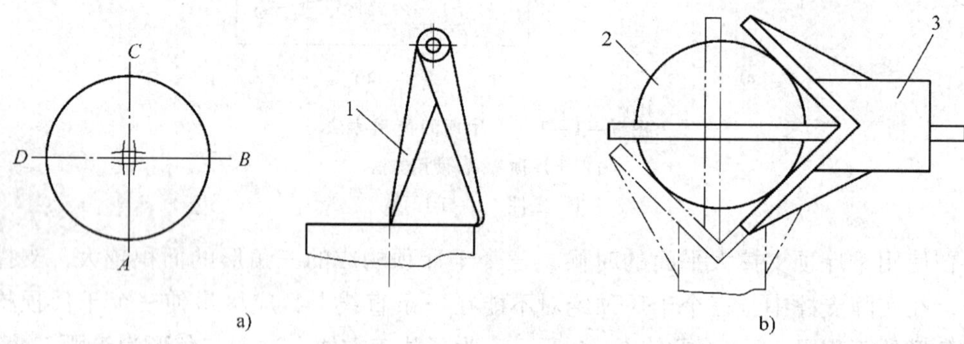

图 3—3—5　圆心的找正方法

a）用单角规找正圆心　b）用中心规找正圆心

1—单脚规　2—工件　3—中心规

（2）用中心规找正圆心

如图 3—3—5b 所示，将中心规相邻的两工作面靠住轴的外圆，用划针沿中心规直尺划一条线，再将中心规转过约 90°划另一条直线，这时工件端面上两条线的交点就是圆心，该办法一般用于找正已加工过的外圆。

（3）用几何原理找正圆心

当工件直径较大且不是整圆环时，多采用几何原理找正圆心，如图 3—3—6 所示。在毛坯圆环上选取 *A*、*B*、*C* 三点，分别以这三点为圆心，*R* 为半径（*R* 应比图样所示半径 R_0 略大）划出圆弧，若三段圆弧交于一个点，此点就是半圆环的圆心。但实际上三段圆弧的交点有 a_1、b_1、c_1 三个，如图 3—3—6 所示。此时，再分别以 *A*、*B*、*C* 三点为圆心，以 R_1（$R_1 < R$）为半径用划规划出三段圆弧，同样得三个交点 *a*、*b*、*c*，连接对应点 aa_1、bb_1、cc_1，延长任意两条线得交点 *O*，即圆心。

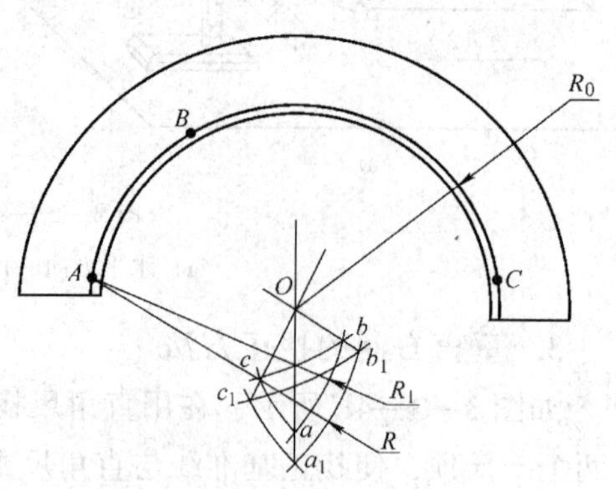

图 3—3—6　用几何原理找正圆心

5. 划孔中心线的方法

划孔中心线是指在铸、锻件毛坯或已加工

孔的半成品上划出中心十字线，求出圆心并划圆，确定加工孔的位置和其他加工线。常用的划孔中心线的方法有填料法和不填料法两种。

（1）填料法（见图 3—3—7）

如图 3—3—7a 所示，将竹片或较硬的木块紧固地安置在被划工件的孔中，并与孔的端面基本平齐。为了使圆心的定位正确，在竹片或木块的中心处镶嵌一块薄铁皮，使划出的中心十字线和冲上的样冲眼都在铁皮上，即可依此划出孔的位置线及其他加工线。

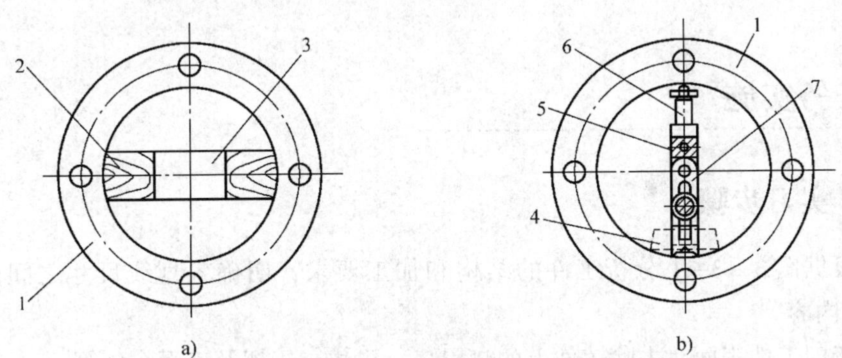

图 3—3—7 用填料法划中心线

a）用木块作为填料 b）用可调定心器作为填料

1—工件 2—木料 3—铁皮 4—加固垫铁 5—支柱 6—调整螺钉 7—调整块

如图 3—3—7b 所示为用可调定心器作为填料。这种划线方法更为简便和可靠，适用于对较大的孔划线定中心。可调定心器备有几套不同长度的调整螺钉，针对不同的孔径可以自由更换，用作填料。

（2）不填料法（见图 3—3—8）

当毛坯件上有铸造孔或预加工孔，需要划出孔的加工线时，除填料法外，也可以采用不填料法划出孔的加工界线。这种方法特别适用于孔径较大而孔数又较多的工件。

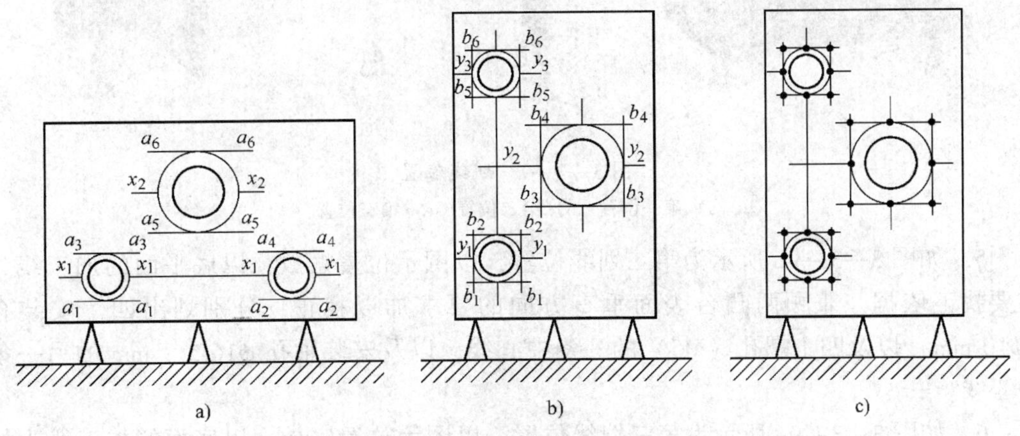

图 3—3—8 用不填料法划中心线

1）如图 3—3—8a 所示，将工件放在平台上找正，按图样尺寸，先划出各孔的中心线 x_1—x_1、x_2—x_2，然后在孔的上、下端，以中心线为基准，孔半径为距离，分别划出平行直线 a_1—a_1、a_2—a_2、…、a_6—a_6。这些线就是各孔的上、下加工界线。

2）如图 3—3—8b 所示，将工件翻转 90°，找正中心线 x_1—x_1 与平台垂直，按上述方法划出垂直方向的中心线 y_1—y_1、y_2—y_2、y_3—y_3 和加工界线 b_1—b_1、b_2—b_2、…、b_6—b_6。所划的加工界线不宜太长，以免因孔多而引起线条混乱，最好划成一个正方形。

3）如图 3—3—8c 所示，在中心线的交点处以及加工界线上冲好样冲眼。

任务实施

一、实习步骤

1. 根据图 3—3—1 分析工件的结构和加工要求，明确各划线尺寸之间的关系，确定划线内容。

2. 清理工件表面，去除铸件上的浇冒口、飞边、飞翅及表面粘砂等。

3. 将工件涂色，并在毛坯孔中装上中心塞块。

4. 如图 3—3—9a 所示为第一划线位置，以工件的底面为安放基准，用三个千斤顶支撑安放于平台上（如底平面已加工，可以直接安放于平台上），以上表面为找正依据，兼顾凸台表面垂直方向的要求加以找正，划出下平面的加工线以及四个安装轴孔（两个 $\phi80^{+0.035}_{0}$ mm 轴孔、两个 $\phi16^{+0.011}_{0}$ mm 轴孔）的一条中心线。

a）

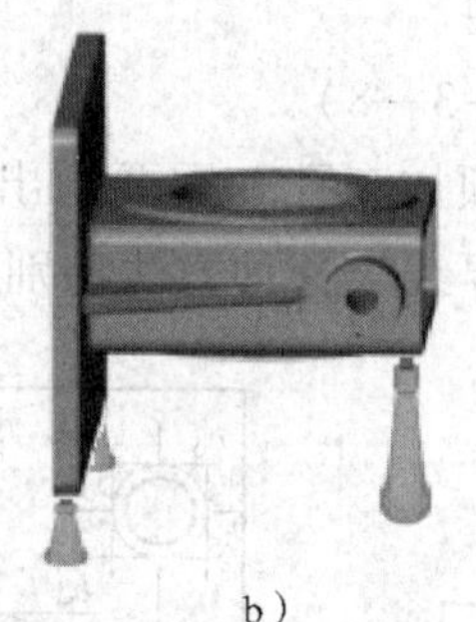
b）

c）

图 3—3—9　划线位置

a）第一位置　b）第二位置　c）第三位置

5. 如图 3—3—9b 所示为第二划线位置，以图示位置摆放，以底平面的加工线为主要找正依据，兼顾两凸台表面垂直方向的要求加以找正，分别划出四个安装孔（$\phi10$ mm）以及四个螺孔（M5）的一条中心线，以及安装轴孔 $\phi16^{+0.011}_{0}$ mm 的另一条中心线。

6. 如图 3—3—9c 所示为第三划线位置，以图示位置安放，以底面的加工线为找正基准，分别划出孔 $\phi80^{+0.035}_{0}$ mm、$\phi10$ mm 以及螺孔 M5 的另一条中心线。

7. 复核检查，划出四个安装孔的加工线、各螺纹底孔及安装孔的弧线，并打上样冲眼。

重点提示

1. 在划线前需认真了解图样要求，对照工件毛坯检查其质量。要研究各加工部位与加工工艺之间的关系，确定划线次数，尽量避免因所划线被加工掉而重划；分析各加工部位之间、加工部位与装配零件之间的相互关系，确定划线时的支撑位置、基准以及找正部位。

2. 将箱体置于平台上的第一面划线称为第一划线位置，它应该是待加工的面和孔最多的一面，这样有利于减少翻转次数，保证划线质量。翻转后箱体的另一面则称为第二划线位置。

3. 箱体划线一般都要划出十字校正线，以供下次划线和车削、铣削、刨削等加工时校正位置用。

4. 在某些箱体工件上划垂直线时，为了避免或减少翻转次数，可在平台上放一块角铁，把划线底座靠在角铁上，可划出垂直线。

二、评分标准

齿轮箱体划线评分标准见表 3—3—1。

表 3—3—1　　齿轮箱体划线评分标准

班级：________　姓名：________　学号：________　成绩：________

序号	技术要求	配分	评分标准	自检记录	交检记录	得分
1	涂色薄而均匀	4	总体评定			
2	线条清晰	15	每处缺陷扣 3 分			
3	线条无重复	15	每处缺陷扣 3 分			
4	三个位置找正误差小于 0.4 mm	15	每处超差扣 3 分			
5	三个位置尺寸基准位置误差小于 0.6 mm	15	每处超差扣 3 分			
6	线条位置公差为 ±0.3 mm	20	每处超差扣 3 分			
7	冲眼分布合理、正确	10	每处缺陷扣 2 分			
8	选用工具、操作姿势正确	6	每次失误扣 2 分			
9	安全文明生产		违者每次倒扣 2 分，严重者倒扣 5～10 分			

任务拓展

轴承座零件图如图 3—3—10 所示，在加工该零件前，需利用所学的划线技能及方法在如图 3—3—11a 所示的轴承座毛坯上划出加工界线，经加工后得到如图 3—3—11b 所示的轴承座。轴承座立体划线评分标准见表 3—3—2。

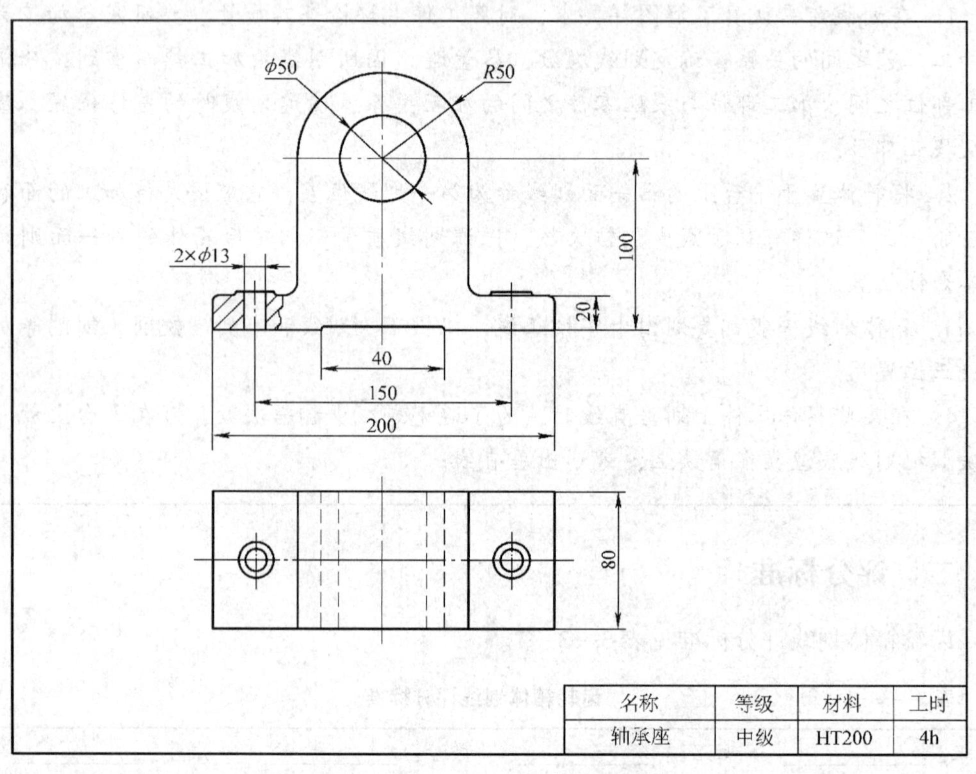

图 3—3—10　轴承座零件图

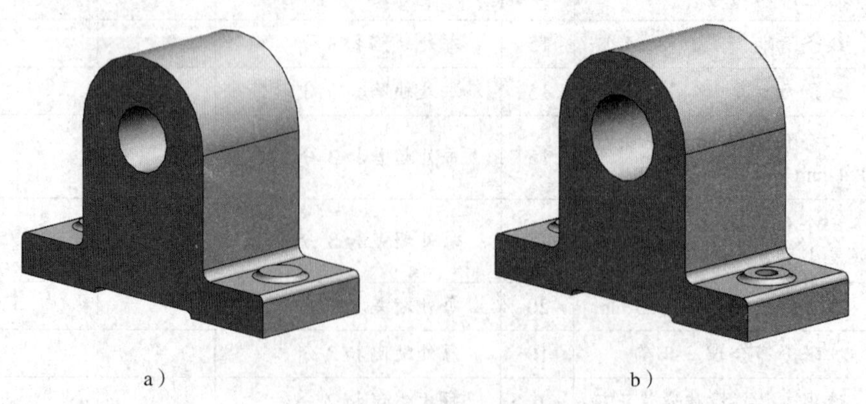

a）　　b）

图 3—3—11　轴承座实物图

a）轴承座毛坯　b）轴承座

表 3—3—2　　轴承座立体划线评分标准

班级：＿＿＿＿＿＿　姓名：＿＿＿＿＿＿　学号：＿＿＿＿＿＿　成绩：＿＿＿＿＿＿

序号	技术要求	配分	评分标准	自检记录	交检记录	得分
1	涂色薄而均匀	4	总体评定			
2	线条清晰	15	每处缺陷扣 3 分			
3	线条无重复	15	每处缺陷扣 3 分			
4	三个位置找正误差小于 0.4 mm	15	每处超差扣 3 分			
5	三个位置尺寸基准位置误差小于 0.6 mm	15	每处超差扣 3 分			
6	线条位置公差为 ±0.3 mm	20	每处超差扣 3 分			
7	冲眼分布合理、正确	10	每处缺陷扣 2 分			
8	选用工具、操作姿势正确	6	每次失误扣 2 分			
9	安全文明生产		违者每次倒扣 2 分，严重者倒扣 5 ~ 10 分			

錾削

任务一 长方体的錾削

工作任务

用锤子打击錾子对金属工件进行切削加工的方法叫錾削。錾削是钳工工作中一项较为重要的基本操作。目前錾削工作主要用于不便于机械加工的场合，如去除毛坯上的凸缘、毛刺，分割材料，錾削平面及沟槽等。

如图 4—1—1 所示长方体零件，其两个大平面通过铣削加工获得，另外 4 个狭长

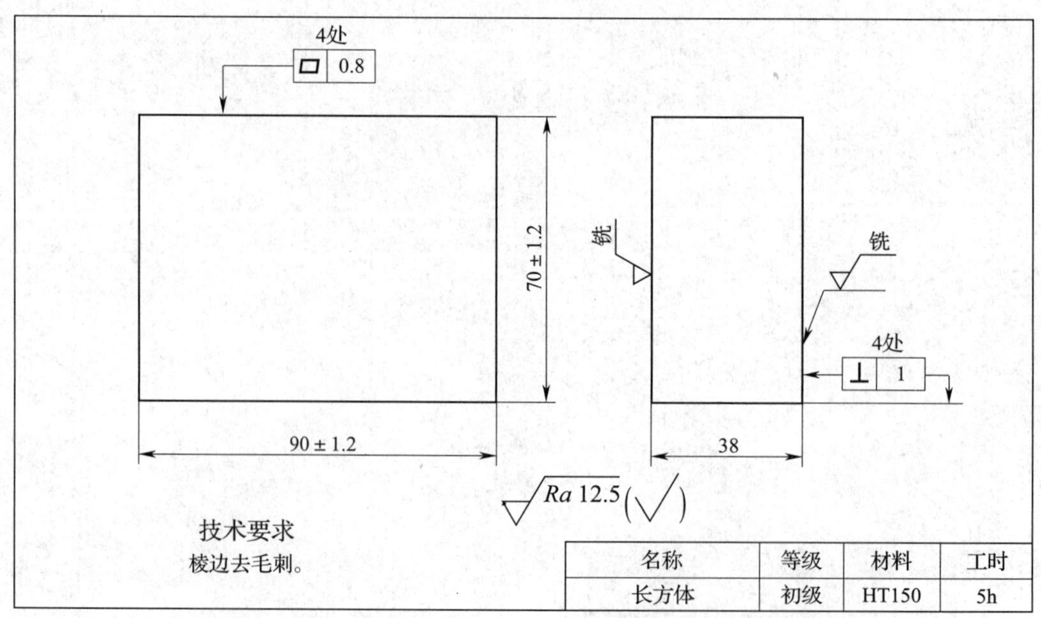

图 4—1—1 长方体零件图

平面需进行錾削加工，使零件达到图样所示尺寸、形位公差等技术要求。通过本任务的学习，要求掌握正确的錾削姿势和平面錾削方法，能通过检测结果判断零件是否合格，并分析产生误差的原因。此外，通过錾削练习，可以提高锤击的准确性，为装拆机械设备打下基础。

相关理论

1. 錾削工具

(1) 錾子

錾子由头部、切削部分以及錾身三部分组成，如图4—1—2所示。錾子头部有一定的锥度，顶端略带球形，以便于锤击时作用力通过錾子的中心线，使錾子保持平稳。大多数錾身呈八棱形，以防止錾削时錾子转动。

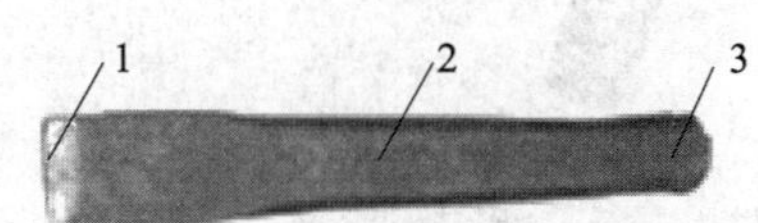

图4—1—2 錾子的结构

1—切削部分 2—錾身 3—头部

錾子一般用碳素工具钢锻成，然后将切削部分刃磨成楔形，经热处理后使其硬度达到56～62HRC。常用的錾子见表4—1—1。

表4—1—1 常用錾子

名称	图示	说明
扁錾		切削部分扁平，刃口略带弧形，主要用来錾削平面、分割薄金属板料或切断小直径棒料及去毛刺等，是用途最广的一种錾子
尖錾		切削刃比较短，切削部分的两侧面从切削刃到錾身逐渐变窄，以防止錾槽时两侧面被卡住。尖錾主要用来錾削沟槽及分割曲线形板料
油槽錾		切削刃很短，并呈圆弧形，为了能在对开式的内曲面上錾削油槽，其切削部分做成弯曲形状。油槽錾常用来錾削平面或曲面上的油槽

(2) 锤子

锤子（见图4—1—3）也称榔头，是钳工常用的敲击工具，它由锤头、锤柄和楔子组成。

錾削用的锤子是硬头锤子，用碳素工具钢制成，并经淬硬处理。锤子的规格用其质量表示，如0.25 kg、0.5 kg和1 kg等。锤子柄长约为350 mm。

2. 錾子的切削原理

图4—1—4所示为用錾子錾削平面时的情况，錾子切削部分由前刀面、后刀面以及它们的交线形成的切削刃组成。

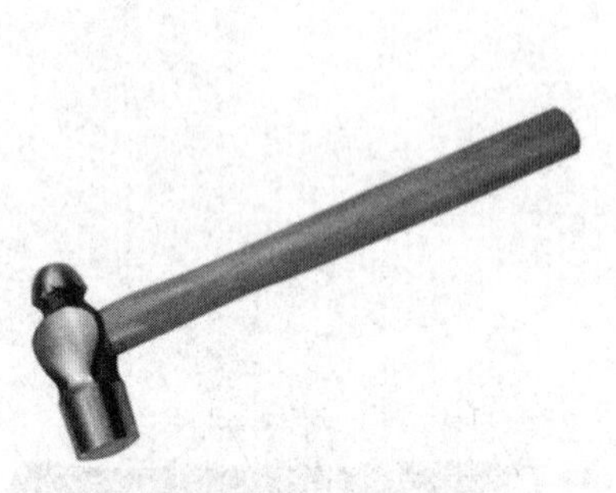

图4—1—3　锤子

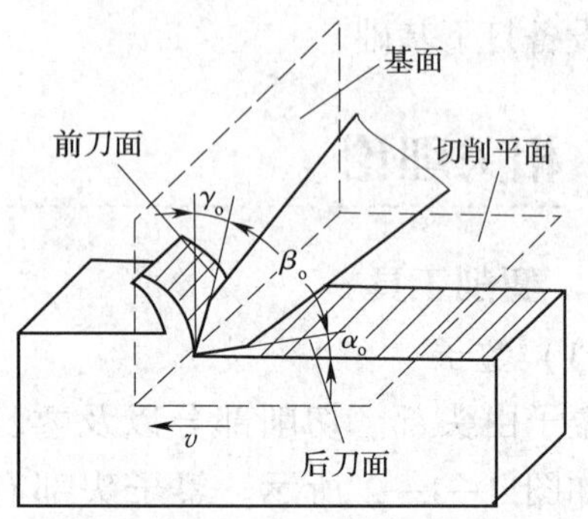

图4—1—4　錾削时的切削角度

錾削时形成的切削角度有：

（1）楔角 β_o

錾削时，錾子的前刀面与后刀面之间的夹角称为楔角。

楔角的大小对錾削有着直接的影响，一般楔角越小，錾削越省力。但若楔角过小，会造成刃口薄弱，加工时容易产生崩损现象；若楔角过大，錾削比较费力，且錾削的表面不易平整。通常根据工件材料软硬程度的不同，选取不同的楔角数值：錾削硬钢或铸铁时，楔角取60°~70°；錾削一般钢料和中等硬度材料时，楔角取50°~60°；錾削铜、铝等软材料时，楔角取30°~50°。

（2）后角 α_o

錾削时，錾子的后刀面与切削平面之间的夹角称为后角。

后角的大小取决于錾子被掌握的方向，其作用是减少錾子在切削加工过程中后刀面与切削表面之间的摩擦，引导錾子顺利錾削。錾削时，后角一般取5°~8°，若后角太大，会使錾子切入工件表面过深，錾切困难；若后角太小，会造成錾子容易滑出工件表面，不能切入。

（3）前角 γ_o

錾削时，錾子的前刀面与基面之间的夹角称为前角。

前角的作用是减少錾削时的切屑变形，使切削省力。前角越大，切削越省力。从图4—1—4中可以看出，由于基面与切削平面是一组相互垂直的表面，錾削时形成的三个角度之间存在 $\alpha_o+\beta_o+\gamma_o=90°$ 的关系，当后角 α_o 一定时，前角 γ_o 的大小由楔角 β_o 决定。

3. 錾削姿势

（1）锤子的握法

1）紧握法

用右手五指紧握锤柄，大拇指合在食指上，虎口对准锤头方向（木柄椭圆的长轴方向)，锤柄尾端露出约 15 ~ 30 mm。在挥锤和锤击过程中，五指始终紧握锤柄，如图 4—1—5 所示。

2）松握法

只用大拇指和食指始终握紧锤柄。在挥锤时，小指、无名指、中指依次放松；在锤击时，又以相反的次序收拢握紧，如图 4—1—6 所示。这种握法的优点是手不易疲劳，而且锤击力大。

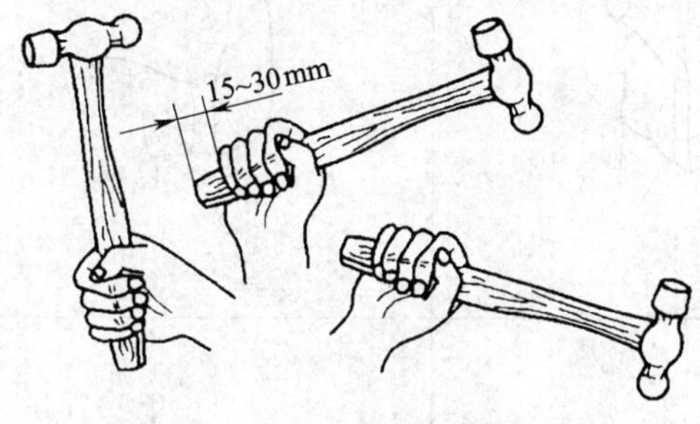

图 4—1—5 锤子紧握法

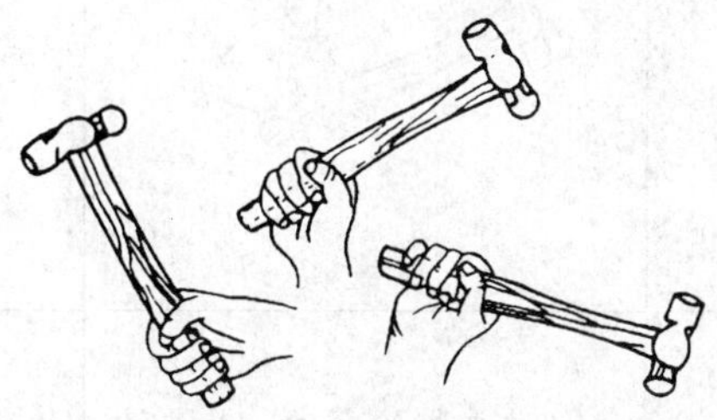

图 4—1—6 锤子松握法

（2）錾子的握法

1）正握法

手心向下，腕部伸直，用中指、无名指握住錾子，小指自然合拢，食指和大拇指自然伸直地松靠，錾子头部伸出约 20 mm，如图 4—1—7 所示。

2）反握法

手心向上，手指自然捏住錾子，手掌悬空，如图 4—1—8 所示。

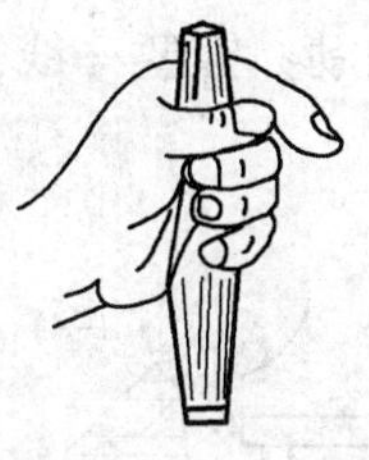

图 4—1—7 錾子正握法

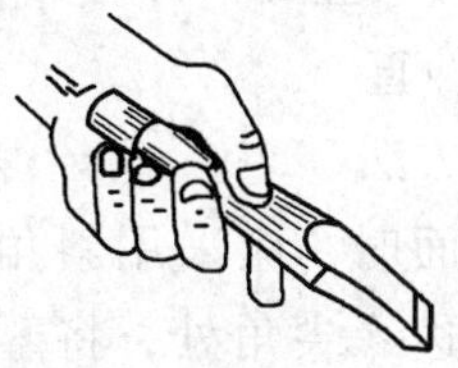

图 4—1—8 錾子反握法

（3）站立姿势

左脚跨前半步，与台虎钳中心线约成 30°，膝盖处略有弯曲，保持自然；右脚站稳伸直，与台虎钳中心线约成 75°，操作者的重心偏于左脚，站立位置如图 4—1—9 所示。身体与台虎钳中心线大致成 45°。

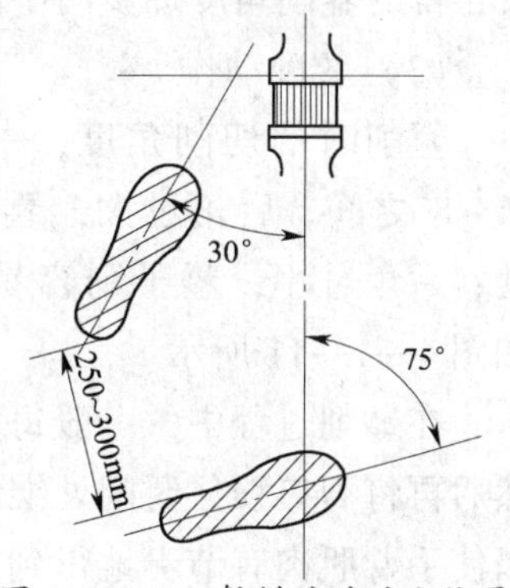

图 4—1—9 錾削时的站立位置

4．錾削方法

（1）挥锤方法

挥锤有腕挥、肘挥和臂挥三种方法，见表 4—1—2。

1）锤击要求

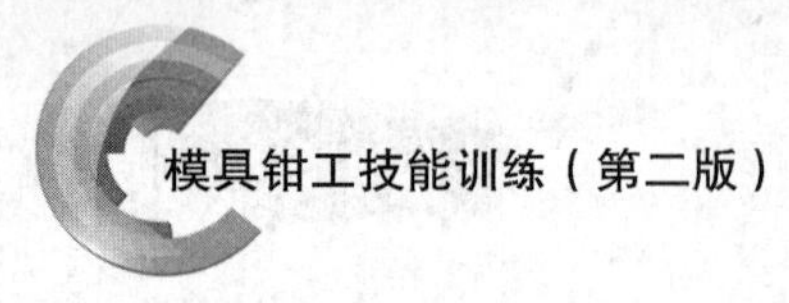

表 4—1—2　　挥锤方法

方法	腕挥	肘挥	臂挥
图示			
说明	只做手腕的挥动，敲击力较小，一般用于錾削的开始和结尾时	手腕和肘部一起挥动，敲击力较大，运用最广泛	手腕、肘部和全臂一起挥动，敲击力最大

錾削时，锤击要稳（动作一下一下有节奏地进行，一般在肘挥时约 40 次/min，腕挥时约为 50 次/min）、准（命中率高）、狠（锤击有力）。

2）锤击要领

①挥锤。肘收臂提，举锤过肩；手腕后弓，三指微松；锤面朝天，稍停瞬间。

②锤击。目视錾刃，臂肘齐下；收紧三指，手腕加劲；锤錾一线，锤走弧线；左脚着力，右腿伸直。

（2）起錾方法

在錾削平面时，应采用斜角起錾的方法，即先在工件的边缘尖角处，将錾子放置成 $-\theta$ 角（见图 4—1—10），先錾出一个斜面，然后按正常的錾削角度逐步向中间錾削。

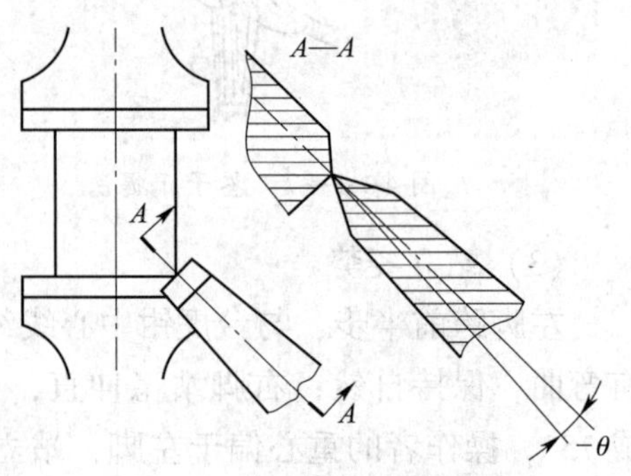

图 4—1—10　斜角起錾方法

（3）錾削动作

錾削时的切削角度，一般应使后角 α_0 在 5°～8°之间。后角过大，錾子容易扎入工件深处；后角过小，錾子则容易从錾削部位滑出，如图 4—1—11 所示。

在錾削过程中，一般每錾削两三次后，可将錾子退后一些，做一次短暂的停顿，然后再将刃口顶住錾削处继续錾削，这样既可以随时观察錾削表面的平整情况，又可以使手臂肌肉有节奏地得到放松。

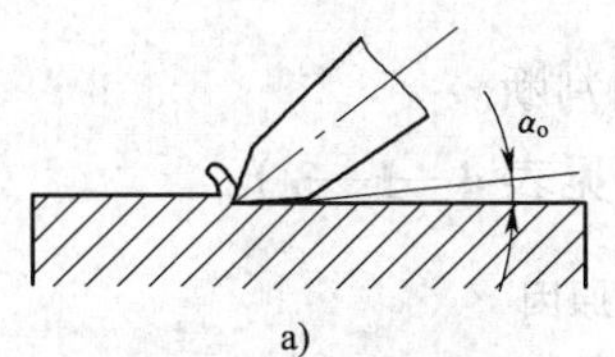

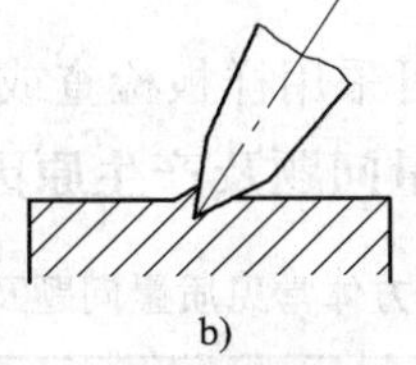

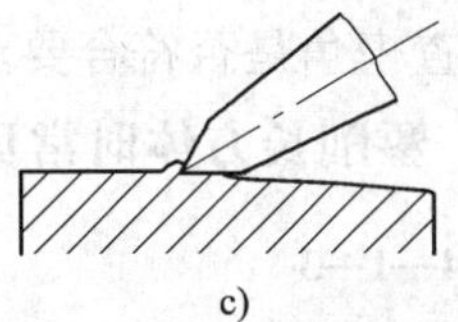

图 4—1—11　后角对錾削的影响

a）后角 α_o =5°～8°　b）后角太大　c）后角太小

（4）尽头部位的錾削方法

在一般情况下，当錾削接近尽头部位约 10～15 mm 时，必须调头錾去余下的部分，如图 4—1—12 所示。尤其当錾削脆性材料如铸铁和青铜时，应该更加注意，否则，尽头部位材料会产生崩裂现象，从而影响工件质量。

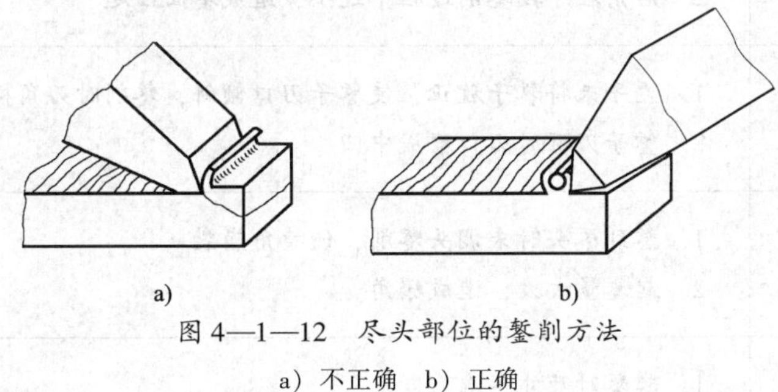

图 4—1—12　尽头部位的錾削方法

a）不正确　b）正确

5. 錾子的刃磨

（1）刃磨要求

錾子的几何形状及合理的角度值要根据用途及加工材料的性质而定。

尖錾的切削刃长度应与所加工槽的宽度相对应，两个侧面间的宽度应从切削刃起向柄部逐渐变狭窄，使侧面与所加工槽的侧面之间形成 1°～3°的角度，形成一个空隙，以避免錾子在錾槽时被卡住，同时保证槽的侧面錾削平整。

錾子的切削刃要与几何中心线垂直，且在对称平面上。扁錾的切削刃可略带弧形，其作用是在平面上錾去微小的凸起部分时，切削刃两边的尖角不易损伤平面的其他部分，同时在錾削过程中减小錾削阻力。扁錾的前、后刀面都应刃磨得光洁、平整。

（2）刃磨方法

如图 4—1—13 所示，双手握持錾子，在砂轮的轮缘上进行刃磨。刃磨时必须使切削刃略高于砂轮中心，并在砂轮的全宽上做左右移动，前后两面交替刃磨，要求对称。在刃磨时应注意：控制好錾子的位置、方向，保证所磨楔角符合使用要求；左右移动要平稳、均匀；加在錾子上的压力不宜过大；经常蘸水冷却，防止

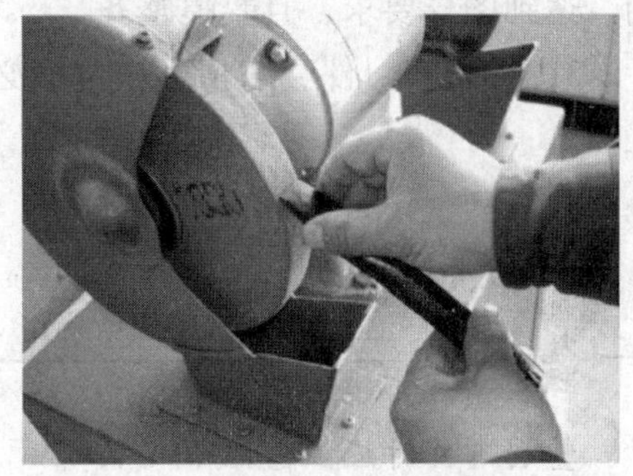

图 4—1—13　錾子的刃磨

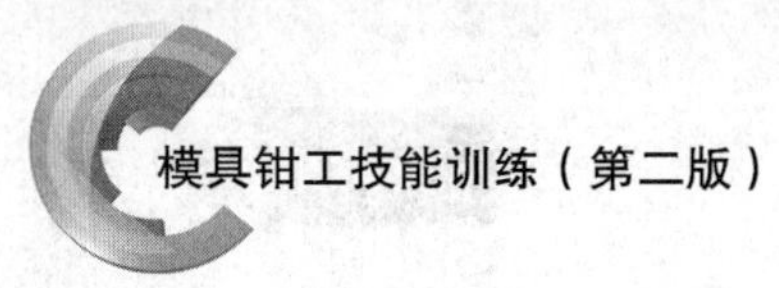

退火。

检查楔角是否符合要求时，可采用样板检查或目测判断。

6. 錾削长方体时常见的质量问题及产生原因 （见表4—1—3）

表4—1—3　　錾削长方体常见质量问题及产生原因

质量问题	产生原因
表面粗糙	1. 錾子刃口爆裂或刃口卷刃不锋利 2. 锤击力量不均匀 3. 錾子头部已锤平，使受力方向经常改变
表面凹凸不平	1. 后角在一段錾削过程中过大，造成錾面凹下 2. 后角在一段錾削过程中过小，造成錾面凸起
表面有梗痕	1. 左手未将錾子放正，使錾子刃口倾斜，錾削时刃角梗入 2. 錾子刃磨时刃口磨成中凹
崩裂或塌角	1. 錾到尽头时未调头錾削，使棱角崩裂 2. 起錾量太大，造成塌角
尺寸超差	1. 起錾时尺寸不准 2. 测量检查不及时

任务实施

一、实习步骤

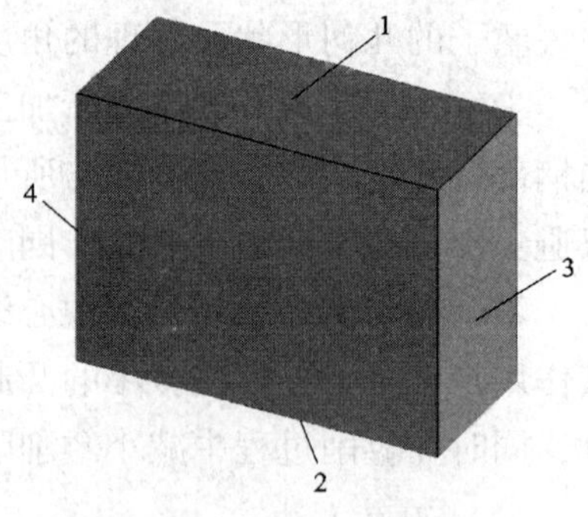

图4—1—14　长方体錾削顺序图

1. 划出90 mm×70 mm尺寸的平面加工线。

2. 按图4—1—14所示各面的编号顺序依次錾削，达到图样要求，且錾痕整齐。

3. 检查实习件錾削精度，并做必要的修整錾削工作。

重点提示

錾削工件时应注意以下几点：

1. 錾子的切削刃用钝后要及时刃磨，保持切削刃锋利及楔角正确。

2. 刃磨錾子时，不能对砂轮施加太大的压力，不允许用棉纱裹住錾子进行刃磨。

3. 錾削前，工件必须夹紧，伸出钳口高度一般为 10~15 mm，同时，工件下面垫上衬木。

4. 粗錾时，每次錾削量约为 1.5 mm。

5. 錾削时应戴好防护眼镜。錾削工位的工作台应设立防护网，以防切屑飞出伤人。錾屑应用刷子刷掉，不得用手擦或用嘴吹。

6. 錾子头部、锤子头部和柄部都不应沾油，以防滑出。发现锤柄松动或损坏时，应立即装牢或更换，以免锤体脱落，飞出伤人。

7. 錾子头部有毛刺时，应及时磨掉，避免碎裂伤人。

8. 錾削时，不应出现锤击速度过快、左手握錾不稳、锤击无力等情况。

二、评分标准

长方体錾削评分标准见表 4—1—4。

表 4—1—4 长方体錾削评分标准

班级：________ 姓名：________ 学号：________ 成绩：________

序号	技术要求	配分	评分标准	自检记录	交检记录	得分
1	(70±1.2) mm	9	超差不得分			
2	(90±1.2) mm	9	超差不得分			
3	▱ 0.8 (4处)	9×4	每处超差扣9分			
4	⊥ 1 (4处)	9×4	每处超差扣9分			
5	錾痕整齐美观	10	不合格不得分			
6	安全文明生产		违者每次倒扣2分，严重者倒扣5~10分			

任务拓展

图 4—1—15 所示为长方体零件图，按图样要求完成錾削。长方体錾削评分标准见表 4—1—5。

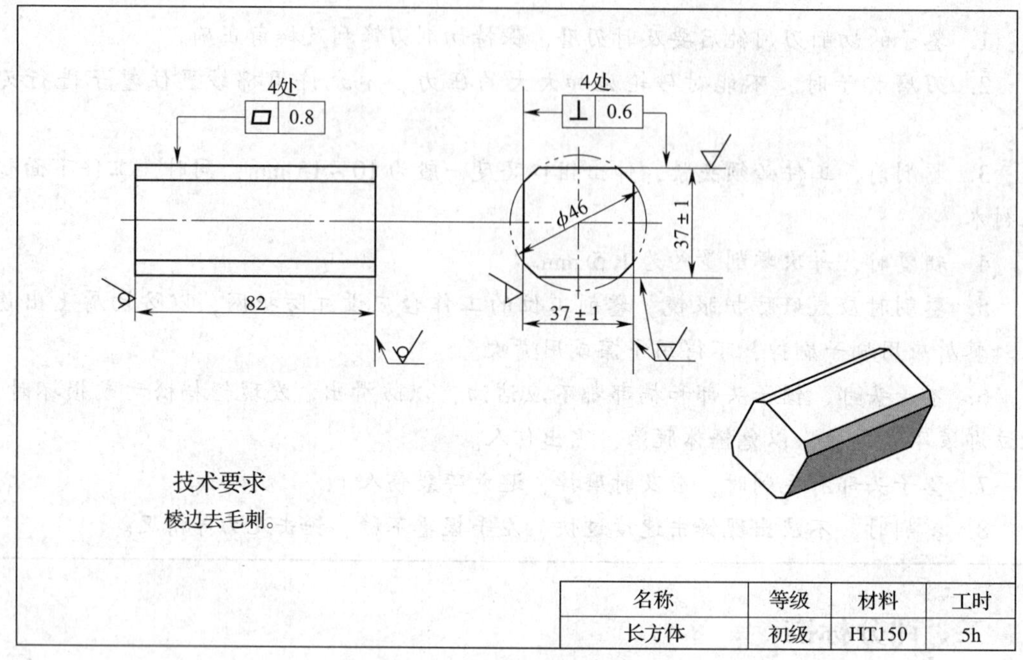

图 4—1—15　长方体零件图

表 4—1—5　　长方体錾削评分标准

班级：________　姓名：________　学号：________　成绩：________

序号	技术要求	配分	评分标准	自检记录	交检记录	得分
1	（37±1）mm（2 处）	9×2	每处超差扣 9 分			
2	▱ 0.8（4 处）	9×4	每处超差扣 9 分			
3	⊥ 0.6（4 处）	9×4	每处超差扣 9 分			
4	錾痕整齐美观	10	不合格不得分			
5	安全文明生产		违者每次倒扣 2 分，严重者倒扣 5～10 分			

任务二　带直槽长方体的錾削

工作任务

带直槽的长方体零件图如图 4—2—1 所示，有 6 处直槽需要錾削加工。直槽的錾削应达到图样所示尺寸要求，并保证槽底、槽侧面的平面度要求。通过练习，要求掌握直槽的錾削方法，并能通过检测结果判断零件是否合格和产生误差的原因。

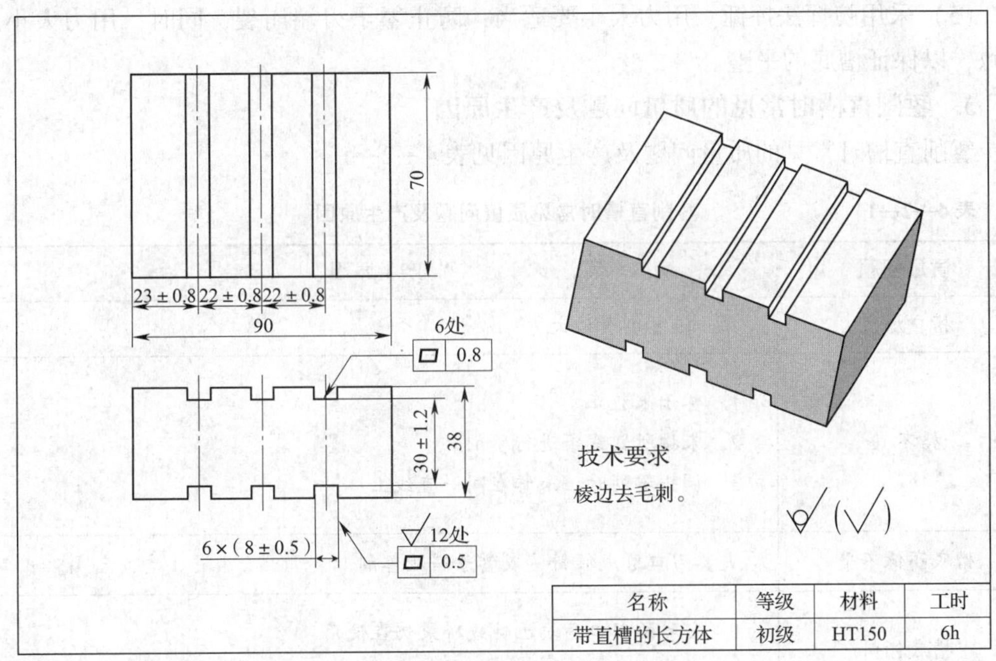

名称	等级	材料	工时
带直槽的长方体	初级	HT150	6h

图 4—2—1 带直槽的长方体零件图

相关理论

1. 直槽的作用

(1) 作键槽。

(2) 作錾削大平面的工艺槽。在錾削大平面时，先用狭錾以适当的间隔錾出工艺槽，再用阔錾将槽间凸起部分錾平，既可以控制錾削的尺寸精度，又可以使錾削省力。

2. 直槽的錾削方法

(1) 根据图样要求划出加工线。

(2) 根据直槽宽度修磨好尖錾。

(3) 在錾削槽时，必须采用正面起錾，即起錾时全部刃口贴住工件錾削部位的端面（如图 4—2—2 所示），錾出一个斜面，然后按正常角度錾削。这样起錾可避免錾子的弹跳和打滑，且便于掌握加工余量。

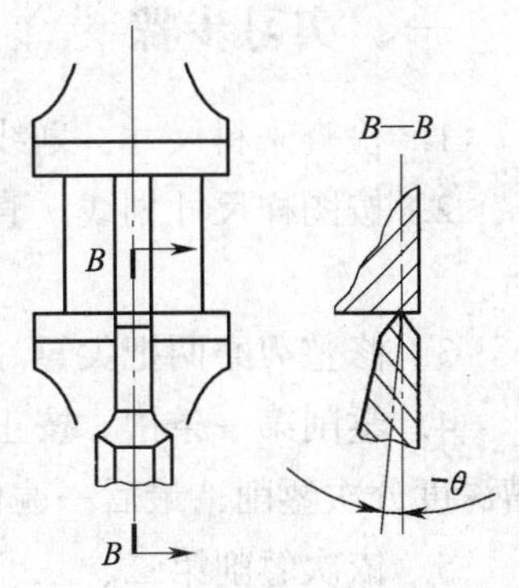

图 4—2—2 正面起錾

(4) 确定錾削量。

1) 开始第一遍的錾削，要根据线条（以一条线条为依据）将槽的方向錾直，錾削量一般不超过 0.5 mm。

2) 以后的每次錾削量应根据槽深的不同而定，一般采用1 mm 左右。

3）最后一遍的修整量应在0.5 mm 之内。

（5）采用腕挥法挥锤。用力大小要适当，防止錾子刃端崩裂，同时，用力大小应一致，以保证槽底的平整。

3. 錾削直槽时常见的质量问题及产生原因

錾削直槽时常见的质量问题及产生原因见表4—2—1。

表4—2—1 錾削直槽时常见质量问题及产生原因

质量问题	产生原因
槽口爆裂	第一遍錾削量过大
槽不直	1. 錾子未放正 2. 未按所划线条进行錾削 3. 调头錾削时，未錾在同一直线上
槽底高低不平	尖錾刃口磨成倾斜，或錾子斜放錾削
槽底倾斜	1. 尖錾的刃口两端已钝或碎裂仍在使用 2. 在同一条直槽上錾削，尖錾刃磨多次而使刃口宽度缩小
槽口成喇叭口	每次起錾位置向一侧偏移
槽向一侧倾斜	1. 第一遍錾削时，方向未把稳 2. 未按照所划线条錾削

任务实施

一、实习步骤

1. 检查来料尺寸，划线表面上好涂料。

2. 按图样尺寸划线。直槽线可利用平板和高度划线尺，或宽座直角尺和划针划出。

3. 修整刃磨两把尖錾。

4. 錾削第一条槽。按正面起錾，先沿线条以0.5 mm 的錾削量錾第一遍，再按直槽深度分次錾削，最后一遍做平整修整。

5. 依次錾削第二、三、四、五、六条槽，并检查全部錾削质量。

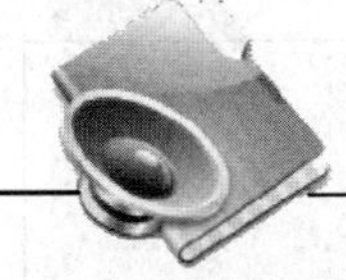

重点提示

錾削时应注意以下几点：

1. 起錾时，錾子刃口要摆平，且刃口的一侧角需与槽位线对齐，同时，起錾后的斜面口尺寸应与槽形尺寸一致。

2. 錾削时，錾子要放正、放稳，其刃口不能倾斜；锤击力要均匀适当，使錾痕整齐、槽形正确，这样也不易损坏錾子。另外，每錾一条槽最好用一把錾子，以控制槽宽上下一致。

3. 开始第一遍錾削时，必须以一条划线线条为基准进行，保证把槽錾直。第一遍錾削的精度对整个槽的錾削质量起着重要作用，如果第一遍把槽錾斜或錾弯，则不易将其修整好。

二、评分标准

带直槽的长方体錾削评分标准见表4—2—2。

表4—2—2 带直槽的长方体錾削评分标准

班级：________ 姓名：________ 学号：________ 成绩：________

序号	技术要求	配分	评分标准	自检记录	交检记录	得分
1	(23±0.8) mm	5	超差不得分			
2	(22±0.8) mm（2处）	5×2	每处超差扣5分			
3	(8±0.5) mm（6处）	4×6	每处超差扣4分			
4	(30±1.2) mm（3处）	4×3	每处超差扣4分			
5	⏥ 0.8（6处）	3×6	每处超差扣3分			
6	⏥ 0.5（12处）	2×12	每处超差扣2分			
7	直槽形状美观	7	不合格不得分			
8	安全文明生产		违者每次倒扣2分，严重者倒扣5~10分			

任务拓展

完成图4—2—3所示带直槽长方体的錾削，使其质量达到图样要求。带直槽长方体的錾削评分标准见表4—2—3。

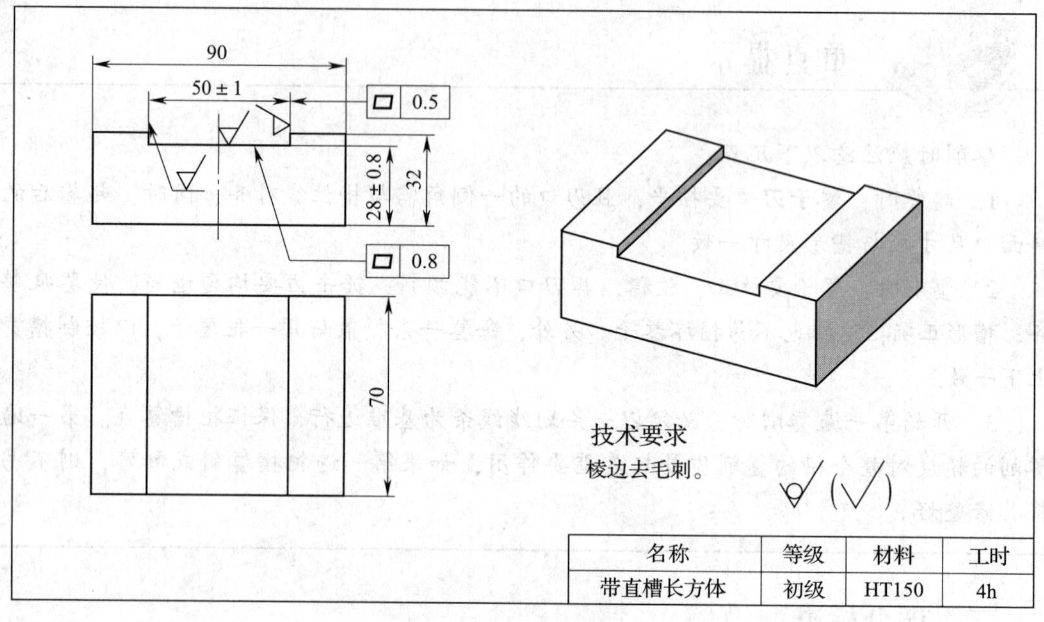

图 4—2—3　带直槽长方体零件图

表 4—2—3　　　　带直槽长方体錾削评分标准

班级：＿＿＿＿　姓名：＿＿＿＿　学号：＿＿＿＿　成绩：＿＿＿＿

序号	技术要求	配分	评分标准	自检记录	交检记录	得分
1	(28 ±0.8) mm	20	超差不得分			
2	(50 ±1) mm	20	超差不得分			
3	▱ 0.8	20	超差不得分			
4	▱ 0.5	20	超差不得分			
5	直槽形状美观	20	不合格不得分			
6	安全文明生产		违者每次倒扣 2 分，严重者倒扣 5 ~ 10 分			

锯削

任务一　四方件的锯削

工作任务

四方件零件图如图 5—1—1 所示，其实物图如图 5—1—2 所示，该工件两个侧面

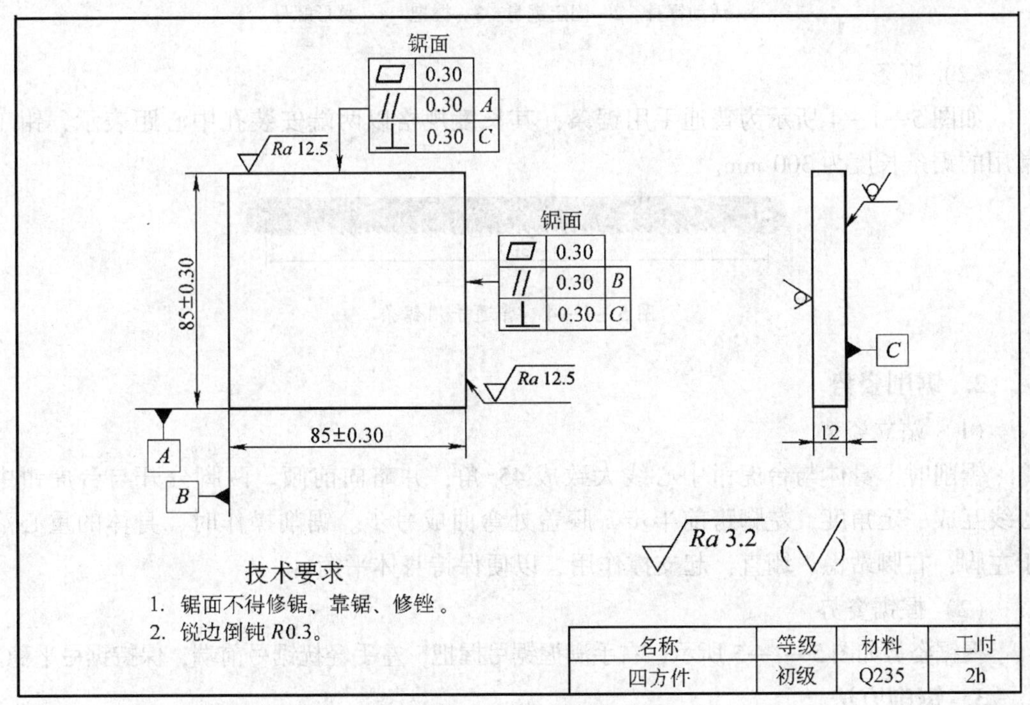

名称	等级	材料	工时
四方件	初级	Q235	2h

图 5—1—1　四方件零件图

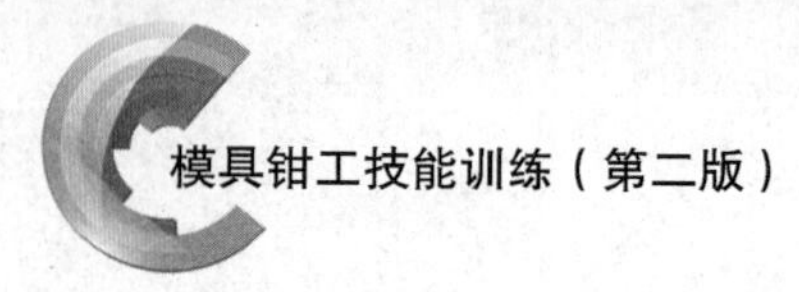

经平面锯削而成。通过四方件的锯削练习，掌握锯削姿势和锯削的基本要求，保证锯削精度。练习过程中，应注意与前面所学的基本技能知识联系起来，融会贯通，充分利用划线和测量保证锯削精度要求。

图 5—1—2　四方件实物图

相关理论

1. 锯削工具

（1）锯弓

锯弓用来安装和张紧锯条，钳工常用的有固定式锯弓和可调式锯弓两种，如图 5—1—3 所示。

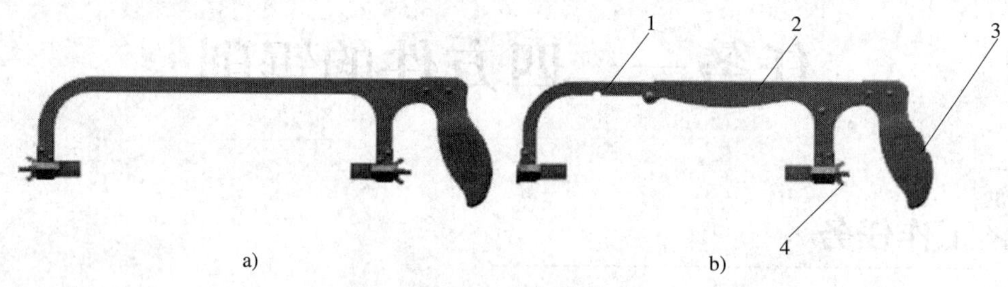

图 5—1—3　锯弓

a）固定式锯弓　b）可调式锯弓

1—活动锯身　2—固定锯身　3—握把　4—翼形螺母

（2）锯条

如图 5—1—4 所示为普通手用锯条，其长度规格以两端安装孔中心距表示，钳工常用的锯条长度为 300 mm。

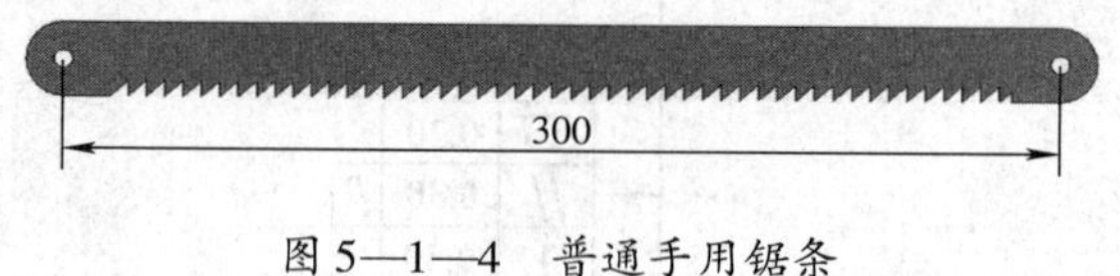

图 5—1—4　普通手用锯条

2. 锯削姿势

（1）站立姿势

锯削时，身体与台虎钳中心线大致成 45°角，并略向前倾。两脚分开与台虎钳中心线互成一定角度，左脚跨前半步，膝盖处弯曲成弓步。锯削操作时，身体的重心落于左脚，右脚站稳、绷直，起支撑作用，以便保持身体平衡。

（2）握锯姿势

握锯姿势如图 5—1—5 所示，右手满握锯弓握把，左手轻抚锯弓前端，保持锯弓平稳。

3. 锯削方法

（1）锯条的安装

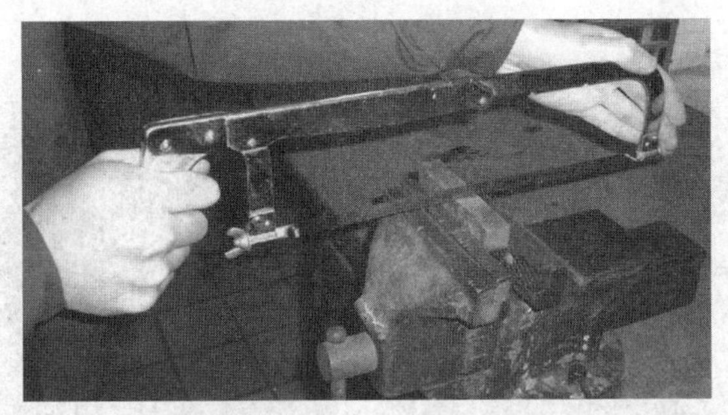

图5—1—5 握锯姿势

锯条的安装方向（见图5—1—6）应正确，否则将影响正常的切削加工。调节翼形螺母时，张紧力应适当，如过紧，锯条受力太大，容易折断；如过松，锯条会产生扭曲现象，造成锯缝歪斜。

图5—1—6 锯条的安装方向

a）正确 b）错误

（2）工件的装夹

为防止工件在锯削时产生振动，工件伸出钳口不应过长，一般锯缝离开钳口侧面约20 mm，如图5—1—7所示。锯缝线应与钳口侧面保持平行，以便于保证锯削精度。

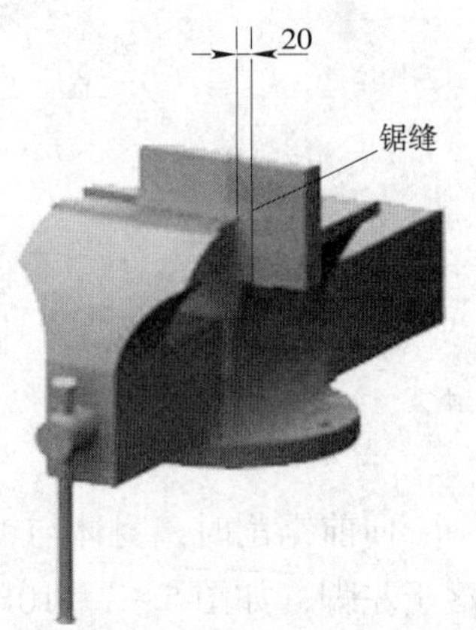

图5—1—7 工件的装夹位置

（3）起锯方法

常用的起锯方法有远起锯和近起锯两种，如图5—1—8所示。起锯时应使锯条处于正确的锯削位置上，并做到“短行程、小压力、慢速度”，以确保起锯精度。

起锯角应选择适当，一般应控制在15°左右，如图5—1—9a所示。若起锯角选择得较大，则起锯不平稳，尤其在近起锯时容易产生崩齿现象，如图5—1—9b所示；若起锯角选择得较小，锯条与工件同时接触的锯齿数较多，容易引发锯条打滑而使锯缝发生偏移，降低起锯精度。

（4）锯削动作

锯削过程示意图如图5—1—10所示。锯削时，右腿站直，左腿略微弯曲，身体前倾10°左右，重心落于左脚。双手正确握住锯弓，左臂略微弯曲，右臂尽量向后收，保持与锯削方向平行，如图5—1—10a所示。

a)

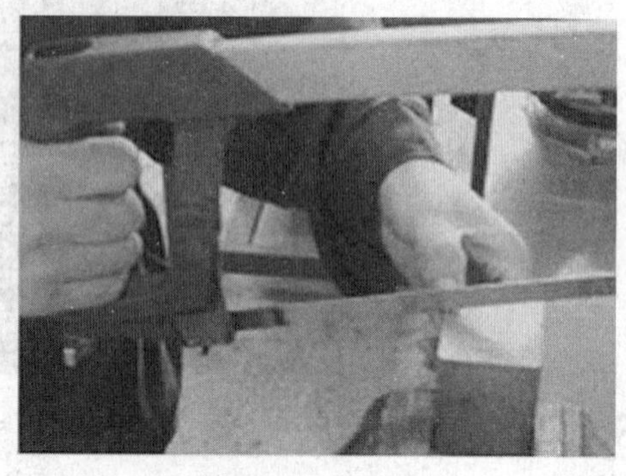
b)

图 5—1—8　起锯方法
a）远起锯　b）近起锯

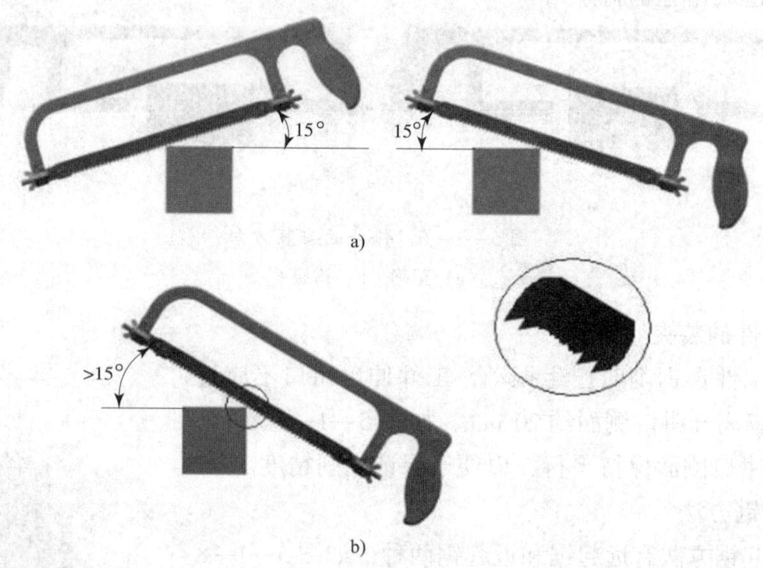

图 5—1—9　起锯角
a）起锯角正确　b）起锯角较大

向前锯削时，身体与锯弓一起向前运动，左腿向前弯曲，右腿伸直向前倾，重心落于左脚，如图 5—1—10b 所示。

随着锯弓行程的继续推进，身体倾斜角度随之增大，这时身体前倾 18°左右，如图 5—1—10c 所示。

当锯弓推进约 3/4 行程时，身体停止前进，两臂继续推动锯弓向前运动，慢慢地将身体重心后移，锯削行程结束后，取消压力，将手和身体恢复到初始位置，准备进行第二次锯削，如图 5—1—10d 所示。

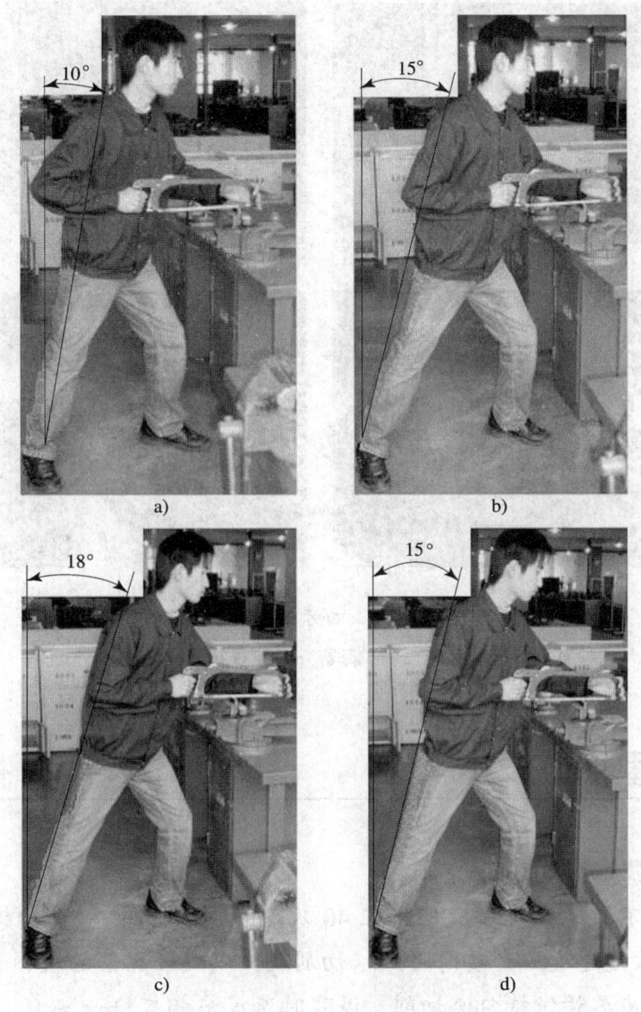

图 5—1—10 锯削过程示意图

任务实施

一、实习步骤

四方件的加工步骤如图 5—1—11 所示。

1. 检查划线基准，如图 5—1—11a 所示。
2. 利用游标高度尺划出工件的加工轮廓线，如图 5—1—11b 所示。
3. 起锯并检查起锯精度，以保证加工尺寸的准确性，如图 5—1—11c 所示。
4. 锯削工件的两个面。
5. 检查工件尺寸。
6. 去除棱边毛刺，如图 5—1—11d 所示。

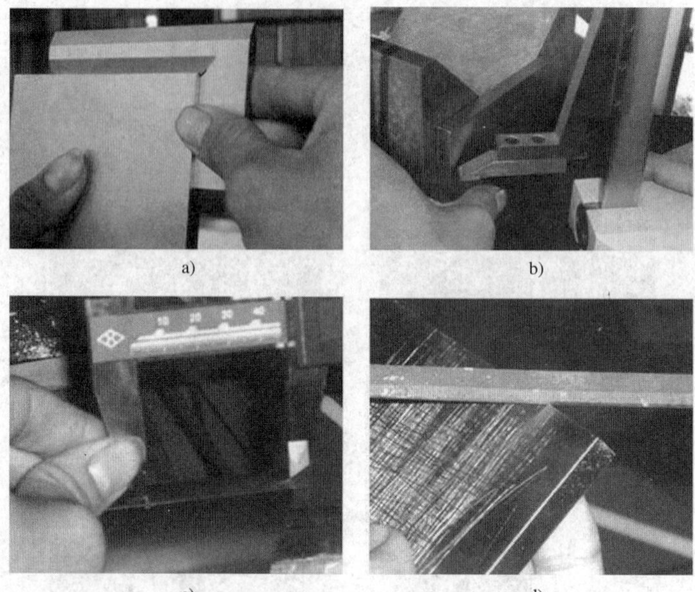

图 5—1—11　四方件的加工步骤

a）检查划线基准　b）划轮廓线　c）检查起锯精度　d）去毛刺

重点提示

锯削工件时应注意以下几点：

1．锯削速度不宜过快，一般保持在 40 次/min 左右，软材料的锯削可适当快些，硬材料的锯削需放慢速度。必要时可加入切削液，以减轻锯条的磨损。

2．锯削行程应尽量保持匀速切削，返程时速度应相应快一些。

3．锯削时双手施加压力不宜过大，锯削姿势保持自然，动作协调。

4．锯削时应充分利用锯条的有效全长进行切削，避免局部磨损过大，以延长锯条的使用寿命。一般锯削行程不小于锯条全长的 2/3。

二、评分标准

四方件锯削评分标准见表 5—1—1。

表 5—1—1　　**四方件锯削评分标准**

班级：________　姓名：________　学号：________　成绩：________

序号	技术要求	配分	评分标准	自检记录	交检记录	得分
1	锯条方向安装正确	6	不合格不得分			
2	锯条安装得松紧合适	6	不合格不得分			
3	站立姿势正确	6	不合格不得分			

续表

序号	技术要求	配分	评分标准	自检记录	交检记录	得分
4	握锯方法正确	6	不合格不得分			
5	起锯方法正确	6	不合格不得分			
6	锯削动作正确	6	不合格不得分			
7	锯削速度适当	6	不合格不得分			
8	(85 ±0. 30) mm (2 处)	6×2	每处超差扣 6 分			
9	⏥ 0.30 (2 处)	6×2	每处超差扣 6 分			
10	// 0.30 *A*	6	超差不得分			
11	// 0.30 *B*	6	超差不得分			
12	⊥ 0.30 *C* (2 处)	6×2	每处超差扣 6 分			
13	*Ra*12. 5 μm (2 处)	5×2	不合格不得分			
14	安全文明生产		违者每次倒扣 2 分，严重者倒扣 5 ~ 10 分			

任务拓展

L 形斜面件零件图及实物图分别如图 5—1—12 和图 5—1—13 所示，试按图样要求完成锯削工作。L 形斜面件锯削评分标准见表 5—1—2。

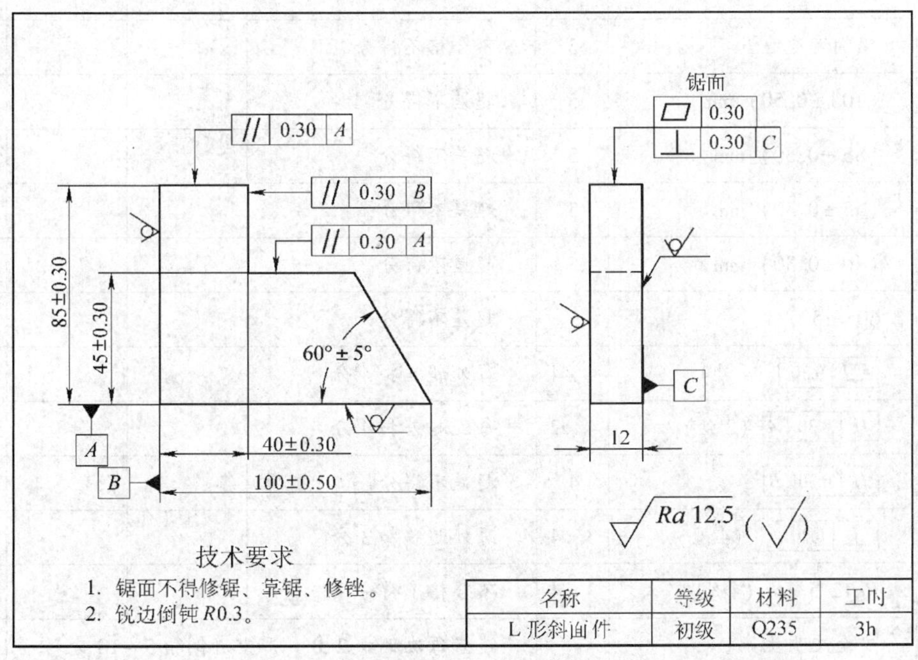

图 5—1—12 L 形斜面件零件图

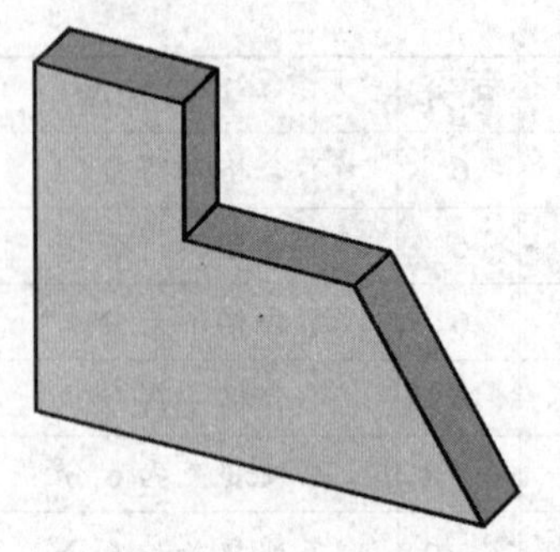

图 5—1—13　L 形斜面件实物图

表 5—1—2　　　　L 形斜面件锯削评分标准

班级：________　姓名：________　学号：________　成绩：________

序号	技术要求	配分	评分标准	自检记录	交检记录	得分
1	锯条方向安装正确	3	不合格不得分			
2	锯条安装得松紧合适	3	不合格不得分			
3	站立姿势正确	3	不合格不得分			
4	握锯方法正确	3	不合格不得分			
5	起锯方法正确	4	不合格不得分			
6	锯削动作正确	4	不合格不得分			
7	锯削速度适当	3	不合格不得分			
8	(100 ±0.50) mm	5	超差不得分			
9	(85 ±0.30) mm	5	超差不得分			
10	(45 ±0.30) mm	5	超差不得分			
11	(40 ±0.30) mm	5	超差不得分			
12	60° ±5°	5	超差不得分			
13	▱ 0.30 (4 处)	4×4	每处超差扣 4 分			
14	// 0.30 A (2 处)	4×2	每处超差扣 4 分			
15	// 0.30 B	4	超差不得分			
16	⊥ 0.30 C (4 处)	3×4	每处超差扣 3 分			
17	*Ra*12.5 μm (4 处)	3×4	不合格不得分			
18	安全文明生产		违者每次倒扣 2 分，严重者倒扣 5～10 分			

任务二　型材的锯削

工作任务

棒料、深缝锯削练习件零件图如图 5—2—1 所示，其实物图如图 5—2—2 所示。按图中所示要求，通过锯削练习，掌握一些型材的锯削方法，同时能根据锯削要求正确选择锯条。进行锯削练习时，应根据锯削表面的质量和锯齿损坏的现象判断问题产生的原因，做到“找问题、分析问题、解决问题”，逐步提高锯削基本技能。

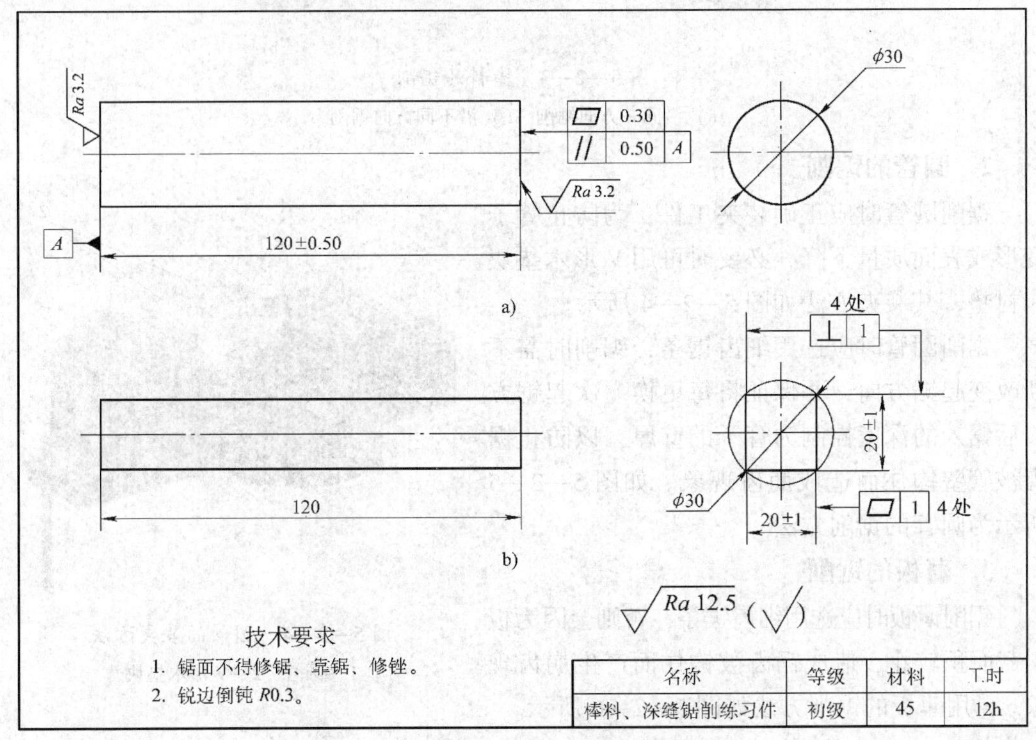

名称	等级	材料	工时
棒料、深缝锯削练习件	初级	45	12h

图 5—2—1　棒料、深缝锯削练习件零件图

a）棒料锯削　b）深缝锯削

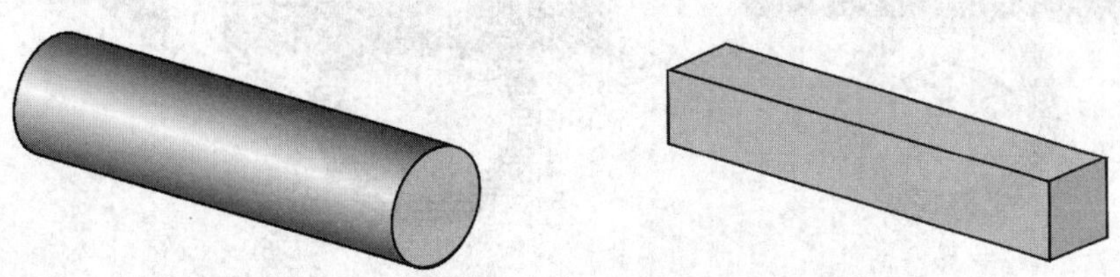

图 5—2—2　棒料、深缝锯削练习件实物图

相关理论

1. 棒料的锯削

棒料的锯削如图 5—2—3 所示，若棒料锯削端面平整度要求较高，则必须沿某一方向起锯，直至锯削结束为止。若端面平整度要求较低，可在锯条锯入工件一定深度后，将棒料转过一定角度重新起锯，以减小切削阻力，提高锯削效率。

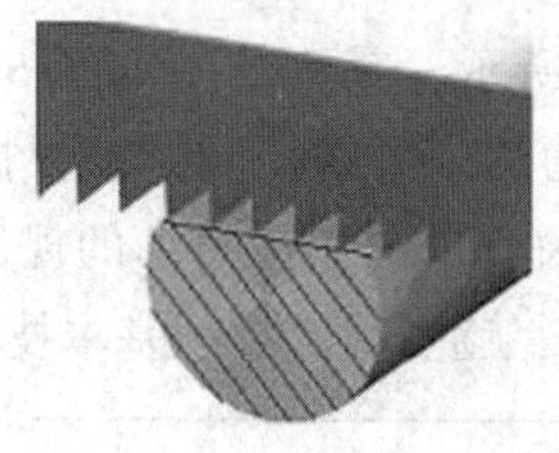
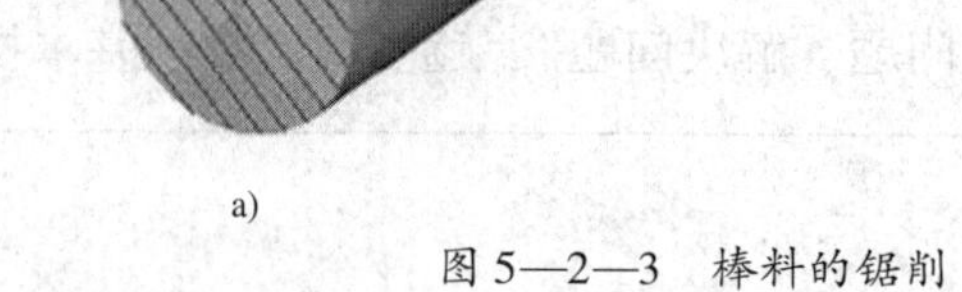

a) b)

图 5—2—3 棒料的锯削

a）沿同一方向锯削 b）沿不同方向锯削

2. 圆管的锯削

锯削圆管时应正确装夹工件，为防止管子变形或表面质量下降，必要时可用 V 形木垫块作衬垫，其装夹方法如图 5—2—4 所示。

图 5—2—4 圆管的装夹方法

1—圆管 2—V 形木垫块

锯削圆管时应选用细齿锯条，锯削时需不断改变起锯方向，并保证将每更换一次起锯方向后锯入的深度控制为管子的壁厚，以防止锯齿被管壁钩住而造成崩齿现象。如图 5—2—5 所示为圆管的锯削方法。

3. 薄板的锯削

锯削薄板时应选用细齿锯条，否则会因为板料截面积较小，造成锯齿被钩住而产生崩齿现象。常用薄板的锯削方法如图 5—2—6 所示。

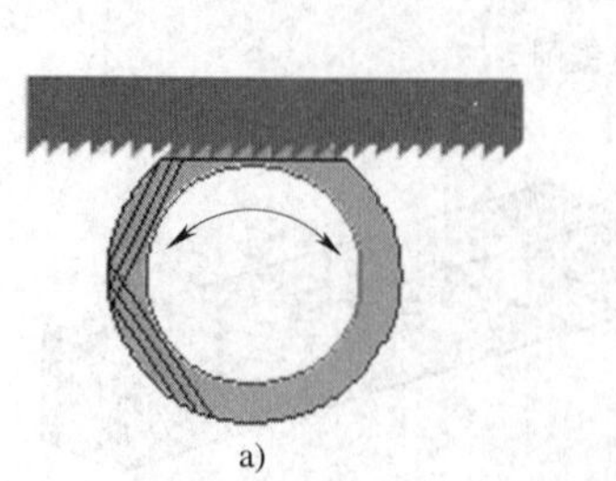
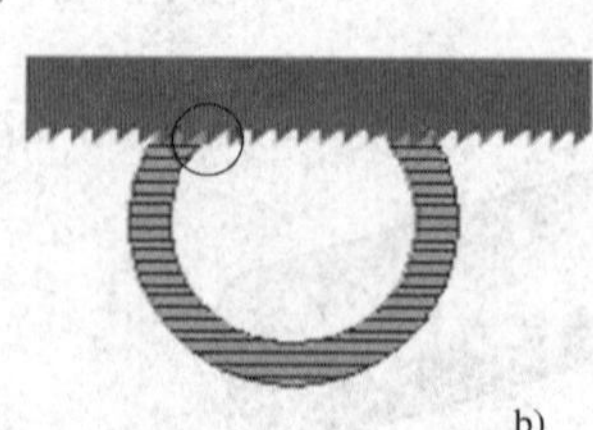
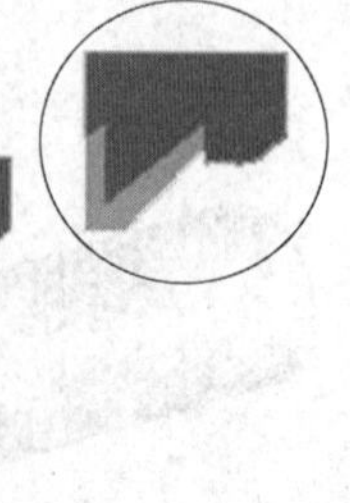

a) b)

图 5—2—5 圆管的锯削方法

a）正确 b）不正确

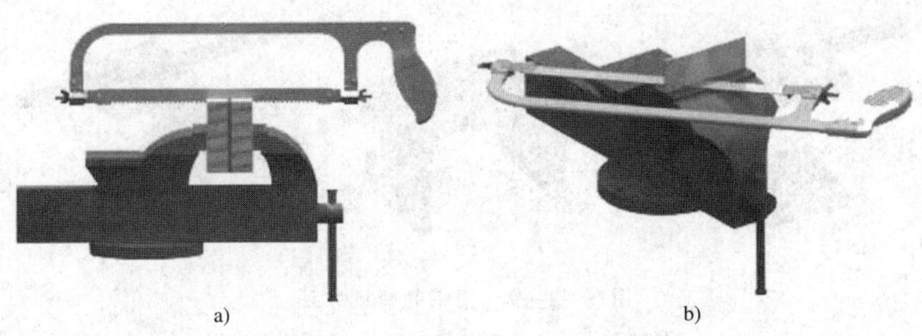

图 5—2—6 薄板的锯削方法

a）两边夹木块或金属块 b）锯弓横向斜推

4. 深缝的锯削

由于锯削时锯缝应尽可能保持一致，所以当锯削深度超过锯弓的切入深度时，有必要采用深缝锯削的方法，以保持锯缝的完整性和锯削精度要求。锯削深缝时常用的操作方法如图 5—2—7 所示。

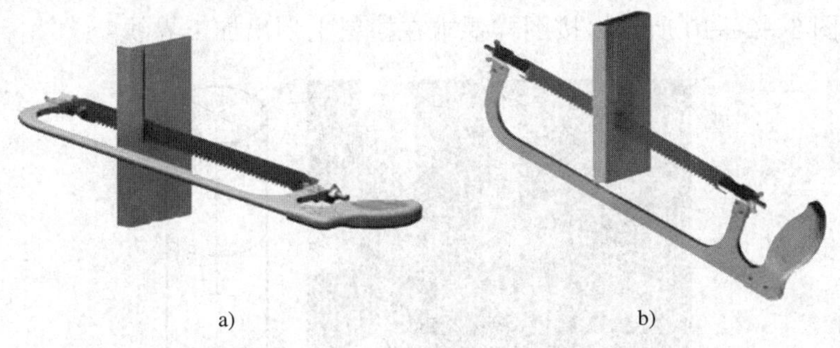

图 5—2—7 锯削深缝时常用的操作方法

a）将锯条翻转 90°安装 b）将锯条翻转 180°安装

5. 角钢的锯削

角钢的锯削方法如图 5—2—8 所示，锯削角钢时应从宽面进行，先锯一面，再锯另一面，以保证获得较平整的锯面，同时还可避免产生崩齿现象。

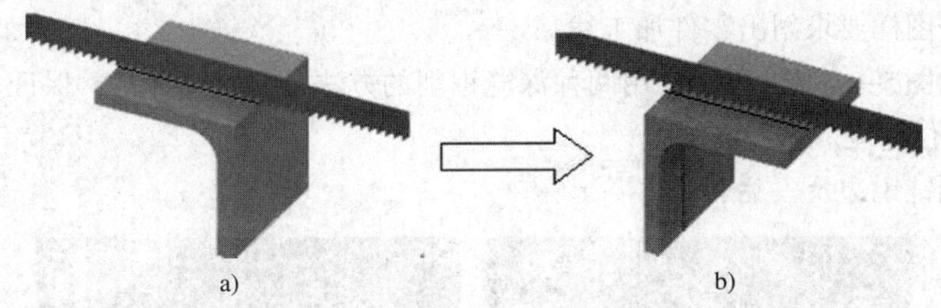

图 5—2—8 角钢的锯削方法

a）锯削第一面 b）锯削第二面

6. 槽钢的锯削

槽钢的锯削方法如图 5—2—9 所示，它与角钢的锯削方法相同。

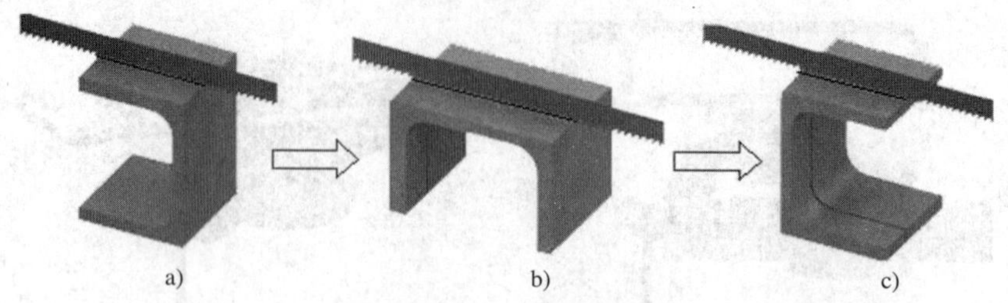

图 5—2—9 槽钢的锯削方法

a）锯削第一面 b）锯削第二面 c）锯削第三面

任务实施

一、实习步骤

1. 棒料的锯削

（1）如图 5—2—10 所示，按图样要求在棒料上划出加工界线。

图 5—2—10 在棒料上划线

（2）锯削棒料，保证尺寸要求和锯面平面度要求。

（3）倒钝锐边及去毛刺。

2. 深缝的锯削

（1）按图样要求划出零件加工线。

（2）如图 5—2—11 所示，用两种深缝锯削的方法进行锯削加工，保证尺寸要求和锯面各项形位精度。

（3）倒钝锐边及去毛刺。

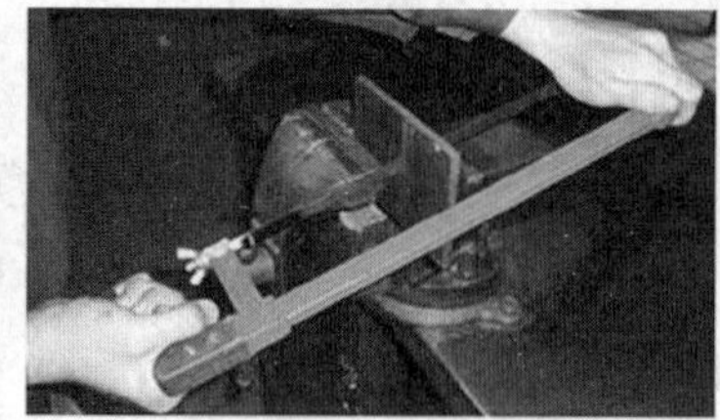

图 5—2—11 深缝的锯削方法

重点提示

锯削零件时应注意以下几点：

1. 划线尺寸应正确，以免造成加工尺寸超差。

2. 起锯时应进行尺寸检测，如发现尺寸超差应及时借正，在锯削期间也应经常检测尺寸，尤其在深缝锯削时更应注意。

3. 零件快要锯断时应减慢切削速度，减小切削力，以免零件受力过大突然断裂，使锯条折断或使操作者受伤。

二、评分标准

棒料、深缝锯削评分标准见表 5—2—1。

表 5—2—1　　棒料、深缝锯削评分标准

班级：________　姓名：________　学号：________　成绩：________

序号	技术要求	配分	评分标准	自检记录	交检记录	得分
1	锯条安装正确	5	不合格不得分			
2	锯条安装得松紧合适	5	不合格不得分			
3	站立姿势正确	5	不合格不得分			
4	握锯方法正确	5	不合格不得分			
5	起锯方法正确	5	不合格不得分			
6	锯削动作正确	5	不合格不得分			
7	锯削速度适当	6	不合格不得分			
8	(120 ± 0.50) mm	6	超差不得分			
9	▱ 0.30	5	超差不得分			
10	// 0.50 A	5	超差不得分			
11	(20 ± 1) mm（2 处）	4 × 2	每处超差扣 4 分			
12	▱ 1（4 处）	5 × 4	每处超差扣 5 分			
13	⊥ 1（4 处）	5 × 4	每处超差扣 5 分			
14	安全文明生产		违者每次倒扣 2 分，严重者倒扣 5～10 分			

任务拓展

管子、角钢锯削练习件零件图如图 5—2—12 所示，其实物图如图 5—2—13 所示，试按图样要求完成工件锯削。管子、角钢锯削评分标准见表 5—2—2。

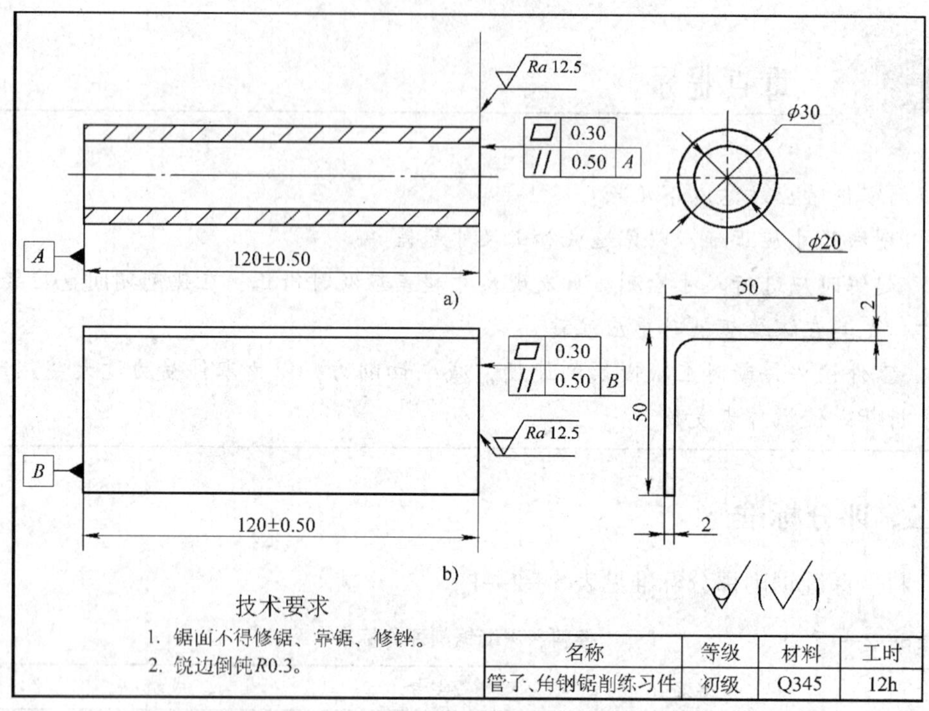

图 5—2—12 管子、角钢锯削练习件零件图
a）管子锯削 b）角钢锯削

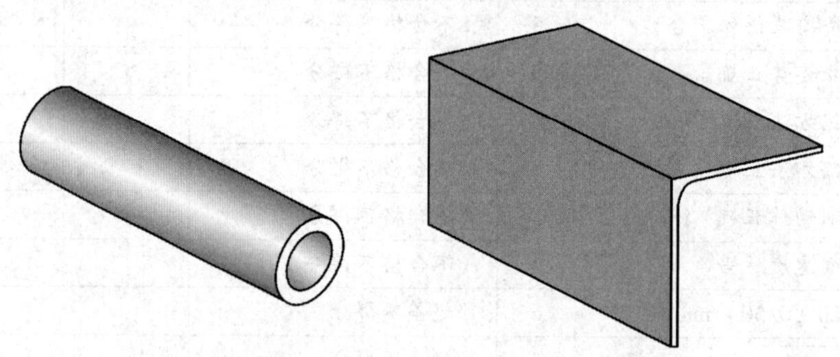

图 5—2—13 管子、角钢锯削练习件实物图

表 5—2—2　　管子、角钢锯削评分标准

班级：＿＿＿＿＿ 姓名：＿＿＿＿＿ 学号：＿＿＿＿＿ 成绩：＿＿＿＿＿

序号	技术要求	配分	评分标准	自检记录	交检记录	得分
1	锯条安装正确	7	不合格不得分			
2	锯条安装得松紧合适	6	不合格不得分			
3	站立姿势正确	6	不合格不得分			
4	握锯方法正确	6	不合格不得分			
5	起锯方法正确	7	不合格不得分			

续表

序号	技术要求		配分	评分标准	自检记录	交检记录	得分
6	锯削动作正确		7	不合格不得分			
7	锯削速度适当		7	不合格不得分			
8	管子	(120 ± 0.50) mm	9	超差不得分			
9		▱ 0.30	9	超差不得分			
10		// 0.50 *A*	9	超差不得分			
11	角钢	(120 ± 0.50) mm	9	超差不得分			
12		▱ 0.30	9	超差不得分			
13		// 0.50 *B*	9	超差不得分			
14	安全文明生产			违者每次倒扣2分，严重者倒扣5~10分			

锉削

任务一　长方体的锉削

工作任务

锉削是钳工操作中重要的基本技能，通过锉削可以加工工件的内外平面、内外曲面、沟槽以及各种形状复杂的表面。在小批量加工和装配、修配中应用较广泛。

现需用长棒料锉削得到如图 6—1—1 所示的长方体零件，其实物图如图 6—1—2

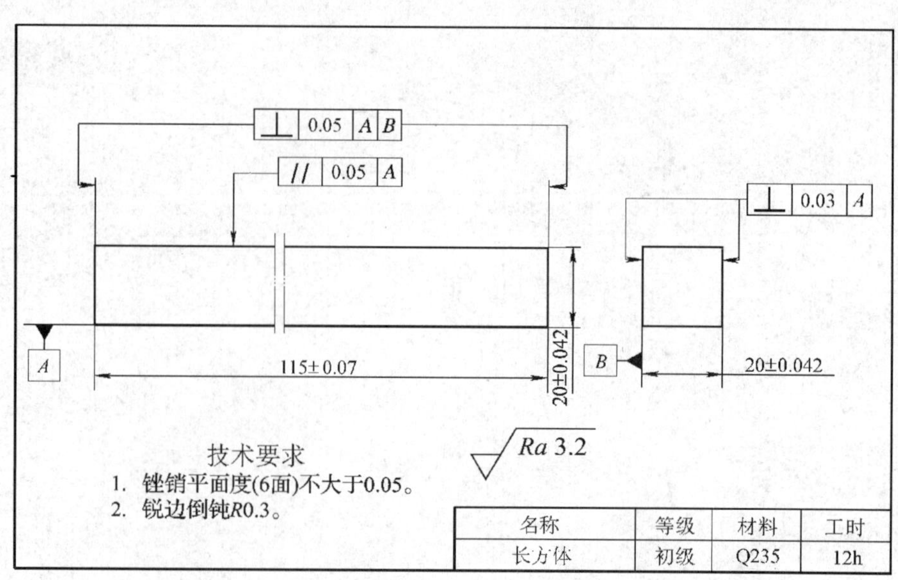

图 6—1—1　长方体零件图

所示。要求通过锉削练习掌握锉削姿势和平面锉削方法，并能配合游标卡尺、千分尺、刀口形直尺和刀口形角尺的测量，保证长方体工件的加工要求。

图 6—1—2 长方体工件实物图

相关理论

1. 锉刀柄的安装与拆卸

锉刀柄的安装与拆卸如图 6—1—3 所示。安装锉刀柄时应注意以下几点：

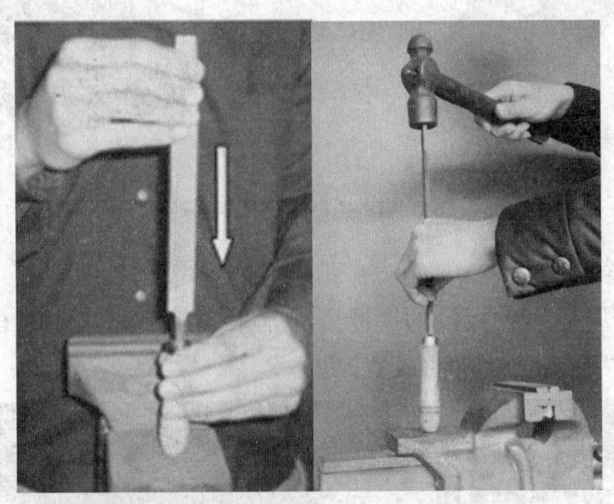

a）

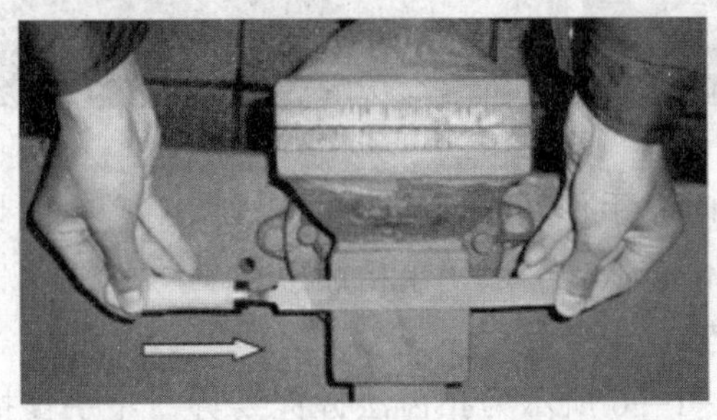

b）

图 6—1—3 锉刀柄的安装与拆卸

a）锉刀柄的安装 b）锉刀柄的拆卸

（1）安装前应检查锉刀柄是否完整、无开裂，前端是否安装铁箍。

（2）安装时应及时检查锉刀柄与锉刀之间的直线度，若锉刀柄安装得歪斜将影响锉削的平稳性。

（3）安装后应检查锉刀柄有无开裂现象，若开裂应及时更换，以防加工时刺伤手。

2. 锉削站立姿势

锉削时的站立姿势与锯削时相同。

3. 握锉姿势

(1) 右手握锉姿势

右手握锉姿势如图 6—1—4 所示，锉刀柄端抵在右手拇指根部的手掌上，大拇指放在锉刀柄上部，其余手指由下而上顺势握住锉刀柄。握锉时应注意不可将锉刀柄握死，用力点应落在掌心。

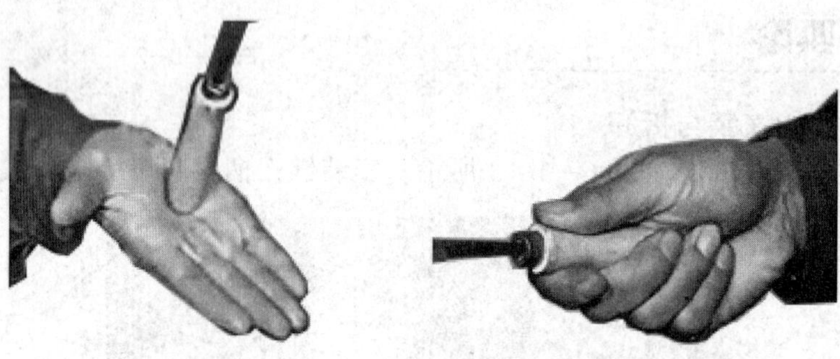

图 6—1—4　右手握锉姿势

(2) 左手握锉姿势

1）大板锉握锉姿势。大板锉的握锉姿势常采用压齿法，如图 6—1—5 所示，左手掌面压住锉刀头部，手指自然弯曲放置。

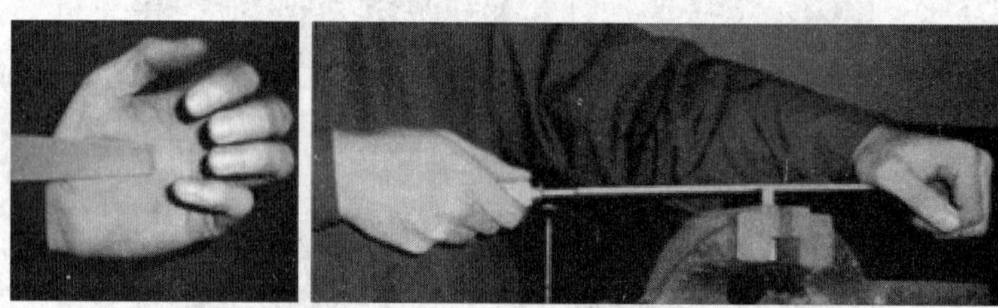

图 6—1—5　大板锉的握锉姿势

由于用压齿法锉削时左手作用于锉刀上的力较大，产生的切削力较大，所以加工效率较高，但加工精度比较低，一般用于粗加工。

2）小板锉握锉姿势

①扣齿法。如图 6—1—6 所示为扣齿法握锉姿势，左手食指和中指向下弯曲扣住锉刀下表面，大拇指压在锉刀上表面上。锉削时，作用在工件表面上的切削力较小，能获得较好的表面质量，但锉面直线度精度比较难控制，一般用于锉面较小时的精加工场合。

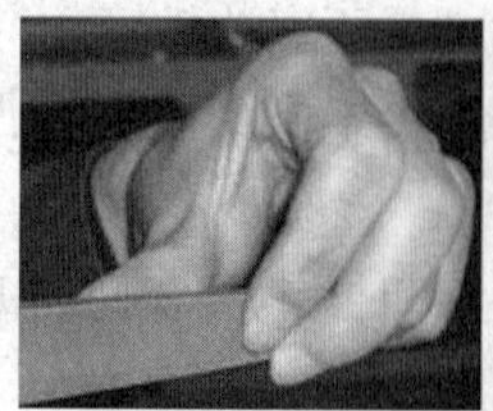

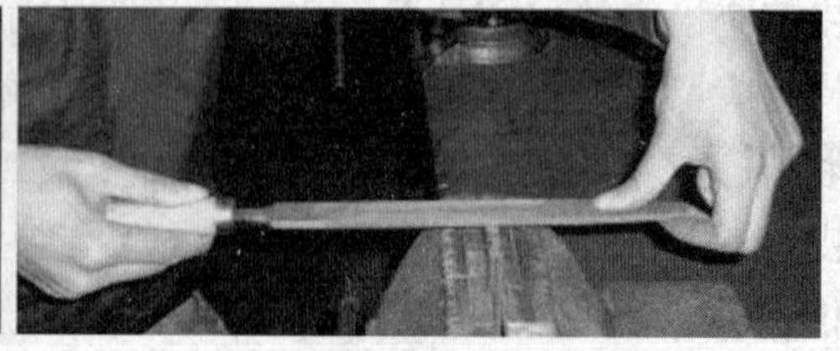

图 6—1—6　扣齿法握锉姿势

②压齿法。如图 6—1—7 所示为压齿法握锉姿势，大拇指、食指和中指一起压在锉刀上表面上，利用这种加工方法能获得比较高的加工精度，常应用于锉面较大时的精加工场合。

图 6—1—7 压齿法握锉姿势

4. 平面锉削方法

（1）顺向锉

顺向锉有横向锉和纵向锉两种锉削方法，如图 6—1—8 所示。

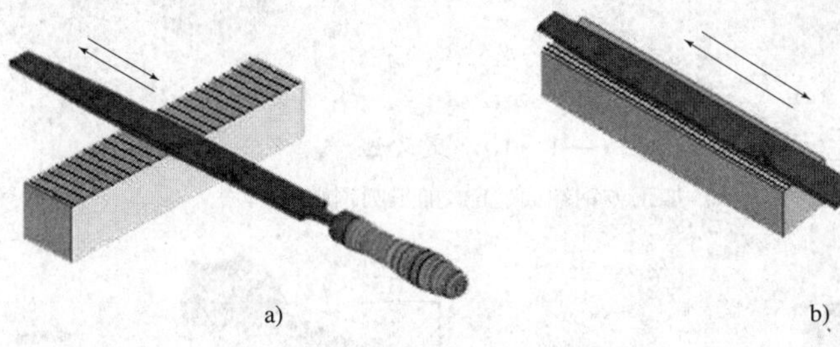

图 6—1—8 顺向锉

a）横向锉 b）纵向锉

1）横向锉。如图 6—1—8a 所示，锉削时锉刀运动方向与工件的长度方向相垂直。由于每一次锉削时锉刀与工件表面的接触面积比较小，因而产生的切削力较大，能快速去除工件表面上多余的加工余量，但加工后工件表面质量较差，所以这种锉削方法一般用于粗加工，当锉削面受到限制时，也可用于精加工，如图 6—1—9 所示。

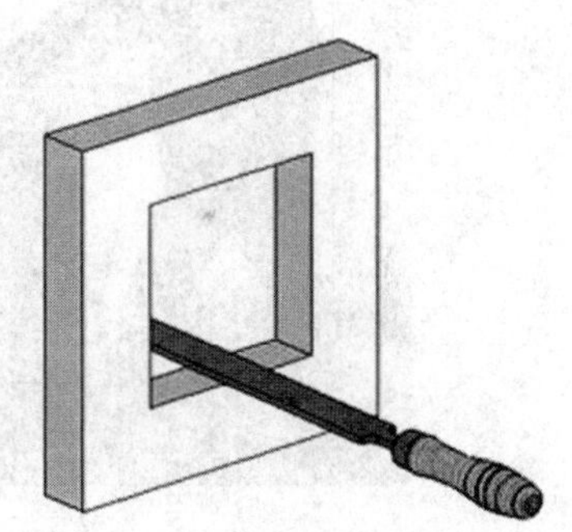

图 6—1—9 横向锉用于精加工

2）纵向锉。如图 6—1—8b 所示，锉削时锉刀运动方向与工件的长度方向平行。纵向锉时锉刀与工件表面接触面积较大，产生的切削力较小，所以每一次去除的加工余量较少，但能获得较高的表面质量，一般用于零件的精加工。

（2）交叉锉

如图 6—1—10 所示，交叉锉主要用于方钢或圆钢零件的端面锉削。锉削时，通过不断改变锉削方向以提高工件端面的平面度精度，但锉面纹路比较凌乱，所获得的表面质量较差，一般用于粗加工。

5. 锉削要领

（1）锉削时的姿势、动作正确

正确的锉削动作如图 6—1—11 所示。起锉时，两手握住锉刀放在工件上面，左臂弯曲，小臂与工件锉削面的左右方向基本保持平行，右小臂要与工件锉削面的前后方向基本保持平行，身体略向前倾，与铅垂线保持 10°左右的夹角，如图 6—1—11a 所

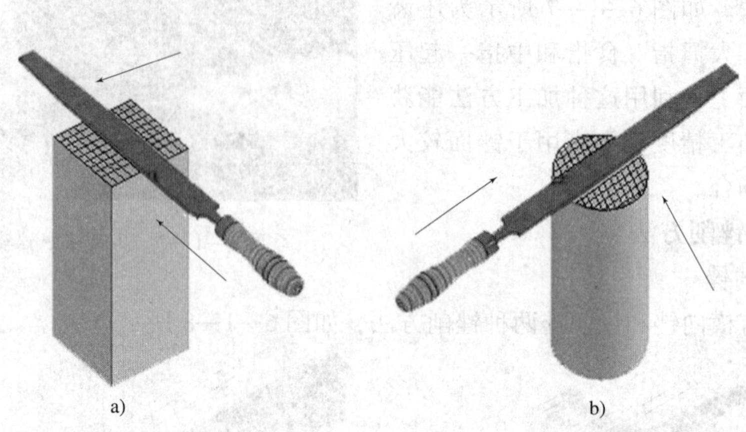

图 6—1—10　交叉锉

a）加工方钢端面　b）加工圆钢端面

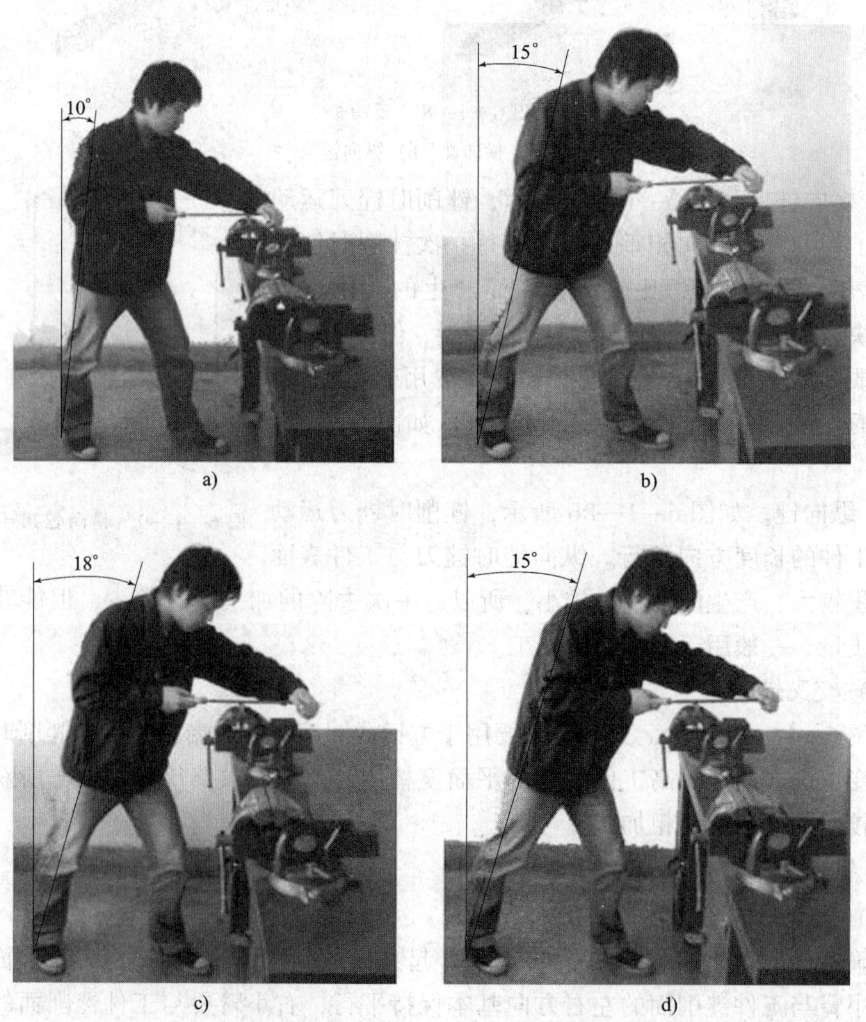

图 6—1—11　正确的锉削动作

示。锉削时，身体先于锉刀并与之一起向前，右腿伸直，并在两手锉削作用下带动身体略向前倾，与铅垂线保持15°左右的夹角，如图6—1—11b所示。当锉刀锉至约3/4行程时，身体停止前进，此时身体倾斜角度约保持为18°，如图6—1—11c所示。两臂继续将锉刀向前推锉到头，同时，左腿自然伸直，并随着锉削时的反作用力将身体重心后移，使身体恢复原位（见图6—1—11d），并顺势将锉刀收回。当锉刀收回将近结束时，开始第二次锉削的向前运动。

（2）锉削时两手用力要平衡

要锉出平直的平面，必须使锉刀保持直线的锉削运动。为此，锉削时两手用力需平衡，向前推锉时右手的压力要随锉刀的推动而逐渐增加，左手的压力要随锉刀的推动而逐渐减小，其示意图如图6—1—12所示。回程时不要加压力，以减少锉齿的磨损，但为了确保第二次锉削时锉刀的平稳，在锉刀回程时也应保持两手用力的平衡。

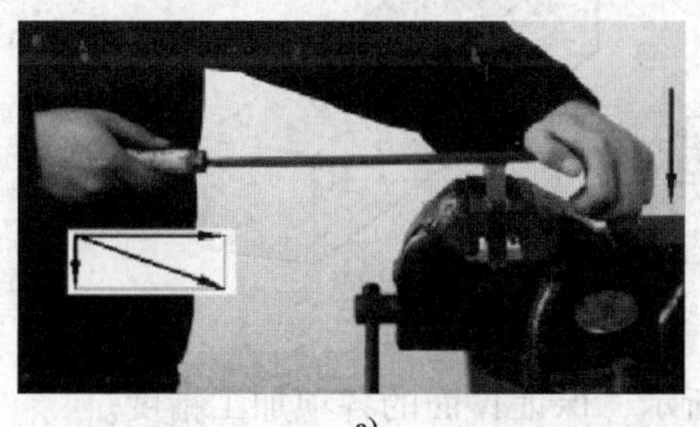
a)

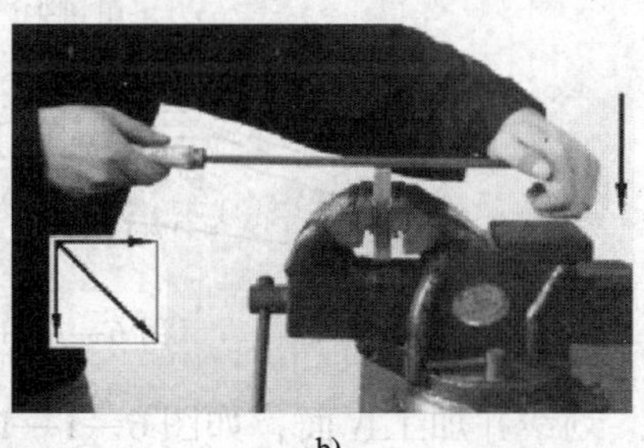
b)

图6—1—12 锉削时两手用力示意图

a）起锉时 b）锉削时

（3）锉削速度应控制合理

锉削速度一般应在40次/min左右，推出时稍慢，回程时稍快，动作要自然、协调。

任务实施

一、实习步骤

1. 检查来料（圆钢毛坯）尺寸余量。
2. 划线并加工Ⅰ面，如图6—1—13所示，保证Ⅰ面的各项加工精度。

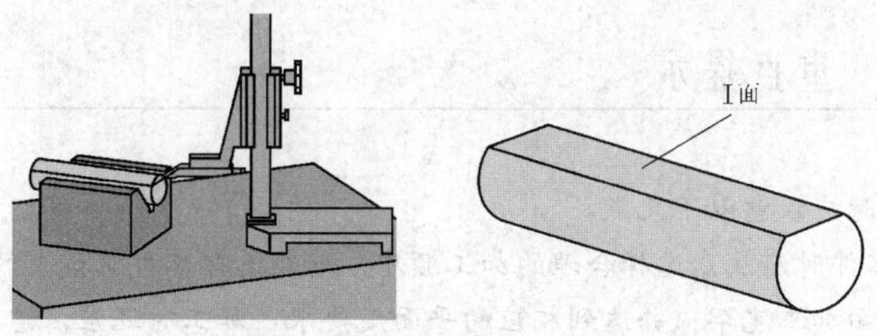

图6—1—13 划线并加工Ⅰ面

3．划线并加工Ⅱ面，如图6—1—14所示，保证Ⅱ面的各项加工精度。

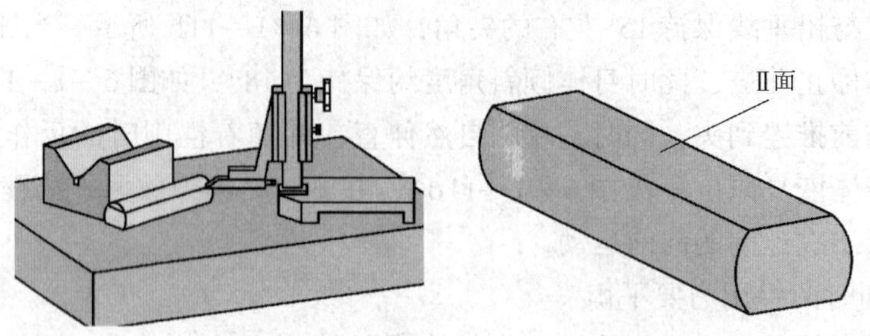

图6—1—14　划线并加工Ⅱ面

4．划线并加工Ⅲ面，如图6—1—15所示，保证Ⅲ面的各项加工精度。

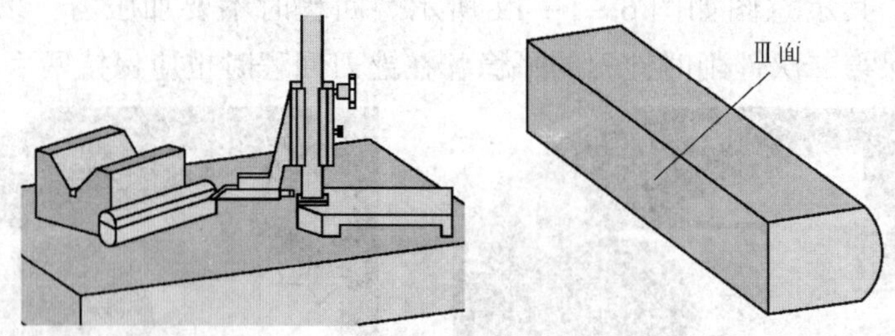

图6—1—15　划线并加工Ⅲ面

5．划线并加工Ⅳ面，如图6—1—16所示，保证Ⅳ面的各项加工精度。

6．划线并加工端面，如图6—1—17所示，保证端面的各项加工精度。

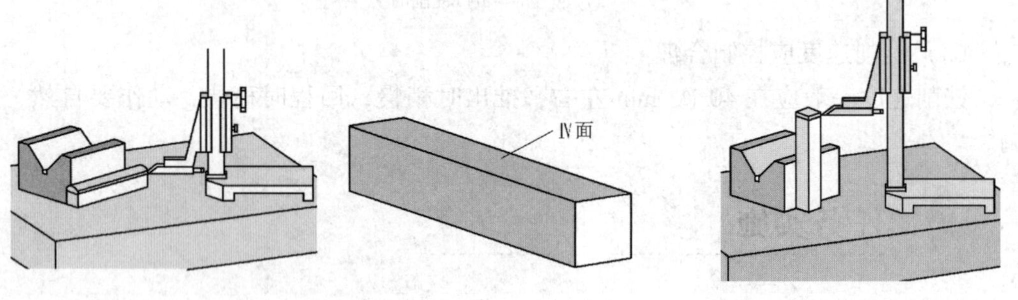

图6—1—16　划线并加工Ⅳ面　　图6—1—17　划线并加工端面

7．倒钝锐边并去毛刺,复检工件。

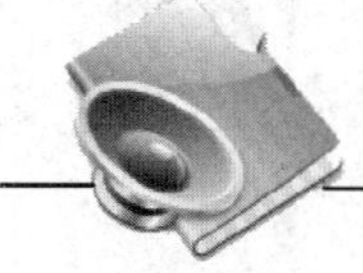

重点提示

锉削工件时应注意以下几点：

1．锉削工件时应注意选择合理的加工顺序，一般选择工件上最大的平面作为基准面，先把该平面加工完毕，并达到相应的平面度要求。加工时还应注意，先锉削大平面后锉削小平面，先锉削平行面再锉削垂直面，以便快速、有效、准确地达到加工要求。

2. 锉削钢件时，由于切屑容易嵌入锉刀锉齿中而拉伤加工表面，使表面粗糙度值增大，因此，锉削时必须经常用钢丝刷或铁片剔除切屑（剔除切屑时，应顺着锉刀的齿纹方向）。

3. 为提高锉削面的表面质量，锉削时，可在锉刀的齿面涂上粉笔末，使每次锉削的切削量减少，同时切屑也不易嵌入锉刀的齿纹中。

4. 锉刀在使用完毕后应妥善保管，不可叠放在一起，以防止锉刀磨损加快。

二、评分标准

长方体工件锉削评分标准见表6—1—1。

表6—1—1　　长方体工件锉削评分标准

班级：＿＿＿＿　姓名：＿＿＿＿　学号：＿＿＿＿　成绩：＿＿＿＿

序号	技术要求	配分	评分标准	自检记录	交检记录	得分
1	站立姿势正确	5	不合格不得分			
2	握锉方法正确	5	不合格不得分			
3	锉削动作正确	5	不合格不得分			
4	锉削速度适当	5	不合格不得分			
5	(20 ±0.042) mm（2处）	4×2	每处超差扣4分			
6	(115 ±0.07) mm	5	超差不得分			
7	⊥ 0.05 *A* *B*（2处）	5×2	每处超差扣5分			
8	平面度（6面）不大于0.05 mm	5×6	每处超差扣5分			
9	// 0.05 *A*	5	超差不得分			
10	⊥ 0.03 *A*（2处）	5×2	每处超差扣5分			
11	*Ra*3.2 μm（6处）	2×6	不合格不得分			
12	安全文明生产		违者每次倒扣2分，严重者倒扣5～10分			

任务拓展

试加工如图6—1—18所示的四方件，工件加工材料由模块五的任务一四方件的锯削练习材料转入。四方件实物图如图6—1—19所示。四方件锉削评分标准见表6—1—2。

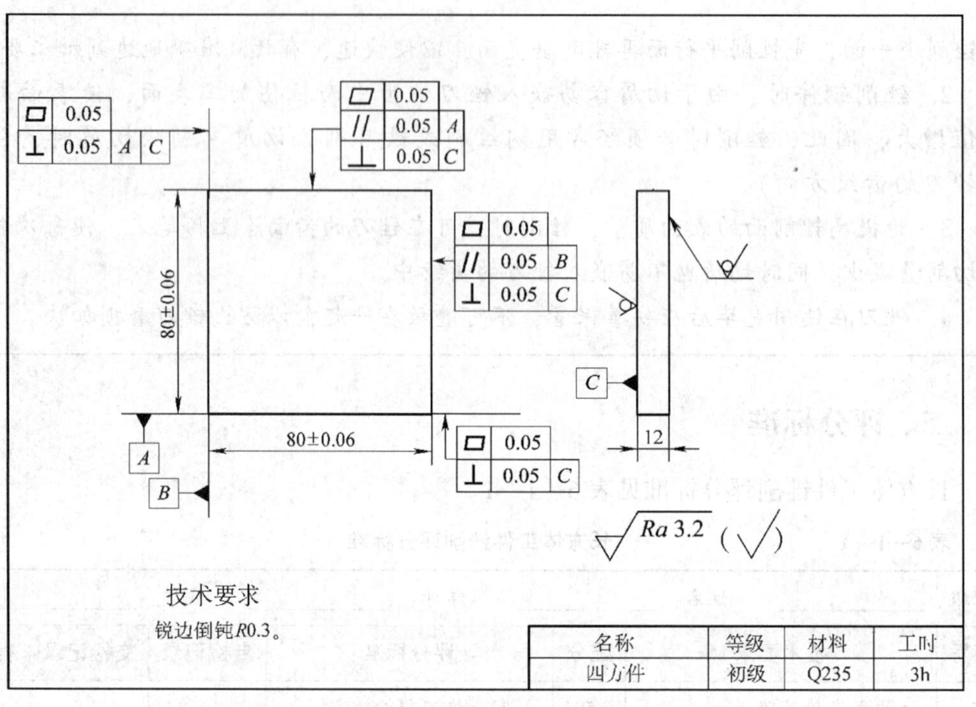

图 6—1—18　四方件零件图

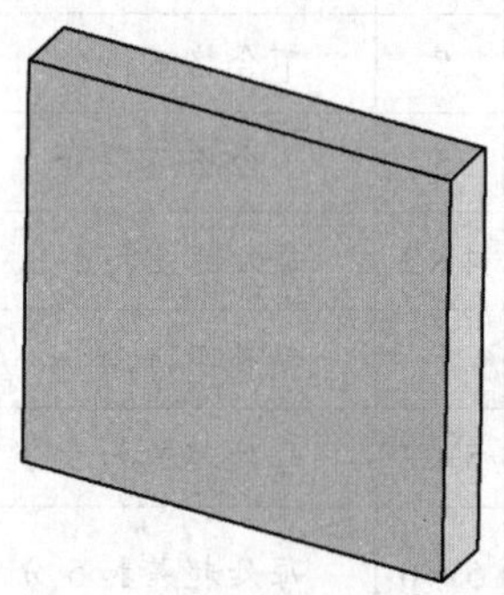

图 6—1—19　四方件实物图

表 6—1—2　　四方件锉削评分标准

班级：________　姓名：________　学号：________　成绩：________

序号	技术要求	配分	评分标准	自检记录	交检记录	得分
1	站立姿势正确	5	不合格不得分			
2	握锉方法正确	4	不合格不得分			
3	锉削动作正确	5	不合格不得分			
4	锉削速度适当	5	不合格不得分			
5	(80 ±0.06) mm (2 处)	6×2	每处超差扣 6 分			
6	▱ 0.05 (4 处)	6×4	每处超差扣 6 分			

续表

序号	技术要求	配分	评分标准	自检记录	交检记录	得分
7	// 0.05 A	8	超差不得分			
8	// 0.05 B	4	超差不得分			
9	⊥ 0.05 A C	8	超差不得分			
10	⊥ 0.05 C （3 处）	7×3	每处超差扣 8 分			
11	*Ra*3.2 μm（4 处）	1×4	不合格不得分			
12	安全文明生产		违者每次倒扣 2 分，严重者倒扣 5～10 分			

任务二　六方体的锉削

工作任务

采用圆钢坯料加工的六方体零件图如图 6—2—1 所示，其实物图如图 6—2—2 所示。通过本任务的练习，应能熟练使用万能角度尺，并能在练习中准确控制尺寸精度和角度测量的累积误差。

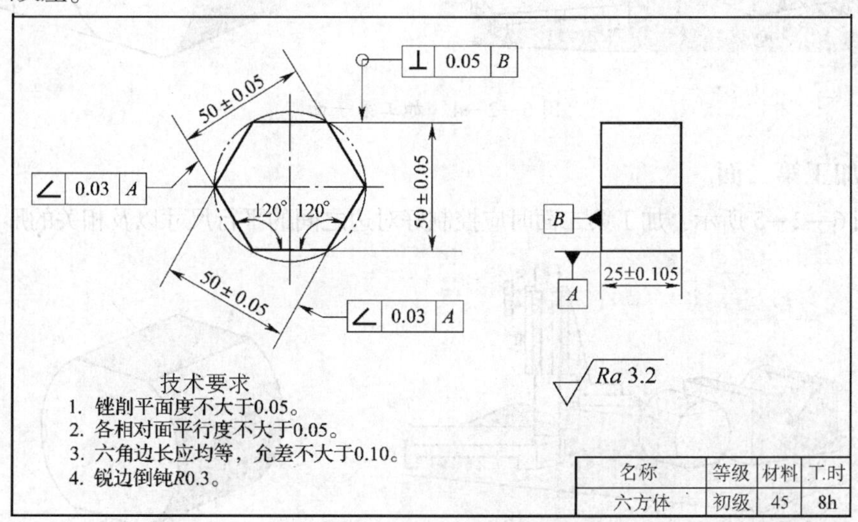

图 6—2—1　六方体零件图

任务实施

一、实习步骤

加工六方体时，原则上应先加工基准面，然后加工平行面，再依次加工角度面，但为了能同时保证其对边尺寸、120°内角以及边长相等的要求，一般可按如图6—2—3所示的加工顺序进行锉削。

1．加工第一面

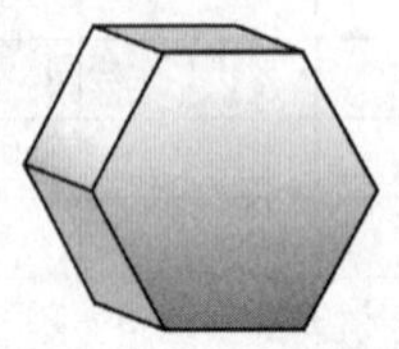

图6—2—2　六方体实物图

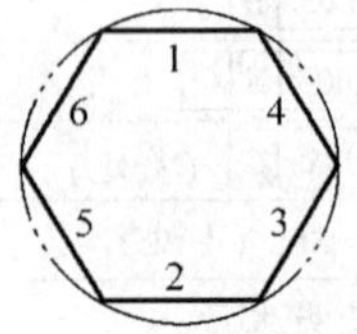

图6—2—3　六方体加工顺序

如图6—2—4所示，加工第一面时应合理分配加工余量，确保尺寸 a 的完整性，同时控制好尺寸 M，以保证对边有足够的加工余量。

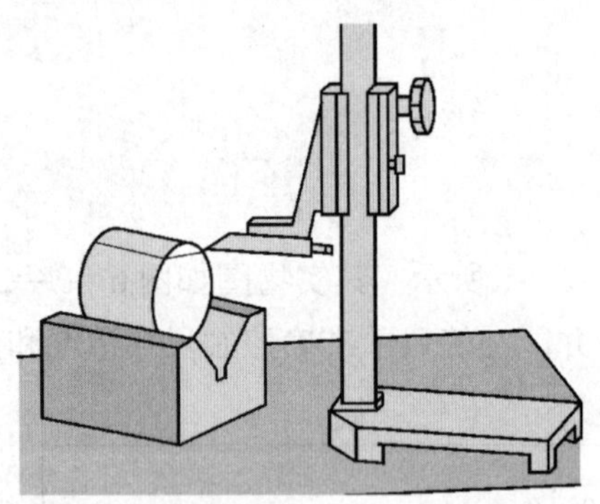

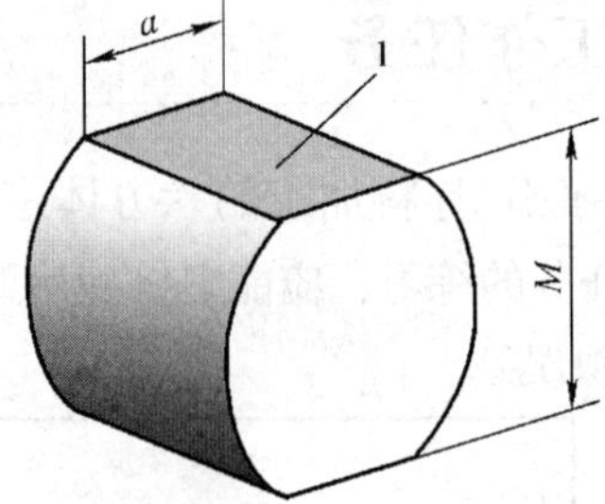

图6—2—4　加工第一面

2．加工第二面

如图6—2—5所示，加工第二面时应控制好对边之间的平行尺寸以及相关的形位误差。

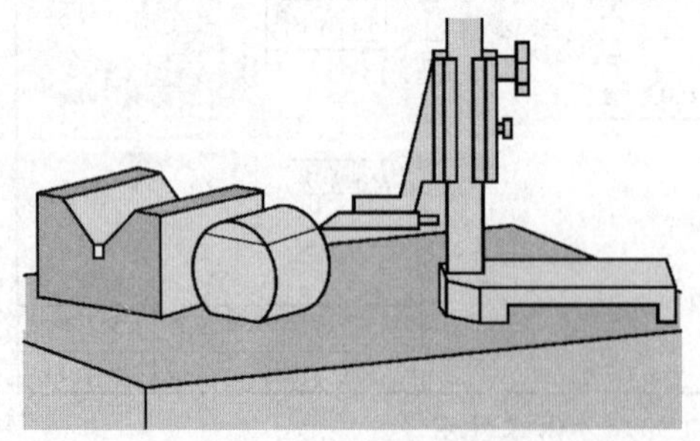

1
2

图6—2—5　加工第二面

3．加工第三面

如图6—2—6所示，加工第三面时可采用斜90°V形架划出加工界线，划线尺寸的控制以保证六方体边长尺寸和对边尺寸要求为准。

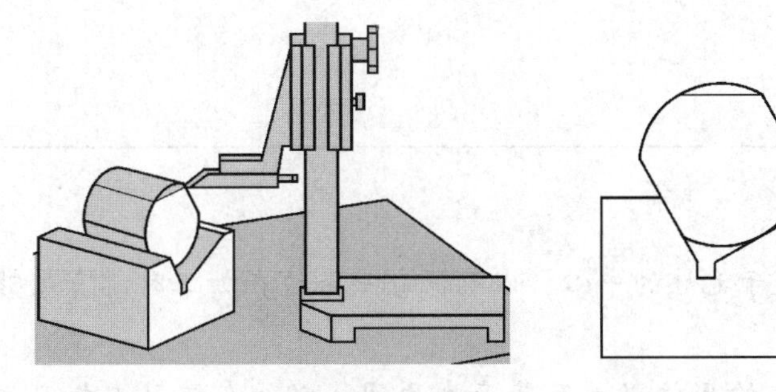

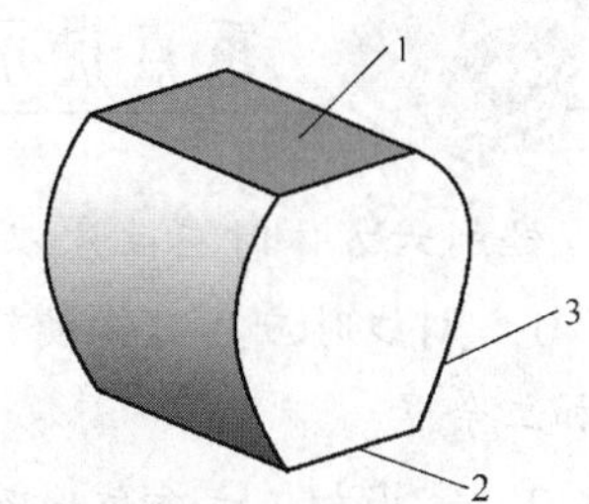

图 6—2—6 加工第三面

4. 加工第四面

如图 6—2—7 所示，加工第四面时必须严格控制边长的尺寸要求。边长尺寸的测量方法主要有两种：一种测量方法是采用尺寸样板进行比较测量，如图 6—2—8 所示，这种方法在测量时主要利用了透光法原理，测量精度不高；另一种测量方法是利用圆柱销进行间接测量，如图 6—2—9 所示，通过测量尺寸 B，间接量出边长尺寸，这种测量方法所获得的测量精度较高，但测量前必须进行准确的尺寸换算。

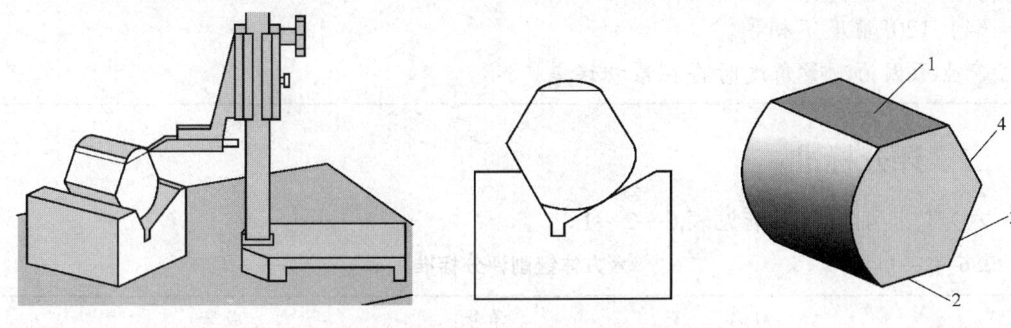

图 6—2—7 加工第四面

5. 加工第五面和第六面

在保证边长加工要求的基础上，可按加工平行边的方法直接加工第五面和第六面，如图 6—2—10 所示，加工时只需保证对边尺寸及相关形位误差，就可同时保证剩余边长的尺寸要求。

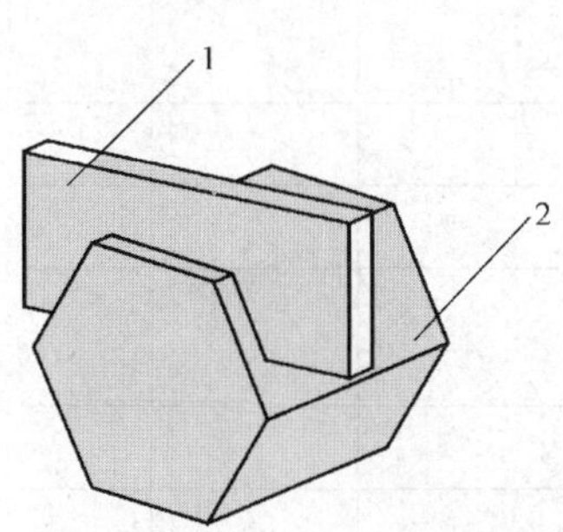

图 6—2—8 用样板比较测量

1—测量样板 2—六方体零件

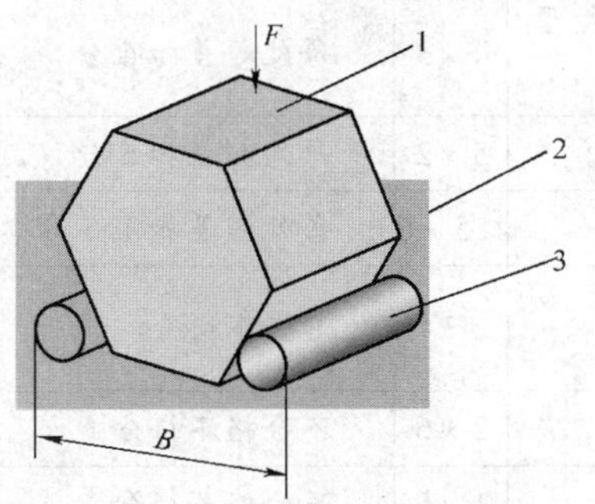

图 6—2—9 用圆柱销间接测量

1—六方体零件 2—测量平板 3—圆柱销

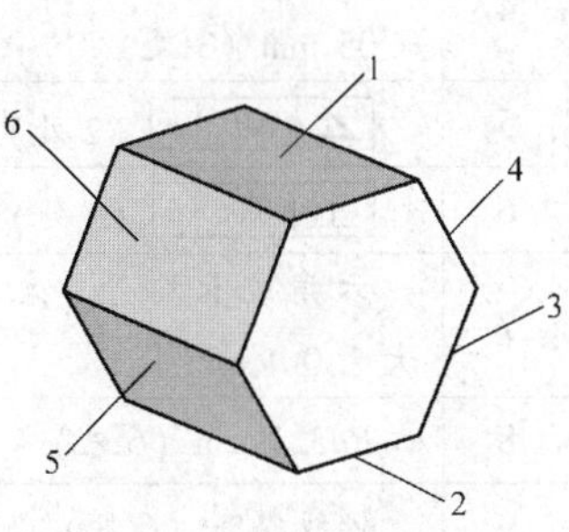

图 6—2—10 加工第五面和第六面

重点提示

锉削六方体时应注意以下几点：

1. 划线时应尽可能使轮廓线处于毛坯的中心，以确保每一条边在加工时都有足够的加工余量。

2. 掌握加工六方体时容易产生的形位误差及其产生原因，以便在练习中加以注意，具体包括以下几点：

(1) 同一平面上两端宽窄不等。

产生原因有两个：第一为锉削面与端面不垂直；第二为来料外圆有锥度误差。

(2) 六方体扭曲。

产生原因为各加工表面之间有扭曲误差存在。

(3) 六方体边长不相等。

产生原因为各加工表面尺寸误差没有控制好。

(4) 120°角度不相等。

产生原因为测量角度时存在累积误差。

二、评分标准

六方体锉削评分标准见表6—2—1。

表6—2—1　　六方体锉削评分标准

班级：＿＿＿＿＿　姓名：＿＿＿＿＿　学号：＿＿＿＿＿　成绩：＿＿＿＿＿

序号	技术要求	配分	评分标准	自检记录	交检记录	得分
1	(25 ±0.105) mm	5	超差不得分			
2	(50 ±0.05) mm (3处)	7×3	每处超差扣7分			
3	锉削平面度不大于0.05 mm (6处)	3×6	每处超差扣3分			
4	各相对面平行度不大于0.05 mm (3处)	4×3	每处超差扣4分			
5	∠ 0.03 A (2处)	5×2	每处超差扣5分			
6	⊥ 0.05 B (6处)	1.5×6	每处超差扣1.5分			
7	六角边长均等，允差不大于0.1 mm	7	超差不得分			
8	*Ra*3.2 μm (6处)	2×6	不合格不得分			
9	锉纹整齐 (6处)	1×6	不合格不得分			
10	安全文明生产		违者每次倒扣2分，严重者倒扣5~10分			

任务拓展

试用圆棒料锉削如图 6—2—11 所示的五方体，其实物图如图 6—2—12 所示。五方体锉削评分标准见表 6—2—2。

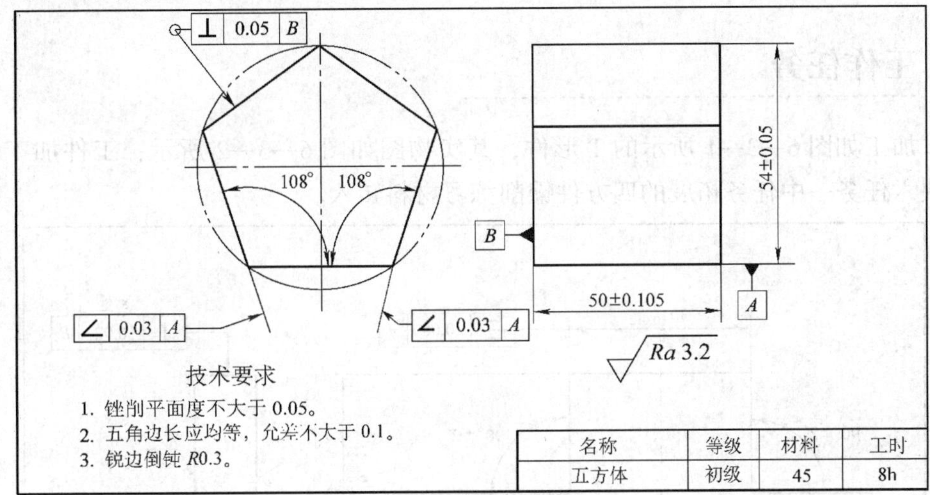

图 6—2—11　五方体零件图

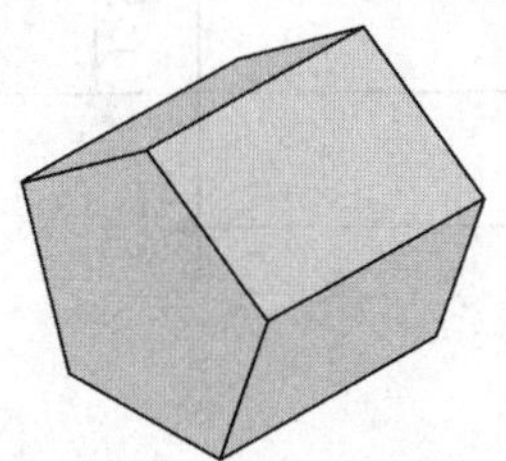

图 6—2—12　五方体实物图

表 6—2—2　　**五方体锉削评分标准**

班级：________ 姓名：________ 学号：________ 成绩：________

序号	技术要求	配分	评分标准	自检记录	交检记录	得分
1	(50 ±0. 105) mm	7	超差不得分			
2	(54 ±0. 05) mm (5 处)	6 ×5	每处超差扣 6 分			
3	锉削平面度不大于0. 05 mm (5 处)	4 ×5	每处超差扣 4 分			
4	∠ 0.03 A (2 处)	5 ×2	每处超差扣 5 分			
5	五角边长均等，允差不大于0. 1 mm	8	超差不得分			
6	⊥ 0.05 B (5 处)	2 ×5	每处超差扣 2 分			
7	*Ra*3. 2 μm (5 处)	2 ×5	不合格不得分			
8	锉纹整齐 (5 处)	1 ×5	不合格不得分			
9	安全文明生产		违者每次倒扣 2 分，严重者倒扣 5 ~10 分			

任务三　T 形件的锉削

工作任务

试加工如图 6—3—1 所示的 T 形件，其实物图如图 6—3—2 所示，工件加工材料由模块六任务一中任务拓展的四方件锉削练习材料转入。

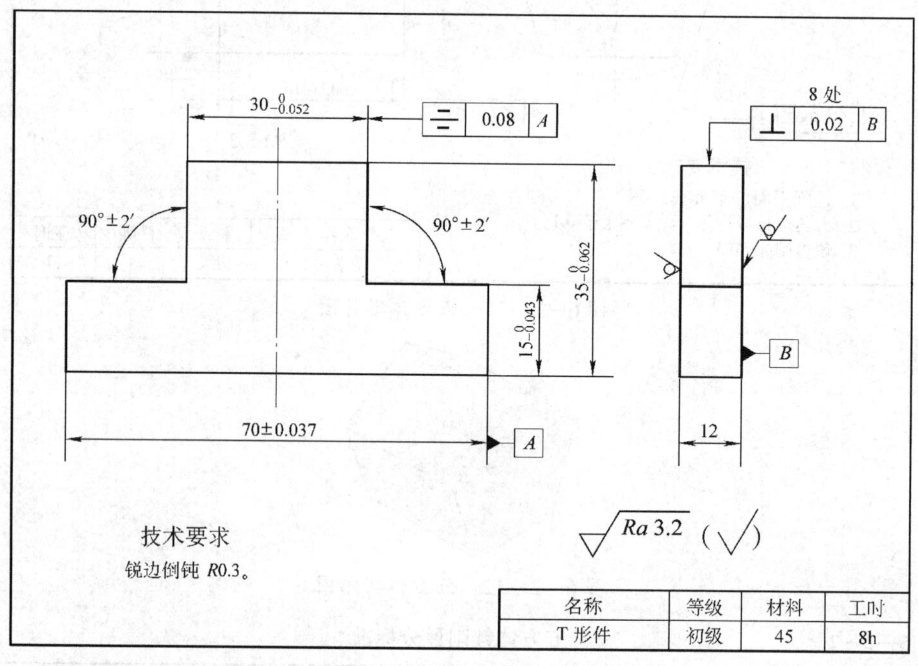

名称	等级	材料	工时
T 形件	初级	45	8h

图 6—3—1　T 形件零件图

任务实施

一、实习步骤

由于 T 形件左右对称，所以在加工过程中一定要严格控制其对称度精度。根据对称度精度控制方法的不同，T 形件的加工方法可分为以下两种：

1. 利用百分表控制对称度精度

（1）加工四方形，并记录下图样上尺寸为（70 ±0.037）mm 处的实际值。

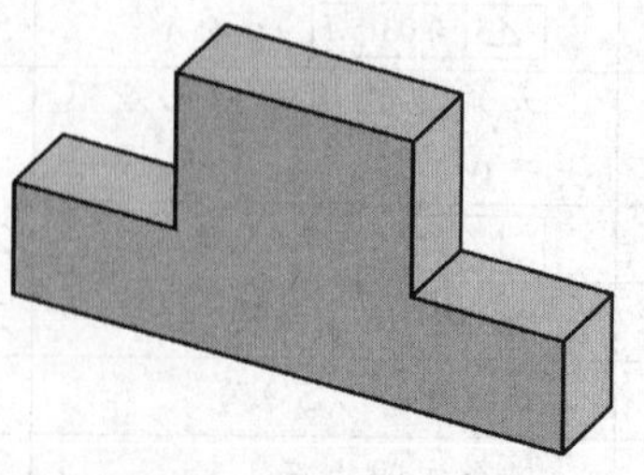

图 6—3—2　T 形件实物图

（2）锯除角 1 和角 2 两处多余废料，加工两 L 形表面，如图 6—3—3 所示，加工时需注意与尺寸 $30_{-0.052}^{\ 0}$ mm 相关的两个表面应留有一定的修锉余量，便于后面对称度精度的修整。

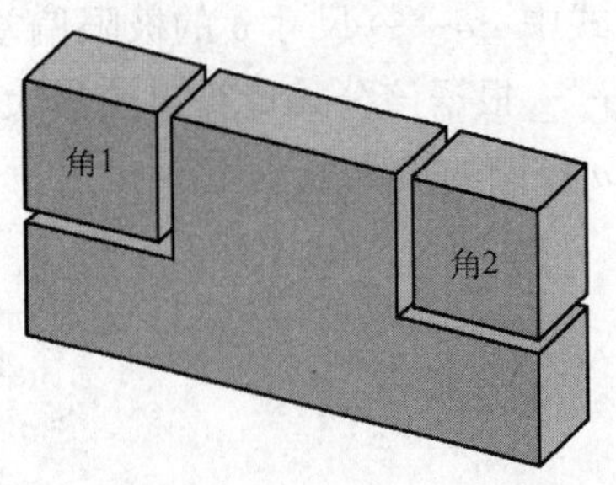

图 6—3—3 加工两处 L 形表面

（3）精加工 T 形件上尺寸为 $30_{-0.052}^{\ 0}$ mm 处的两个侧面，并控制其对称度精度。如图 6—3—4 所示，用百分表测量对称度误差时，应分别以 *A* 面和 *B* 面为测量基准，将百分表的测量触头分别与工件的两个测量表面垂直接触，测得尺寸 *H* 和 *H′*，通过尺寸 *H* 和 *H′* 之间的比较，确定出工件的对称度误差。

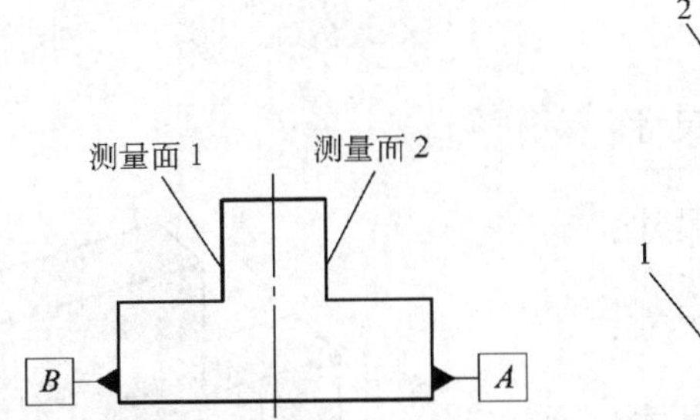

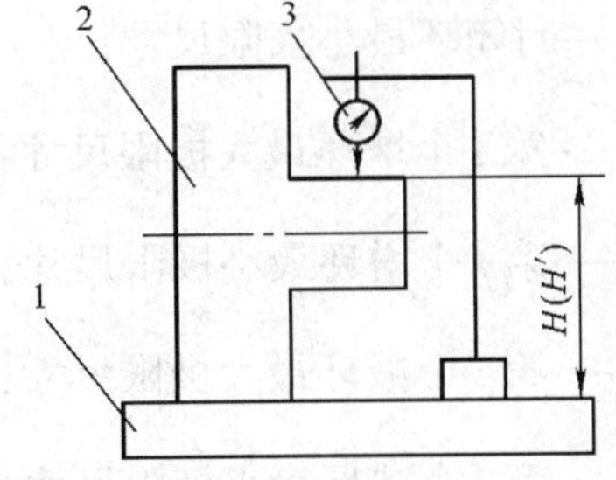

图 6—3—4 用百分表测量对称度误差

1—测量平板 2—T 形件 3—百分表

2. 利用尺寸换算间接控制对称度精度

（1）加工四方形，并记录下图样上尺寸为（70 ±0. 037）mm 处的实际值。

（2）如图 6—3—5 所示，锯除角 1 处的废料，加工 L 形表面，此时为控制尺寸 $30_{-0.052}^{\ 0}$ mm（图 6—3—6 中的 *b*）处的对称度精度，需测量尺寸 *a* 以间接保证，其示意图如图 6—3—6 所示。尺寸 *a* 的计算方法有以下两种：

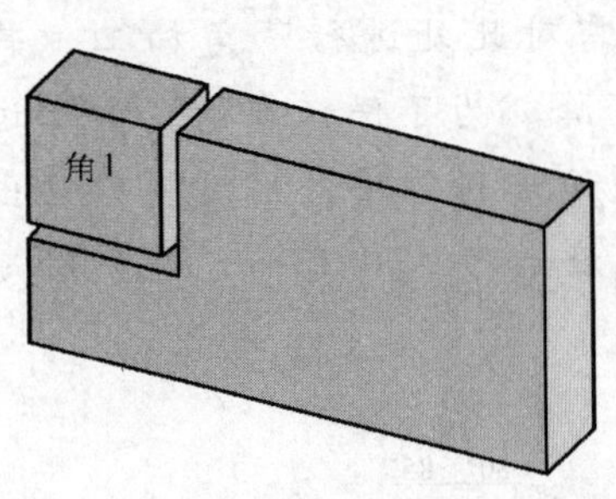

图 6—3—5 加工一处 L 形表面

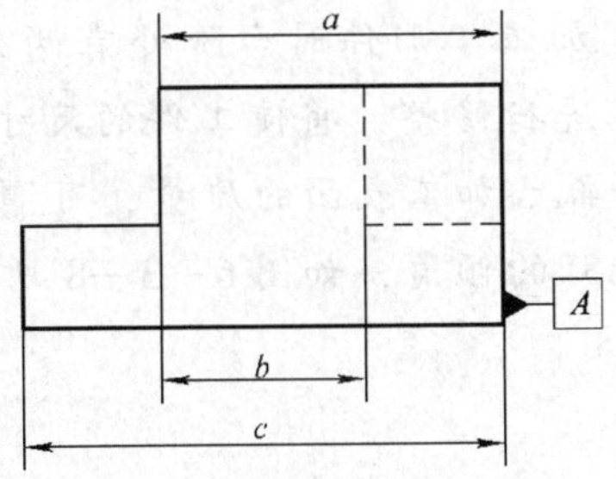

图 6—3—6 测量尺寸 *a* 的示意图

1）经验公式计算法

$$a=\frac{c_{\text{实际尺寸}}}{2}+\left(\frac{b_{\text{理论尺寸}}}{2}\begin{matrix}+\delta\\-\delta\end{matrix}\right)\begin{matrix}(+)\\ \times \\ \end{matrix}\begin{matrix}+\\-\end{matrix}\frac{\text{对称度公差}}{2}$$

式中　δ——尺寸 b 的极限偏差。

根据该公式计算出的最大值为尺寸 a 控制的极限最大值，计算出的最小值为尺寸 a 控制的极限最小值。

2）尺寸链计算法

$$A_{\Delta\max} = \sum^{m} \overrightarrow{A}_{i\max} - \sum^{n} \overleftarrow{A}_{i\min}$$

$$A_{\Delta\min} = \sum^{m} \overrightarrow{A}_{i\min} - \sum^{n} \overleftarrow{A}_{i\max}$$

式中　m——增环的数目；

n——减环的数目；

$A_{\Delta\max}$——封闭环最大极限尺寸；

$A_{\Delta\min}$——封闭环最小极限尺寸；

$\overrightarrow{A}_{i\max}$——第 i 个增环最大极限尺寸；

$\overrightarrow{A}_{i\min}$——第 i 个增环最小极限尺寸；

$\overleftarrow{A}_{i\max}$——第 i 个减环最大极限尺寸；

$\overleftarrow{A}_{i\min}$——第 i 个减环最小极限尺寸。

（3）如图 6—3—7 所示，锯除角 2 处的废料，按图样要求加工另一处 L 形表面，并保证各项尺寸精度和形位精度。

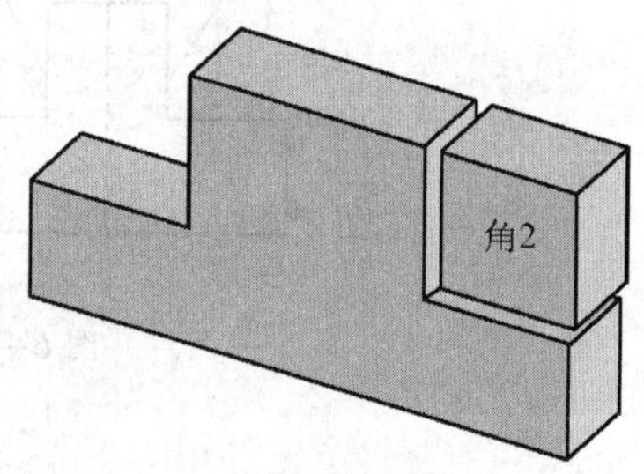

图 6—3—7　加工另一处 L 形表面

重点提示

加工 T 形件时应注意以下几点：

1. 加工 T 形件时台阶处有两处为内直角，需对此处进行清角加工，若不对清角处进行修整，将使工件的尺寸和形位精度下降。为了保证在清角加工过程中不会降低已加工表面的质量，可事先对平锉的棱边进行修磨，用砂轮刃磨出一个 80°~85°的倾角，如图 6—3—8 所示，并保证刃磨后棱边具有一定的光滑度和直线度。

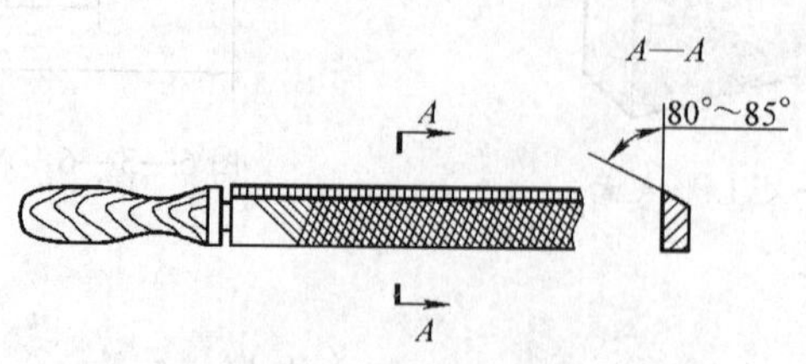

图 6—3—8　锉刀的修磨

2. 清角加工时应适当减小锉刀对清角处的切削力，有时也可在清角处留少量余量，待加工表面完成后，单独对清角处进行加工，通过锉刀棱边对清角处的多次加工，逐步保证清角处的加工精度。同时清角加工时还必须注意，相关的两个表面应同时进行粗、精加工，以防止因加工余量的变化造成清角处产生圆弧或凹坑的加工缺陷，图6—3—9所示为清角处理不当的影响。

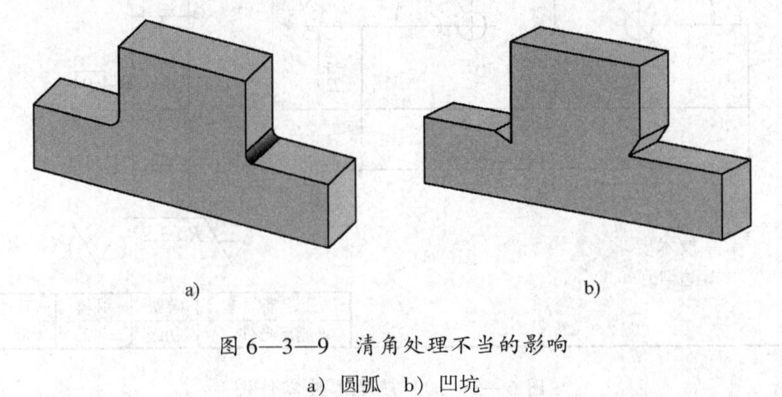

图6—3—9 清角处理不当的影响

a）圆弧 b）凹坑

二、评分标准

T形件锉削评分标准见表6—3—1。

表6—3—1 **T形件锉削评分标准**

班级：________ 姓名：________ 学号：________ 成绩：________

序号	技术要求	配分	评分标准	自检记录	交检记录	得分
1	(70 ± 0.037) mm	8	超差不得分			
2	$35^{0}_{-0.062}$ mm	8	超差不得分			
3	$30^{0}_{-0.052}$ mm	8	超差不得分			
4	$15^{0}_{-0.043}$ mm（2处）	8×2	每处超差扣8分			
5	90°±2′（2处）	6×2	每处超差扣6分			
6	⌯ 0.08 *A*	8	超差不得分			
7	⊥ 0.02 *B*（8处）	2×8	每处超差扣2分			
8	*Ra*3.2 μm（8处）	2×8	不合格不得分			
9	锉纹整齐（8处）	1×8	不合格不得分			
10	安全文明生产		违者每次倒扣2分，严重者倒扣5～10分			

任务拓展

试锉削加工如图6—3—10所示的燕尾形件，其实物图如图6—3—11所示。燕尾形件锉削评分标准见表6—3—2。

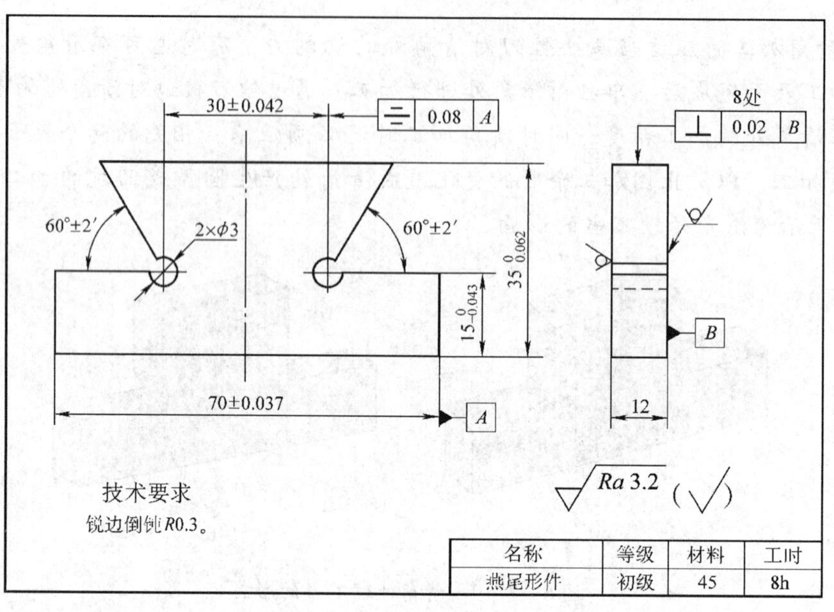

图 6—3—10　燕尾形件零件图

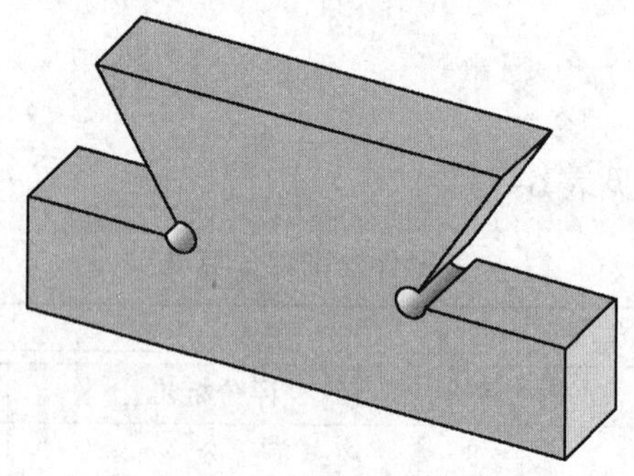

图 6—3—11　燕尾形件实物图

表 6—3—2　　　**燕尾形件锉削评分标准**

班级：＿＿＿＿＿　姓名：＿＿＿＿＿　学号：＿＿＿＿＿　成绩：＿＿＿＿＿

序号	技术要求	配分	评分标准	自检记录	交检记录	得分
1	（70 ±0.037）mm	8	超差不得分			
2	$35^{\ 0}_{-0.062}$ mm	8	超差不得分			
3	（30 ±0.042）mm	8	超差不得分			
4	$15^{\ 0}_{-0.043}$ mm（2 处）	8×2	每处超差扣 8 分			
5	60° ±2′（2 处）	6×2	每处超差扣 6 分			
6	⌯ 0.08 A	8	超差不得分			
7	⊥ 0.02 B （8 处）	2×8	每处超差扣 2 分			
8	*Ra*3.2 μm（8 处）	2×8	不合格不得分			
9	锉纹整齐（8 处）	1×8	不合格不得分			
10	安全文明生产		违者每次倒扣 2 分，严重者倒扣 5～10 分			

任务四　键形件的锉削

工作任务

键形件零件图如图 6—4—1 所示，其实物图如图 6—4—2 所示，该零件的加工难点在于圆弧面部分，通过训练，应熟练掌握圆弧面的加工方法。在训练时，由于零件的坯料较小，可从前面的训练任务中选取合适的边角料作为坯料进行加工。

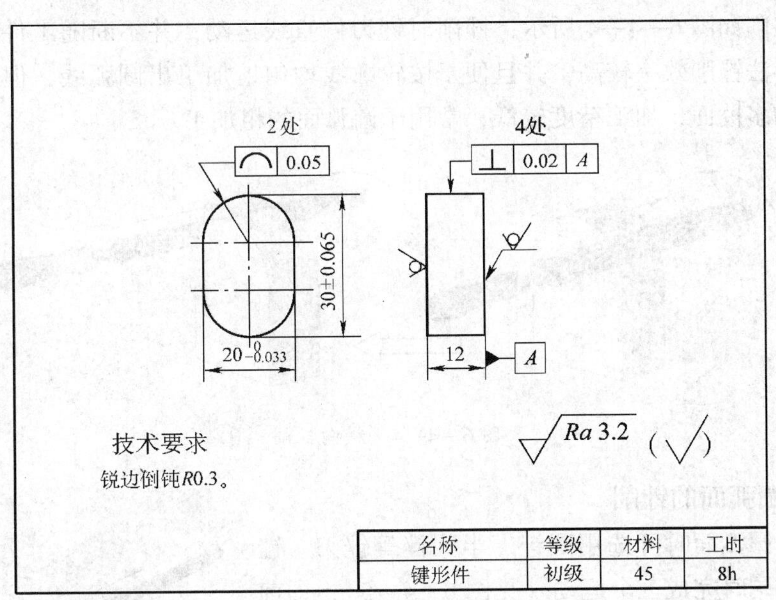

图 6—4—1　键形件零件图

相关理论

1. 外圆弧面的锉削

锉削外圆弧面所用的锉刀都为平锉，锉削时锉刀要同时完成两个运动：前进运动和锉刀绕工件圆弧中心的转动，其锉削方法有以下两种：

（1）纵向锉削

纵向锉削如图 6—4—3 所示，锉削时锉刀向前，右手下压，左手随着上提。这种方法能使圆弧面光洁、圆滑，但锉削位置不易掌握，并且效率不高，常用于圆弧面的精加工。

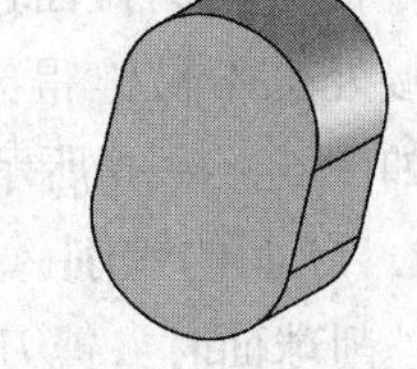

图 6—4—2　键形件实物图

（2）横向锉削

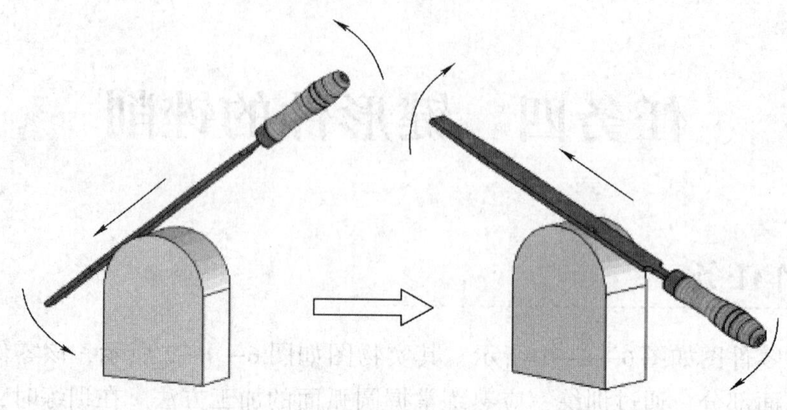

图 6—4—3 纵向锉削

横向锉削如图 6—4—4 所示，锉削时锉刀做直线运动，并不断随工件的圆弧面摆动。这种方法锉削效率较高，并且便于按轮廓线均匀地加工出圆弧线，但只能锉成近似圆弧面的多棱面，加工精度较低，常用于圆弧面的粗加工。

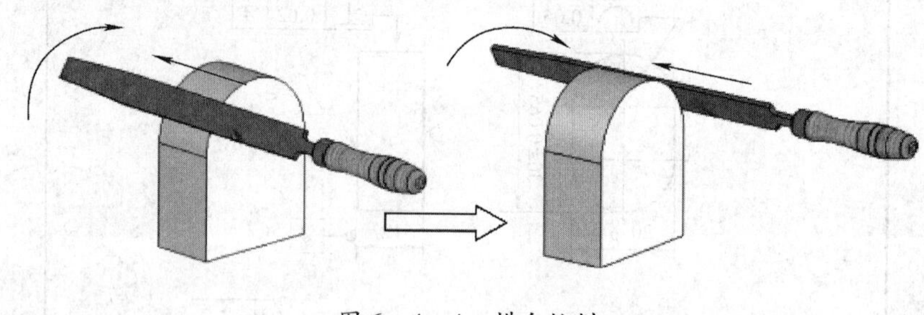

图 6—4—4 横向锉削

2. 内圆弧面的锉削

锉削内圆弧面时可选用圆锉、半圆锉等锉刀。锉削时锉刀要同时完成三个运动（见图 6—4—5），即前进运动、随圆弧面向左或向右移动、绕锉刀中心线转动，这样才能保证锉出的圆弧光滑、准确。

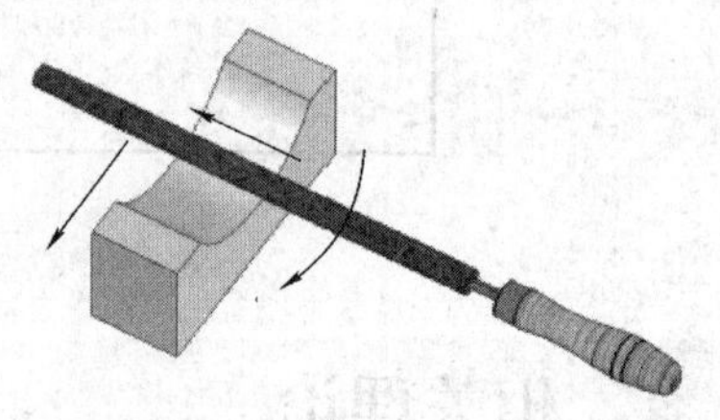

图 6—4—5 锉削内圆弧面的三个运动

3. 平面与圆弧面的过渡连接

在一般情况下，应先加工平面，然后加工曲面，以便于圆弧面与平面光滑连接。如果先加工圆弧面后加工平面，则在加工平面时，由于锉刀侧面无依靠（平面与内圆弧面连接处）而产生左右移动，使已加工好的圆弧面受到损伤，同时连接处也不易锉得光滑，或圆弧面不能与平面相切（平面与外圆弧面连接处），产生如图 6—4—6 所示的平面与圆弧面的错误过渡。

4. 球面的锉削

锉削球面时，锉刀要以纵向和横向两种锉削运动结合进行，才能获得所要求的球面，其方法如图 6—4—7 所示。

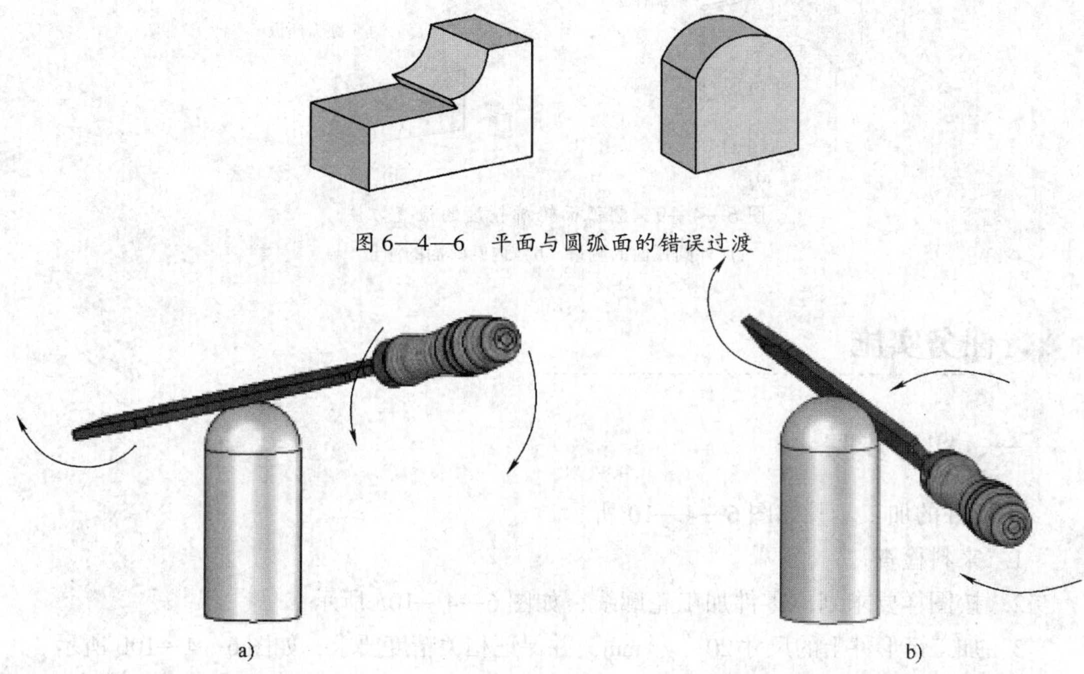

图 6—4—6　平面与圆弧面的错误过渡

a)　　b)

图 6—4—7　锉削球面的方法

a）纵向锉削　b）横向锉削

5. 圆弧面的推锉加工

推锉的操作方法如图 6—4—8 所示。由于推锉时锉刀的平衡易于掌握，且切削量小，因此，便于获得较平整的加工表面和较小的表面粗糙度值，常在内圆弧面和外圆弧面的加工中采用。圆弧面推锉时只能按纵向方向加工。

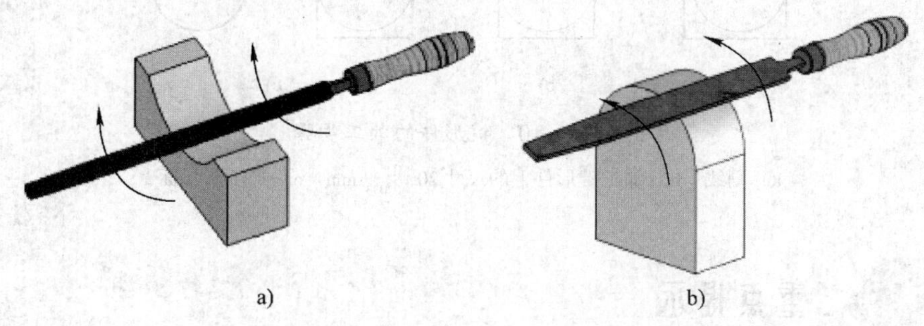

a)　　b)

图 6—4—8　推锉的操作方法

a）推锉内圆弧面　b）推锉外圆弧面

6. 圆弧面轮廓精度的检查

圆弧面轮廓的精度通常利用圆弧样板或半径量规通过透光法进行检查，其方法如图 6—4—9 所示。

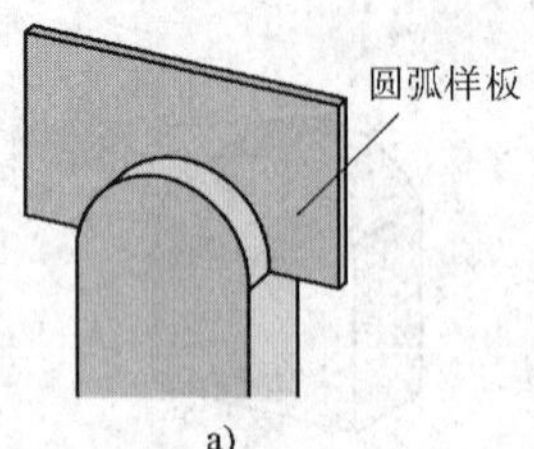

a)

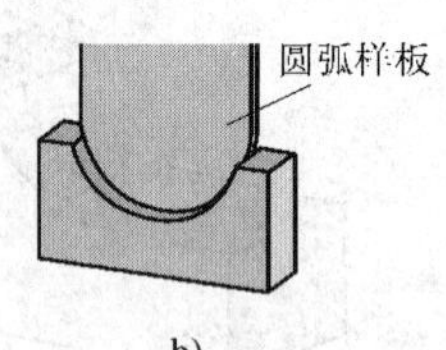

b)

图 6—4—9 圆弧面轮廓精度的检查方法

a）外圆弧面的测量 b）内圆弧面的测量

任务实施

一、实习步骤

键形件的加工步骤如图 6—4—10 所示。

1. 来料检查。
2. 按图样要求划出零件加工轮廓线，如图 6—4—10a 所示。
3. 加工键形件上的尺寸 $20_{-0.033}^{0}$ mm，并保证相关精度要求，如图 6—4—10b 所示。
4. 加工圆弧面，保证圆弧面线轮廓精度，同时保证尺寸（30 ± 0.065）mm 的要求，如图 6—4—10c 所示。
5. 复检零件并去除毛刺。

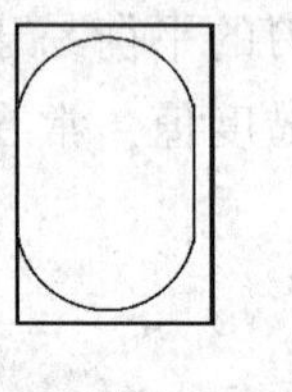
a)

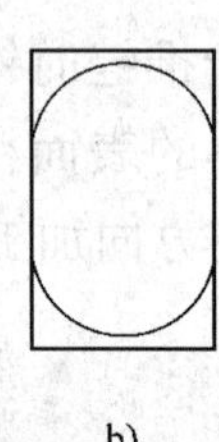
b)

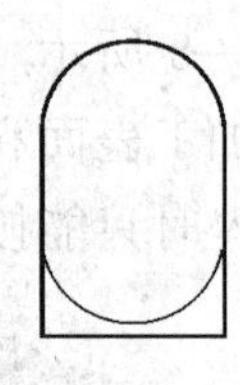

c)

图 6—4—10 键形件的加工步骤

a）划线 b）加工键形件上的尺寸 $20_{-0.033}^{0}$ mm c）加工圆弧面

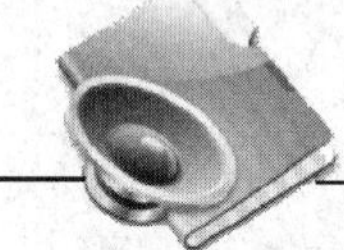

重点提示

锉削圆弧时应注意以下几点：

1. 两个圆弧面应逐个加工，当加工第一个圆弧面时应保证第二个圆弧面留有足够的加工余量。
2. 检测时，工件的被测表面及量具的测量面均需擦拭干净。
3. 加工圆弧时，如有与直边的相切点，该相切点必须加工成圆弧过渡。
4. 推锉加工时，应控制锉刀的左右平衡，以提高圆弧面的加工精度。

二、评分标准

键形件锉削评分标准见表 6—4—1。

表 6—4—1　　　　键形件锉削评分标准

班级：________　姓名：________　学号：________　成绩：________

序号	技术要求	配分	评分标准	自检记录	交检记录	得分
1	锉削姿势正确	10	不合格不得分			
2	锉削动作协调	10	不合格不得分			
3	锉削速度适当	10	不合格不得分			
4	圆弧检测方法正确	10	不合格不得分			
5	推锉时锉刀平衡	10	不合格不得分			
6	$20^{0}_{-0.033}$ mm	12	超差不得分			
7	(30 ±0.065) mm	12	超差不得分			
8	⌒ 0.05 （2 处）	5 ×2	每处超差扣 5 分			
9	⊥ 0.02 A （4 处）	2 ×4	每处超差扣 2 分			
10	*Ra*3.2 μm（4 处）	2 ×4	不合格不得分			
11	安全文明生产		违者每次倒扣 2 分，严重者倒扣 5 ~10 分			

任务拓展

试锉削加工如图 6—4—11 所示的圆弧凹凸件，其实物图如图 6—4—12 所示。圆弧凹凸件锉削评分标准见表 6—4—2。

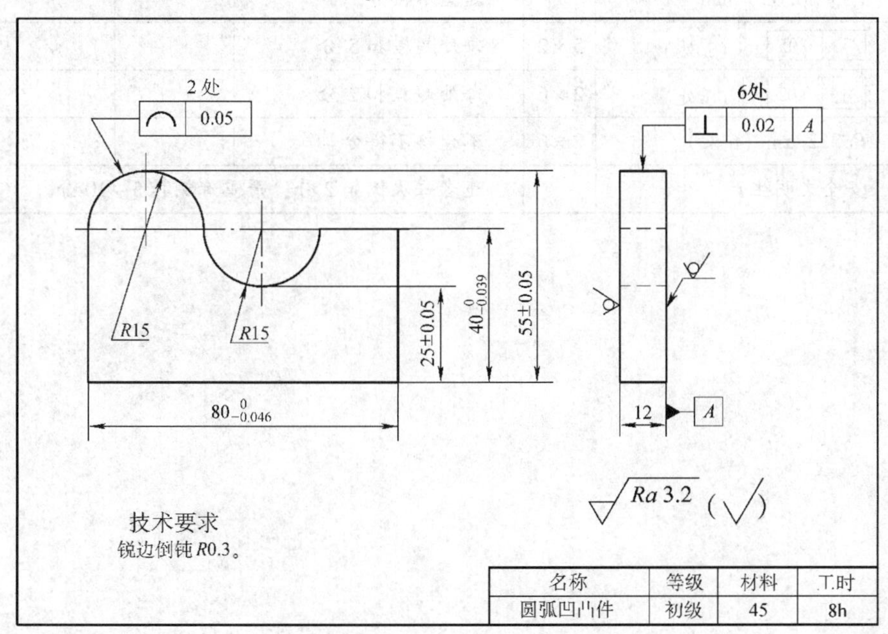

图 6—4—11　圆弧凹凸件零件图

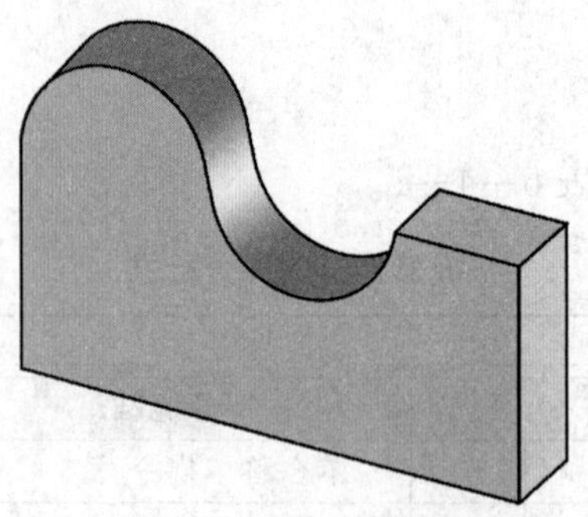

图 6—4—12 圆弧凹凸件实物图

表 6—4—2 **圆弧凹凸件锉削评分标准**

班级：＿＿＿＿＿＿ 姓名：＿＿＿＿＿＿ 学号：＿＿＿＿＿＿ 成绩：＿＿＿＿＿＿

序号	技术要求	配分	评分标准	自检记录	交检记录	得分
1	锉削姿势正确	8	不合格不得分			
2	锉削动作协调	8	不合格不得分			
3	锉削速度适当	8	不合格不得分			
4	圆弧检测方法正确	8	不合格不得分			
5	推锉时锉刀平衡	8	不合格不得分			
6	$80_{-0.046}^{0}$ mm	6	超差不得分			
7	(25 ±0.05) mm	7	超差不得分			
8	$40_{-0.039}^{0}$ mm	6	超差不得分			
9	(55 ±0.05) mm	7	超差不得分			
10	⌒ 0.05 （2 处）	5×2	每处超差扣 5 分			
11	⊥ 0.02 A （6 处）	2×6	每处超差扣 2 分			
12	*Ra*3.2 μm（6 处）	2×6	不合格不得分			
13	安全文明生产		违者每次倒扣 2 分，严重者倒扣 5～10 分			

孔和螺纹加工

任务一　U 形块的制作

工作任务

把两个以上的零件用不同的方法连接起来，首先要在零件上钻出各种不同的孔，因此，孔加工在生产中是一项很重要的工作。

U 形块零件图如图 7—1—1 所示，其实物图如图 7—1—2 所示。为完成该 U 形块

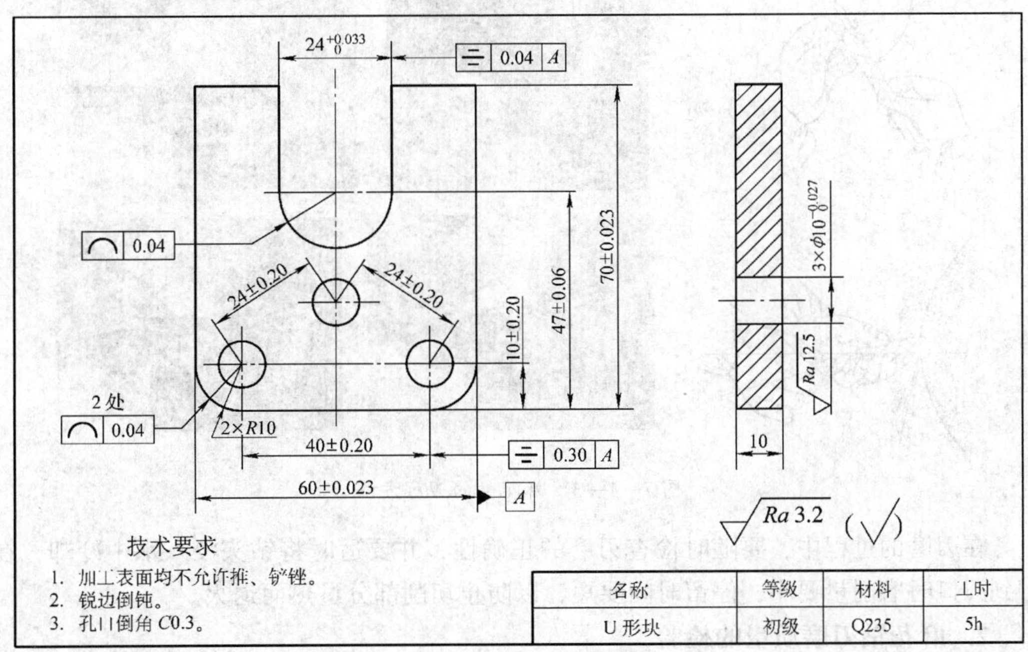

图 7—1—1　U 形块零件图

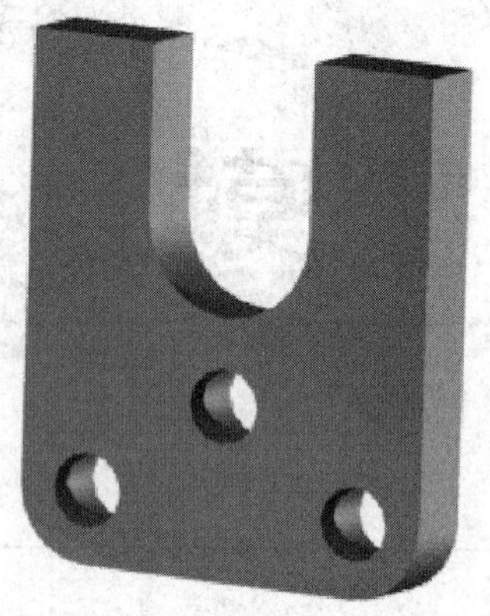
图 7—1—2　U 形块实物图

的加工，除了需完成外形的锉削加工外，还需完成 3 个 $\phi10^{+0.027}_{0}$ mm 孔的钻削加工。在孔的加工过程中必须掌握钻孔的基本方法，另外，还需掌握麻花钻的刃磨方法、工件的装夹方法等。

相关理论

1. 麻花钻的刃磨方法

为了提高加工精度，提高切削性能，降低表面粗糙度值，一般标准麻花钻都必须进行刃磨。在刃磨时多采用手工刃磨，主要刃磨两个主后面（两条主切削刃），而直径大于 5 mm 的麻花钻需磨短横刃。

麻花钻的刃磨方法如图 7—1—3 所示，刃磨时，主切削刃保持水平，钻头的轴线与砂轮圆柱母线在水平面内的夹角约等于钻头顶角 2φ 的一半。右手握住钻头的头部作为定位支点，使其绕轴线转动，使钻头整个主后面都能磨到，并对砂轮施加压力；左手握住柄部做上下弧形摆动，使钻头磨出正确的后角。刃磨时，两手动作的配合要协调、自然。由于钻头的后角在不同半径处是不等的，所以摆动角度的大小也要随后角的大小而变化。为防止在刃磨时另一刀瓣的刀尖被碰坏，一般采用前面向下的刃磨方法。

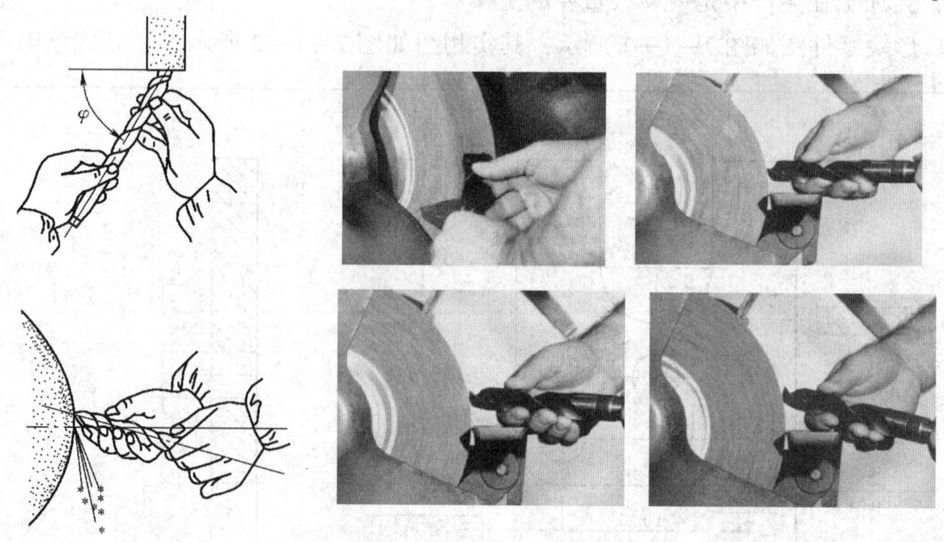

图 7—1—3　麻花钻的刃磨方法

在刃磨的过程中，要随时检查刃磨的正确性，并要适时将钻头浸入水中冷却，在磨到刃口时磨削量要小，停留时间要短，以防止切削部分过热而退火。

2. 麻花钻刃磨质量的检验

麻花钻的刃磨质量一般是通过目测、样板测量以及试切削的方法来进行检验，主要检验切削角度、主后面刃磨质量以及切削刃的一致性等，其方法如图 7—1—4 所示。检验时，用样板检测两条主切削刃是否一样长，以及检查顶角 2φ 是否正确，最后利用试切削的方法进行检验，主要看排出的切屑是否正常，以及测量所钻孔的孔径及表面粗糙度值是否合格。

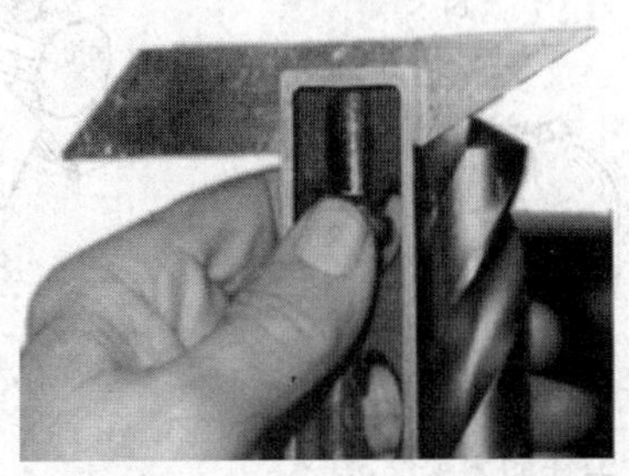

图 7—1—4　麻花钻刃磨质量的检验方法

3. 钻孔工件的划线

在工件上钻孔前，需按孔的位置尺寸要求划出十字中心线，然后打上样冲眼，样冲眼要正确、垂直，因为它直接关系到起钻的定心位置。为了便于及时检查和借正钻孔的位置，可以划出几个大小不等的检查圆。对于尺寸位置要求较高的孔，为避免样冲眼产生的偏差，可在划十字中心线的同时划出大小不等的方框，作为钻孔时的检查线，孔位置检查线如图 7—1—5 所示。

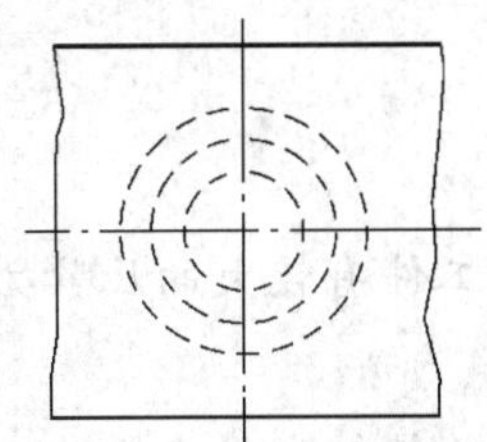
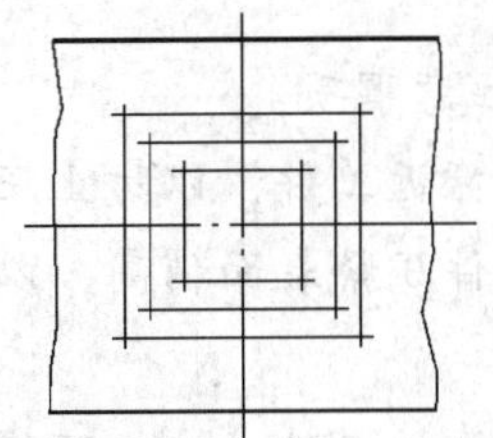

图 7—1—5　孔位置检查线

4. 工件的装夹

钻孔时，工件的装夹方法应根据钻孔直径的大小、工件形状及钻削力大小等情况来决定。一般钻削直径小于 8 mm 的孔，而工件又可用手握牢时，可用手拿住工件钻孔，但工件上锋利的边角要倒钝，当孔快要钻穿时要特别小心，进给量要小，以防止发生事故。除此之外，还可采用如图 7—1—6 所示的装夹方法来保证钻孔质量和操作安全。

(1) 手虎钳夹紧

在小型工件上钻小孔或不能用手握住工件钻孔时，必须将工件放置在定位块上，用手虎钳夹持来钻孔，如图 7—1—6a 所示。

(2) 机床用平口虎钳夹紧

当需要在表面平整的工件上钻直径超过 8 mm 的孔时，可用机床用平口虎钳来装夹，如图 7—1—6b 所示。装夹时，工件应放置在垫铁上，防止钻坏平口虎钳，工件表面与钻头要保持垂直。

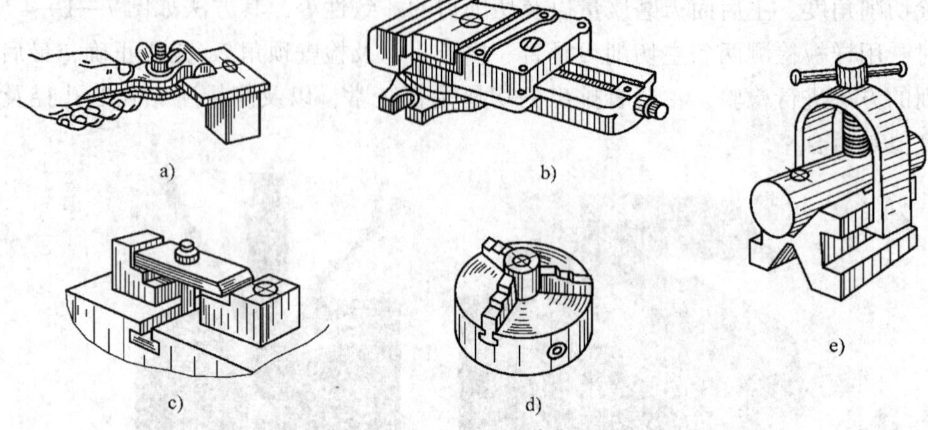

图 7—1—6　工件的装夹方法

a）手虎钳夹紧　b）机床用平口虎钳夹紧　c）压板压紧　d）三爪自定心卡盘夹紧　e）V 形架夹紧

（3）压板夹紧

钻大孔或在不便于用机床用平口虎钳夹紧的工件上钻孔时，可用压板、螺栓、垫铁直接将工件固定在钻床工作台上进行钻孔，如图 7—1—6c 所示。

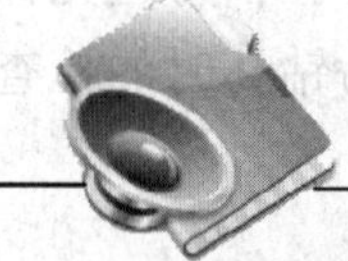

重点提示

使用压板时的注意事项：

1. 垫铁应尽量靠近工件，以防止压板变形。

2. 垫铁应比工件压紧表面稍高，以保证对工件有较大的压紧力，并且避免工件在压紧过程中移位。

3. 螺栓应尽量靠近工件，这样可使工件上获得较大的夹紧力。

4. 当压紧已加工表面时，要用衬垫进行保护，以防止压出印痕。

（4）三爪自定心卡盘夹紧

当需要在圆柱形工件的端面上钻孔时，可用三爪自定心卡盘夹紧，如图 7—1—6d 所示。

（5）V 形架夹紧

当需要在圆柱形工件上钻孔时，可用带夹紧装置的 V 形架夹紧工件，也可将工件放在 V 形架上并配以压板压牢，以防止工件在钻孔时转动，如图 7—1—6e 所示。

5. 起钻及借正的方法

钻孔时，先用钻头对准样冲眼中心钻出一浅坑，观察钻孔位置是否正确，通过不断找正，使浅坑与钻孔中心同轴。起钻偏位的找正方法如图 7—1—7 所示，若偏位较少，可在起钻的同时用力将工件向偏位的反方向推移，以达到逐步校正的目的；若偏位较多，可在校正方向打上几个样冲眼或用油槽錾錾出几条槽，以减小此处的切削阻力，达到校正目的。无论采用何种方法，都必须在浅坑外圆小于钻头直径之前完成，否则会使校正困难。

当起钻达到钻孔位置要求后，即可按要求完成钻孔。手动进给时，进给用力不应使钻头产生弯曲，以免钻孔轴线歪斜。当孔将要钻穿时，必须减小进给量，如果采用自动进给，此时最好改为手动进给，因为当钻尖将要钻穿工件材料时，轴向阻力突然减小，由于钻床进给机构的间隙和弹性变形的恢复，将使钻头以很大的进给量自动切入，以至于造成钻头折断或钻孔质量降低等现象。

6. 测量孔距找正的方法

钻削有孔距精度要求的孔时，为了保证孔距的精度要求，可以用单孔找正的方法，也可以采用如图 7—1—8 所示的测量孔距找正的方法。先按单孔加工的方法加工好一个孔，再在这个孔中按孔径要求配入圆柱销，而另一个圆柱销装夹在钻夹头上，可用游标卡尺或千分尺量出尺寸 h_1，计算出所需的中心距 h，通过不断地测量、找正，最终达到图样的加工要求。

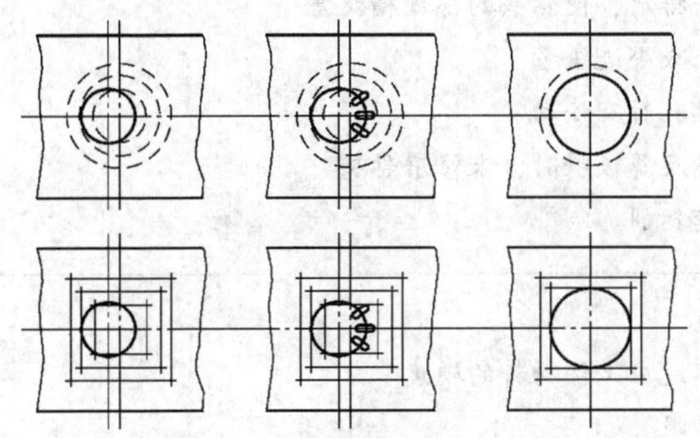

图 7—1—7 起钻偏位的找正方法

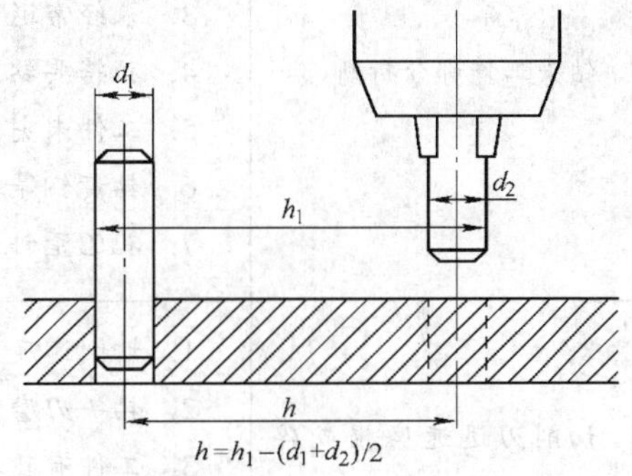

图 7—1—8 测量孔距找正的方法

7. 钻孔时常见的质量问题及产生原因

钻孔时常见的质量问题及产生原因见表 7—1—1。

表 7—1—1 钻孔时常见的质量问题及产生原因

质量问题	产生原因
孔径大于规定尺寸	1. 钻头两主切削刃长短不等，高度不一致 2. 钻头主轴有摆动现象或工作台未锁紧 3. 钻头弯曲或在钻夹头中未装好，引起摆动
孔呈多棱形	1. 钻头后角太大 2. 钻头两主切削刃长短不等，角度不对称
孔位置偏移	1. 工件划线不正确或装夹不正确 2. 样冲眼中心不准确 3. 钻头横刃太长，定心不稳 4. 起钻过偏没有纠正

续表

质量问题	产生原因
孔壁粗糙	1. 钻头不锋利 2. 进给量太大 3. 切削液选用不当或供给不足 4. 切屑堵塞螺旋槽
孔歪斜	1. 钻头与工件表面不垂直，钻床主轴与工作台台面不垂直 2. 进给量过大，造成钻头弯曲 3. 装夹工件时，接触面上的切屑等污物未及时清除 4. 工件装夹不牢，钻孔时产生歪斜，或工件有砂眼
钻头工作部分折断	1. 钻头已磨钝还在继续使用 2. 进给量太大 3. 未经常退出钻头排屑，使钻头的螺旋槽堵塞 4. 孔将要钻穿时未减小进给量 5. 工件未夹紧，钻孔时有松动 6. 钻黄铜等软金属及薄板料时，未修磨钻头 7. 孔已歪斜仍继续钻削
切削刃迅速磨损或碎裂	1. 切削速度太快 2. 钻头刃磨角度不适应工件材料的硬度 3. 工件有硬块或砂眼 4. 进给量太大 5. 切削液供给不足

任务实施

一、实习步骤

U 形块的加工步骤如图 7—1—9 所示。

1. 检查来料，并修整垂直基准。

2. 以垂直基准划出孔加工中心线以及检验线，如图 7—1—9a 所示。

3. 由于 U 形块槽形较深，这样可能会引起工件变形，因而在加工前可在需加工槽形的地方预先锯一条锯缝，以释放工件的内应力，如图 7—1—9a 所示。

4. 在钻床上加工出 3 个 $\phi 10^{+0.027}_{0}$ mm 的孔，保证孔距尺寸要求，如图 7—1—9b 所示。

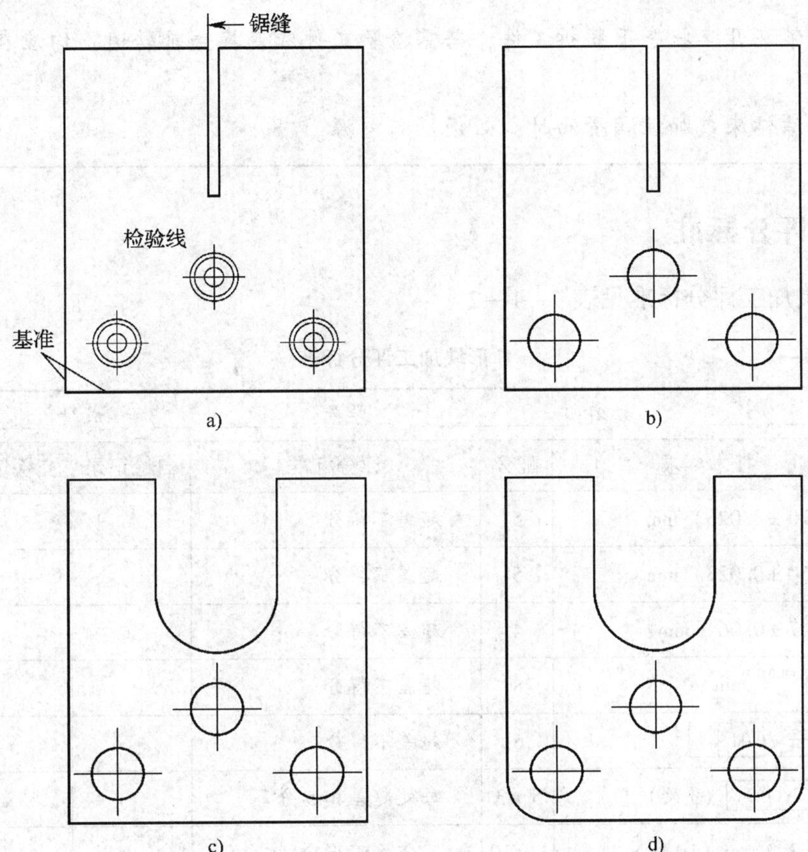

图 7—1—9 U 形块的加工步骤

5. 修整各基准，加工至如图 7—1—9c 所示的形状，保证各尺寸精度。

6. 加工 $R10$ mm 的圆弧，如图 7—1—9d 所示。

7. 锐边倒钝并去毛刺，复检各尺寸。

重点提示

钻孔时应注意以下几点：

1. 钻孔时不能戴手套，袖口应扎紧，女生应戴工作帽。手中不能拿棉纱，以免不小心被切屑钩住或被钻头缠住而发生人身事故。

2. 不准用手和棉纱清除切屑，也不能用嘴吹来清除切屑，必须用毛刷清除。对长条切屑，应用钩子钩断后再清除，且应在停车时进行。

3. 工作时，操作者的头部不得与旋转的主轴靠得太近，以免发生危险，停车时应让主轴自然停止，不可用手制动，也不能用反转制动。

4. 钻孔时工件一定要夹紧，特别是在小工件上钻较大直径的孔时，装夹必须牢固。

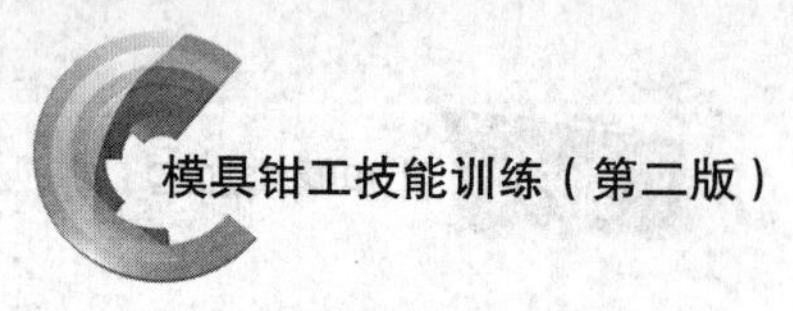

5. 严禁在开车状态下装拆工件，若需检验工件和变换主轴转速，均应在停车状态下进行。

6. 清洁钻床或加注润滑油时，必须切断电源。

二、评分标准

U 形块加工评分标准见表 7—1—2。

表 7—1—2　　　　U 形块加工评分标准

班级：＿＿＿＿　姓名：＿＿＿＿　学号：＿＿＿＿　成绩：＿＿＿＿

序号	技术要求	配分	评分标准	自检记录	交检记录	得分
1	(70 ±0.023) mm	5	超差不得分			
2	(60 ±0.023) mm	5	超差不得分			
3	(47 ±0.06) mm	4	超差不得分			
4	$24^{+0.033}_{0}$ mm	8	超差不得分			
5	⌯ 0.04 A	6	超差不得分			
6	⌒ 0.04 (3 处)	5×3	每处超差扣 5 分			
7	*Ra*3.2 μm (10 处)	1×10	不合格不得分			
8	(24 ±0.20) mm (2 处)	6×2	每处超差扣 6 分			
9	(40 ±0.20) mm	6	超差不得分			
10	(10 ±0.20) mm	6	超差不得分			
11	⌯ 0.30 A	8	超差不得分			
12	$\phi10^{+0.027}_{0}$ mm (3 处)	3×3	每处超差扣 3 分			
13	*Ra*12.5 μm (3 处)	2×3	不合格不得分			
14	安全文明生产		违者每次倒扣 2 分，严重者倒扣 5～10 分			

任务拓展

利用所学技能完成如图 7—1—10 所示镶块的加工，其实物图如图 7—1—11 所示。特别注意在孔的加工中进一步巩固麻花钻的刃磨方法及刃磨质量的检验方法，以进一步提高孔的加工质量。镶块加工评分标准见表 7—1—3。

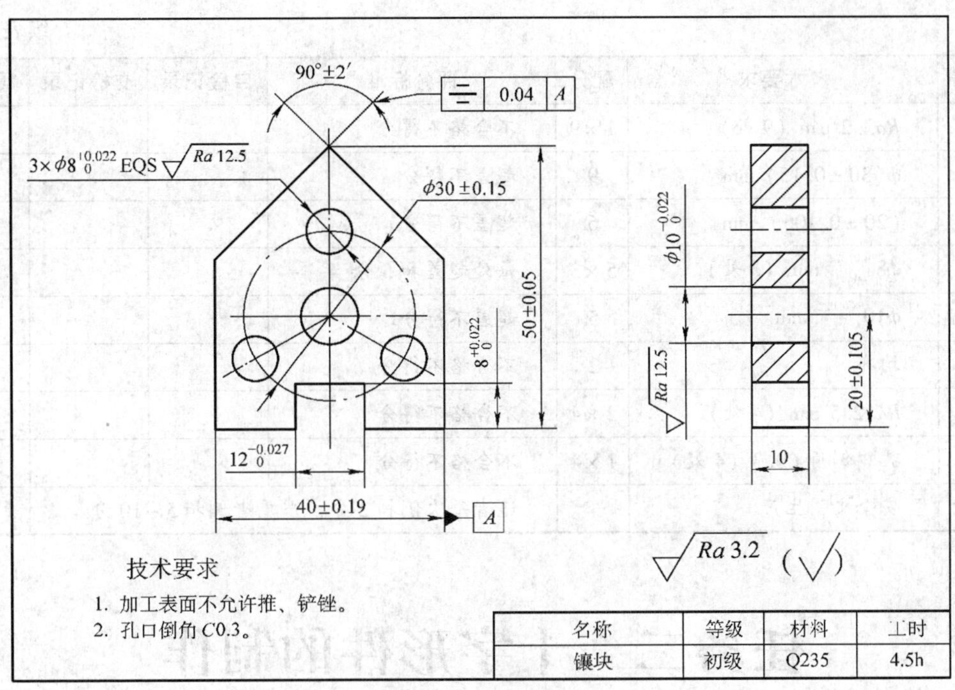

图 7—1—10 镶块零件图

图 7—1—11 镶块实物图

表 7—1—3 **镶块加工评分标准**

班级：________ 姓名：________ 学号：________ 成绩：________

序号	技术要求	配分	评分标准	自检记录	交检记录	得分
1	(40 ± 0.19) mm	8	超差不得分			
2	(50 ± 0.05) mm	6	超差不得分			
3	$12^{+0.027}_{0}$ mm	6	超差不得分			
4	$8^{+0.022}_{0}$ mm	6	超差不得分			
5	90° ± 2′	8	超差不得分			
6	⌯ 0.04 A	8	超差不得分			

续表

序号	技术要求	配分	评分标准	自检记录	交检记录	得分
7	*Ra*3.2 μm（9 处）	1×9	不合格不得分			
8	ϕ(30±0.15) mm	9	超差不得分			
9	(20±0.105) mm	6	超差不得分			
10	$\phi8^{+0.022}_{0}$ mm（3 处）	5×3	每处超差扣 5 分			
11	$\phi10^{+0.022}_{0}$ mm	5	超差不得分			
12	均布	2	不合格不得分			
13	*Ra*12.5 μm（4 处）	2×4	不合格不得分			
14	孔口倒角 *C*0.3（4 处）	1×4	不合格不得分			
15	安全文明生产		违者每次倒扣 2 分，严重者倒扣 5~10 分			

任务二　十字形件的制作

工作任务

扩孔与锪孔是模具装配中的主要工作之一，因此，作为一名模具钳工必须较好地掌握这两项基本操作技能。

十字形件零件图如图 7—2—1 所示，其实物图如图 7—2—2 所示。为完成该十字形

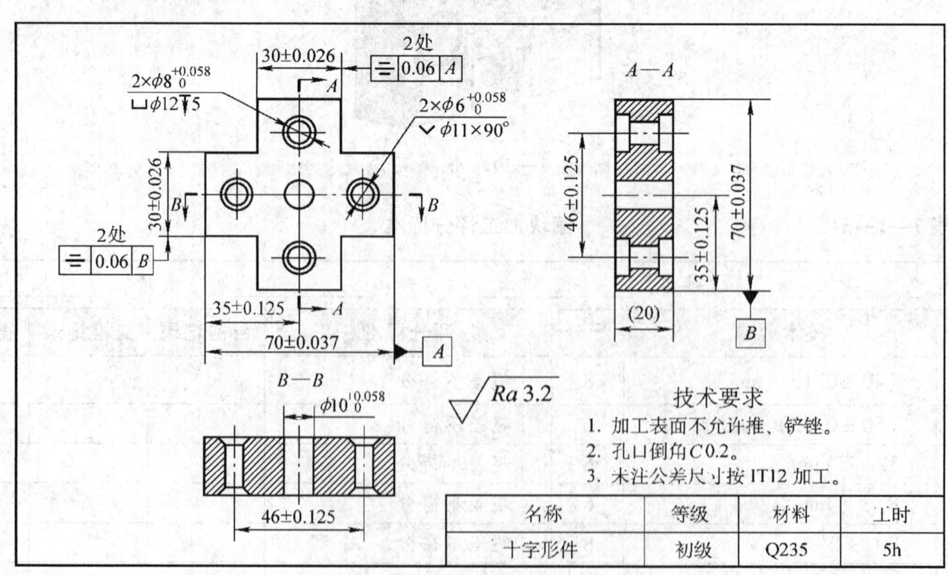

图 7—2—1　十字形件零件图

件的加工，在完成基本的锉削加工后还需完成钻孔与锪孔的加工，而通孔 $\phi10^{+0.058}_{0}$ mm、$\phi8^{+0.058}_{0}$ mm 和 $\phi6^{+0.058}_{0}$ mm 的尺寸精度及表面质量的要求较高，用普通的钻孔方法达不到要求，必须用扩孔、精钻的方法才能达到，因而要完成十字形件的加工，必须掌握扩孔、锪孔的基本方法和技巧。

图 7—2—2 十字形件

相关理论

1. 精孔的加工方法

扩孔一般作为孔的半精加工或精加工的一种加工方法，而在实际加工中往往都用经修磨后的麻花钻代替扩孔钻，特别是用修磨成的精孔钻加工出的孔的尺寸误差可在 0. 02 ~ 0. 04 mm之间，表面粗糙度值可达到 Ra6. 3 ~ 1. 6 μm。

（1）加工方法

首先钻出底孔，扩孔余量一般为扩孔尺寸的 5% ~10%，底孔钻出后，主轴与工件相对位置不动，换钻头扩至所要求的尺寸。如果孔的精度要求较高，则留有 0.5 ~ 1 mm 左右的加工余量，然后换精孔钻扩孔。这样，在加工过程中，由于切削量小，产生的热量小，工件不易变形，而且钻头磨损少，所产生的振动也小，可大大提高加工精度。

（2）改进钻头的几何角度

改进后的精孔钻的切削角度如图 7—2—3 所示。

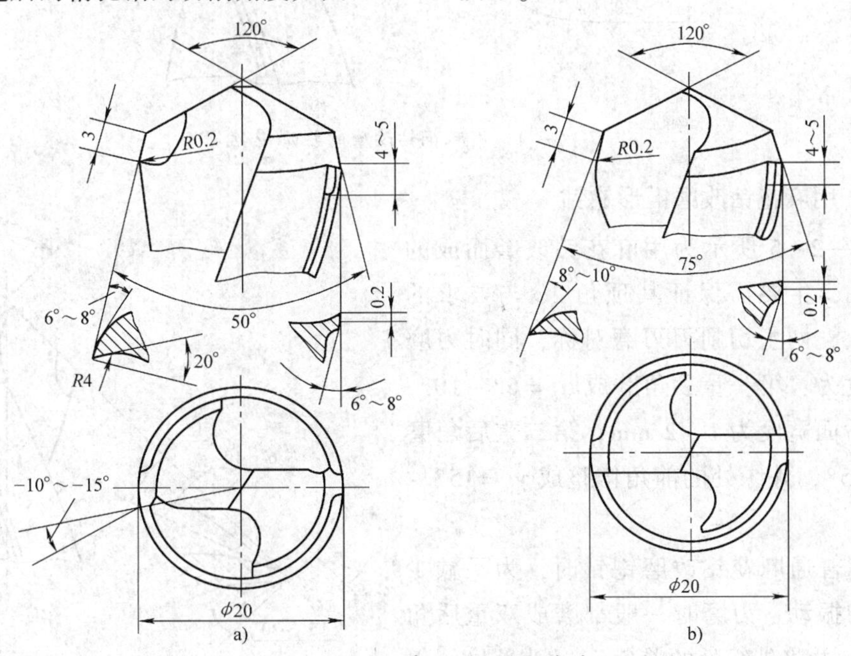

图 7—2—3 精孔钻的切削角度

a）铸铁精孔钻 b）钢材精孔钻

1）磨出第二顶角 $2\varphi_1$，使 $2\varphi_1 \leqslant 75°$。切削刃外缘处磨出 $f \approx 3 \sim 4$ mm 的斜边，外缘处夹角全部磨成 $R0.2$ mm 的过渡圆弧。

2）后角一般磨成 $\alpha_o = 6° \sim 10°$，以免产生振动。

3）将棱边磨窄，保留 0.1 ~ 0.2 mm 的宽度，或者磨出副后角 $\alpha_f = 6° \sim 8°$，以减小摩擦。

4）用油石研磨切削刃处的前、后面，使其表面粗糙度值达到 $Ra0.2$ μm。

2. 锪钻的改磨方法

标准锪钻虽然有多种规格可供选用，但一般只适用于成批大量生产，不少场合经常采用普通麻花钻改制的锪钻进行锪孔加工。

（1）用麻花钻改磨柱形锪钻

图 7—2—4 所示为用麻花钻改磨的柱形锪钻。改磨后的锪钻不带导柱，刃磨后的角度为：第一重后角磨成 $\alpha_o = 6° \sim 8°$，其对应的后面宽度为 1 ~ 2 mm；第二重后角磨成 $\alpha_1 = 15°$，外缘处的前角修整成 $\gamma_o = 15° \sim 20°$。

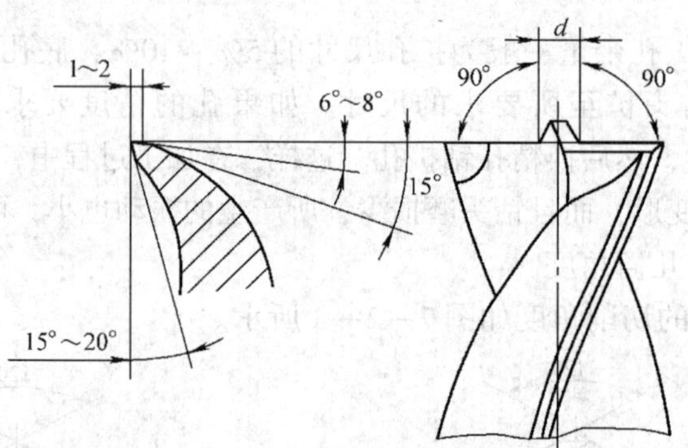

图 7—2—4　用麻花钻改磨的柱形锪钻

（2）用麻花钻改磨锥形锪钻

图 7—2—5 所示为用麻花钻改磨而成的锥形锪钻，主要需保证其顶角 2φ 与要求的锥角一致，两主切削刃刃磨对称，同时刃磨后的角度为：第一重后角磨成 $\alpha_o = 6° \sim 10°$，对应的后面宽度为 1 ~ 2 mm；第二重后角磨成 $\alpha_1 = 15°$，外缘处的前角修整成 $\gamma_o = 15° \sim 20°$。

在用普通麻花钻改磨锪钻时，为了减少切削时的振动，刃磨时一般都磨成双重后角 α_o 和 α_1，并将外缘处的前角 γ_o 适当修磨，以防止切削时产生扎刀现象。

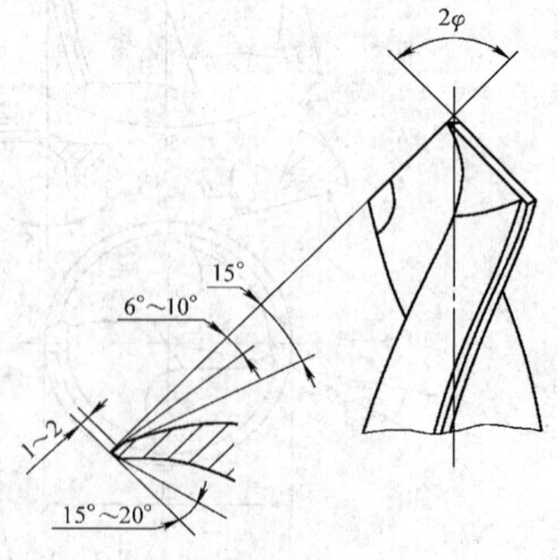

图 7—2—5　用麻花钻改磨的锥形锪钻

3. 平底孔锪孔方法

在用如图 7—2—4 所示的麻花钻改磨成的柱形锪钻锪平底孔时，要注意钻孔前必须先用等直径的标准麻花钻扩出一个台阶孔进行导向，然后再用平底锪钻锪至所要求的深度尺寸，如图 7—2—6 所示。

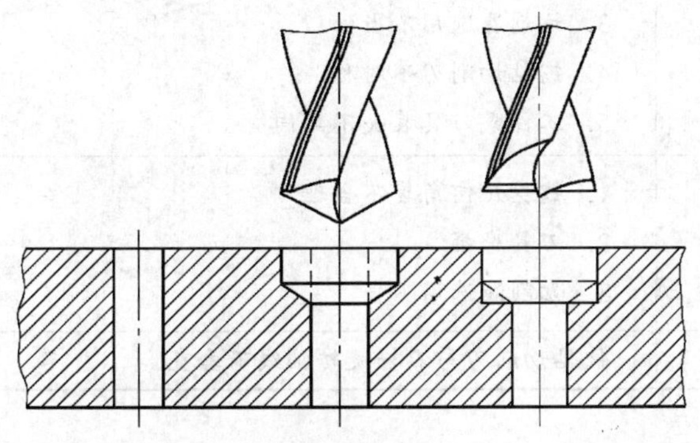

图 7—2—6 平底孔锪孔方法

4. 扩孔、锪孔时常见的质量问题及产生原因

(1) 扩孔时常见的质量问题及产生原因

在扩孔过程中，由于扩孔工具选用不当或操作疏忽，都会产生质量问题，常见的问题及产生原因见表 7—2—1。

表 7—2—1 扩孔时常见的质量问题及产生原因

质量问题	产生原因
表面粗糙	1. 刀具磨损 2. 刀具后角太大 3. 切削液润滑性能差或供给不足 4. 进给量太大
孔轴线与底平面不垂直	1. 钻床主轴与工作台台面不垂直 2. 工件底平面与工作台台面间有切屑等污物
孔呈椭圆形	1. 钻床主轴径向跳动量大 2. 工件装夹不牢固
扩孔位置偏斜或歪斜	1. 预钻孔后，工件和扩孔钻相对位置发生变化 2. 用内孔车刀扩孔时的刀杆直径太小

(2) 锪孔时常见的质量问题及产生原因

锪孔时，由于锪钻的几何角度选用不当，锪钻和工件的装夹不当，切削用量选择不当以及操作不正确等，都会产生质量问题，常见的问题及产生原因见表 7—2—2。

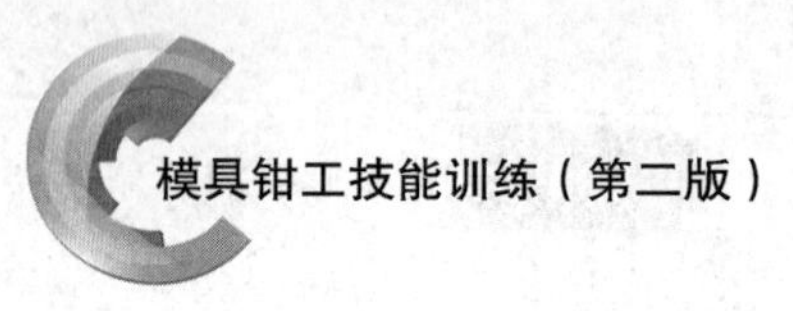

表 7—2—2　　锪孔时常见的质量问题及产生原因

质量问题	产生原因
锪孔表面呈多角形	1. 前角太大，有扎刀现象 2. 切削速度太高 3. 切削液选用不当 4. 锪钻切削刃不对称 5. 工件或刀具装夹不牢固
表面粗糙	1. 锪钻几何角度不合理 2. 刀具磨损 3. 切削液选用不当
平面呈凹凸形	锪钻切削刃与刀杆旋转轴线不垂直

任务实施

一、实习步骤

十字形件的加工步骤如图 7—2—7 所示。

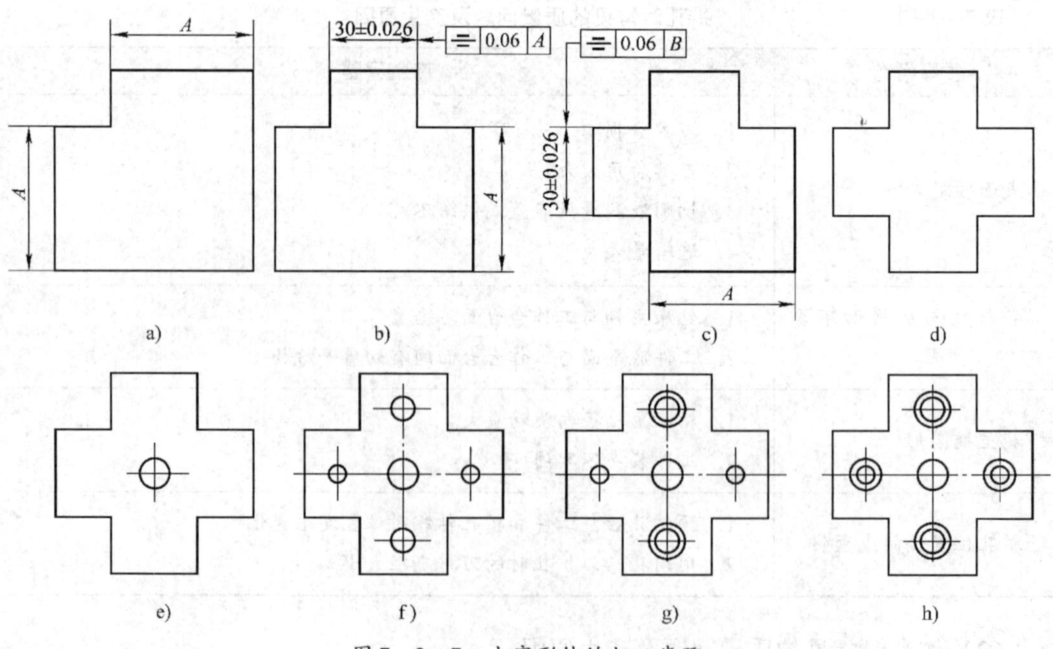

图 7—2—7　十字形件的加工步骤

1. 检查备料，并修整垂直基准。
2. 划出十字加工线，并用钢直尺或游标卡尺复查划线的正确性。

3. 按图 7—2—7a 所示的步骤加工，计算出尺寸 *A* 的公差，并保持两个数值的一致性。

4. 按图 7—2—7b 所示的步骤加工，保证尺寸 *A* 与上一步骤一致，保证尺寸（30 ± 0.026）mm 达到图样要求，并用百分表检测对称度。

5. 按以上的加工、测量方法完成十字形件轮廓的加工，如图 7—2—7c、图 7—2—7d 所示。

6. 锐边倒钝并去毛刺，划出孔的加工界线。

7. 用精加工孔的方法分别加工出 $\phi10^{+0.058}_{0}$ mm、$\phi8^{+0.058}_{0}$ mm 和 $\phi6^{+0.058}_{0}$ mm 的孔。

8. 用锪孔的方法分别锪出柱形和锥形沉头孔。

9. 锐边倒钝并去毛刺，复检各尺寸。

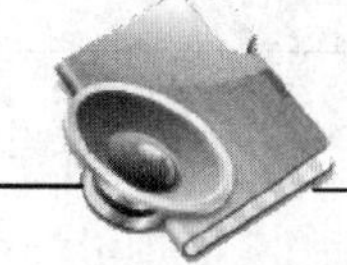

重点提示

1. 用精孔钻钻孔的注意事项

（1）选用精度比较高的钻床，特别是主轴的径向圆跳动量、端面圆跳动量应符合要求。

（2）使用较新或各部分尺寸精度接近公差要求的钻头刃磨成精孔钻。

（3）钻头的两主切削刃需尽量修磨对称，两刃的轴向摆差应控制在 0.05 mm 范围内，使两刃负荷均匀，以提高切削稳定性。

（4）预钻孔应防止产生较多的冷硬层，否则会增加钻削负荷并磨损精孔钻。

（5）钻削中要有充足的切削液。

2. 锪孔的工作要点

（1）锪孔时极易产生振动，常使锪孔表面出现多角形振纹，影响加工质量。因此，在用麻花钻改制锪钻时，应尽量选用较短的钻头，并仔细刃磨，使两主切削刃高低一致，角度对称，后角应磨小些，并用油石修光，使切削时均匀、平稳，减少振动。

（2）锪孔时应选择较低的切削速度，可先采用几种不同的速度试钻，再用效果较好的一种速度进行加工。

（3）用柱形锪钻锪孔时，要先调整好导柱与工件孔的中心位置，再将工件夹紧。调整时，可旋转主轴进行试钻，使工件自然定位后再夹紧。

（4）为保证锪孔深度，可用钻床上的深度标尺和定位螺母做好定位调整工作。

（5）锪钢件时，可在导柱和切削表面加机油润滑。

二、评分标准

十字形件加工评分标准见表 7—2—3。

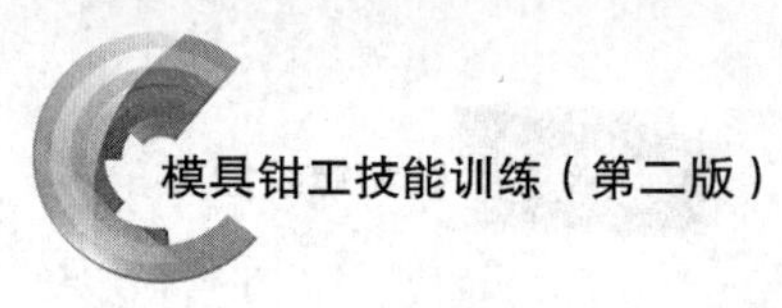

表 7—2—3　　十字形件加工评分标准

班级：______　姓名：______　学号：______　成绩：______

序号	技术要求	配分	评分标准	自检记录	交检记录	得分
1	精孔钻的刃磨	10	不合格不得分			
2	柱形锪钻的刃磨	10	不合格不得分			
3	锥形锪钻的刃磨	10	不合格不得分			
4	（70 ±0.037）mm（2 处）	2×2	每处超差扣 2 分			
5	（30 ±0.026）mm（2 处）	3×2	每处超差扣 3 分			
6	⌯ 0.06 *A*（2 处）	2×2	每处超差扣 2 分			
7	⌯ 0.06 *B*（2 处）	2×2	每处超差扣 2 分			
8	*Ra*3.2 μm（锉削，12 处）	0.5×12	不合格不得分			
9	（35 ± 0.125）mm（2 处）	2×2	每处超差扣 2 分			
10	（46 ± 0.125）mm（2 处）	3×2	每处超差扣 3 分			
11	$\phi10^{+0.058}_{0}$ mm	3	超差不得分			
12	$\phi8^{+0.058}_{0}$ mm（2 处）	2×2	每处超差扣 2 分			
13	$\phi6^{+0.058}_{0}$ mm（2 处）	2×2	每处超差扣 2 分			
14	*Ra*3.2 μm（钻孔，5 处）	1×5	不合格不得分			
15	⌴φ12 mm↧5 mm（4 处）	2×4	每处超差扣 2 分			
16	⌵φ11 mm×90°（4 处）	2×4	每处超差扣 2 分			
17	*Ra*3.2 μm（锪孔，6 处）	0.5×6	不合格不得分			
18	孔口倒角 *C*0.2（2 处）	0.5×2	不合格不得分			
19	安全文明生产		违者每次倒扣 2 分，严重者倒扣 5 ~ 10 分			

任务拓展

为进一步掌握精孔及沉头孔的加工方法，试完成如图 7—2—8 所示的 T 形件的加工，并独立刃磨精孔钻以及柱形、锥形锪孔钻。T 形件实物图如图 7—2—9 所示，其加工评分标准见表 7—2—4。

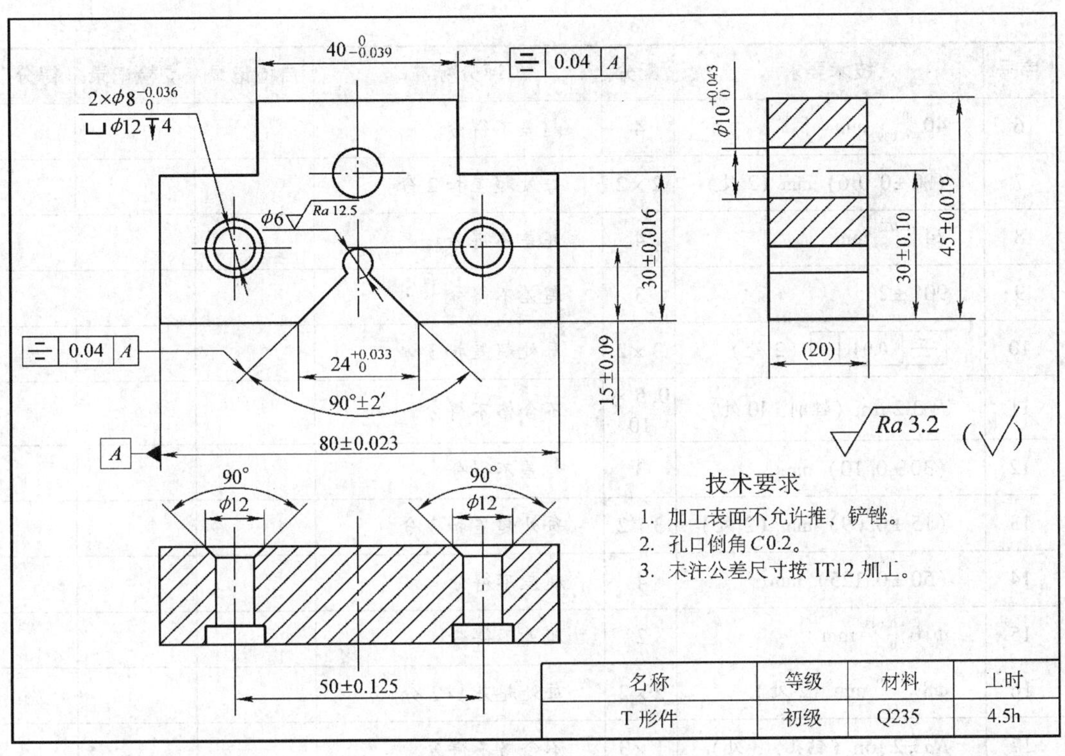

图7—2—8 T形件零件图

图7—2—9 T形件实物图

表7—2—4 **T形件加工评分标准**

班级：________ 姓名：________ 学号：________ 成绩：________

序号	技术要求	配分	评分标准	自检记录	交检记录	得分
1	精孔钻的刃磨	10	不合格不得分			
2	柱形锪钻的刃磨	10	不合格不得分			
3	锥形锪钻的刃磨	10	不合格不得分			
4	（80 ±0.023）mm	3	超差不得分			
5	（45 ±0.019）mm	3	超差不得分			

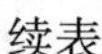

续表

序号	技术要求	配分	评分标准	自检记录	交检记录	得分
6	$40_{-0.039}^{0}$ mm	4	超差不得分			
7	(30 ±0.016) mm（2 处）	2 ×2	每处超差扣 2 分			
8	$24_{0}^{+0.033}$ mm	4	超差不得分			
9	90° ±2′	3	超差不得分			
10	⌯ 0.04 A （2 处）	3 ×2	每处超差扣 3 分			
11	*Ra*3.2 μm（锉削，10 处）	0.5 ×10	不合格不得分			
12	(30 ±0.10) mm	3	超差不得分			
13	(15 ±0.09) mm（2 处）	3 ×2	每处超差扣 3 分			
14	(50 ±0.125) mm	4	超差不得分			
15	$\phi10_{0}^{+0.043}$ mm	2	超差不得分			
16	$\phi8_{0}^{+0.036}$ mm（2 处）	2 ×2	每处超差扣 2 分			
17	*Ra*3.2 μm（钻孔，3 处）	1 ×3	不合格不得分			
18	⌴ϕ12 mm↧4 mm（4 处）	2 ×4	每处超差扣 2 分			
19	未注公差尺寸（2 处）	2 ×2	每处超差扣 2 分			
20	*Ra*3.2 μm（锪孔，6 处）	0.5 ×6	不合格不得分			
21	孔口倒角 *C*0.2（2 处）	0.5 ×2	不合格不得分			
22	安全文明生产		违者每次倒扣 2 分，严重者倒扣 5 ~ 10 分			

任务三　六角形件的制作

工作任务

在模具加工中经常需要加工一些斜孔、相交孔及异形孔，对于这些特殊孔的加工，由于工件的结构和钻孔的要求不同，其加工工艺也不相同。

如图 7—3—1 所示为六角形件零件图，其实物图如图 7—3—2 所示。为完成该六角形件的加工，除了应完成基本的锉削加工外，还需加工斜孔和相交孔，因而必须掌握好斜孔、相交孔的加工方法及技巧。

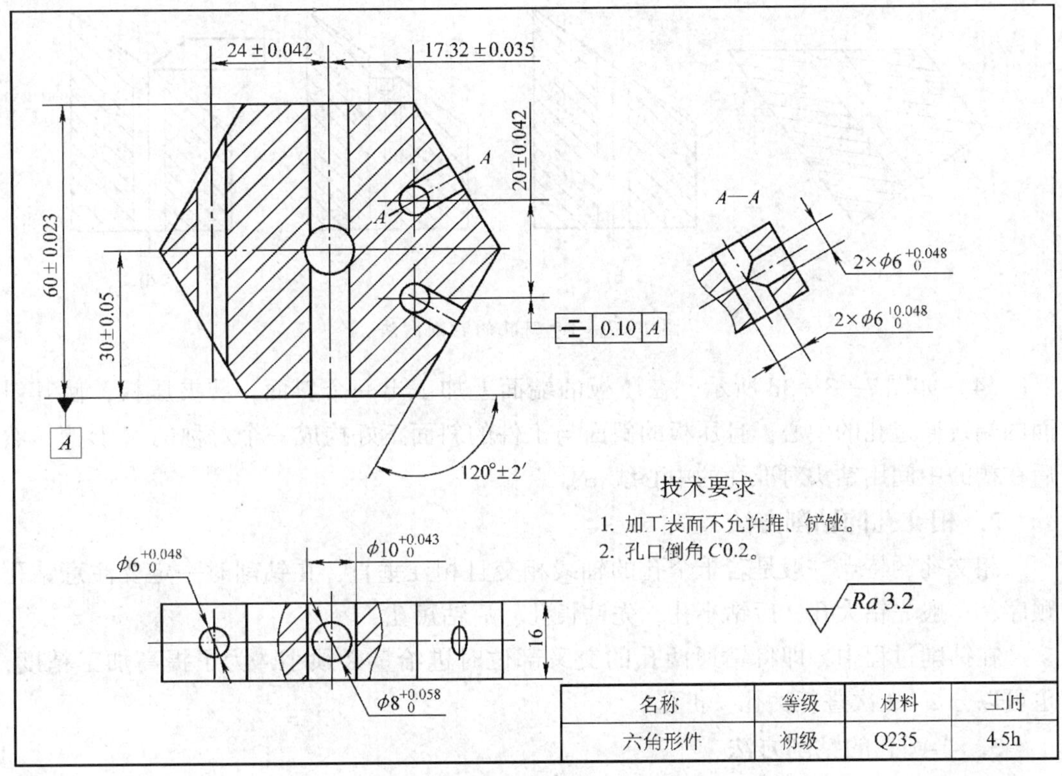

名称	等级	材料	工时
六角形件	初级	Q235	4.5h

图 7—3—1 六角形件零件图

相关理论

1. 斜孔的钻削方法

对于斜面上的孔或平面上的斜孔，其特点是孔的中心线与平面不垂直，钻头的轴线也与平面不垂直。钻孔时钻头受到斜面的作用力，使其向一侧偏移而弯曲，往往使钻头不能钻进工件甚至被折断。在实际加工中常采用如图 7—3—3 所示的几种加工方法钻斜孔。

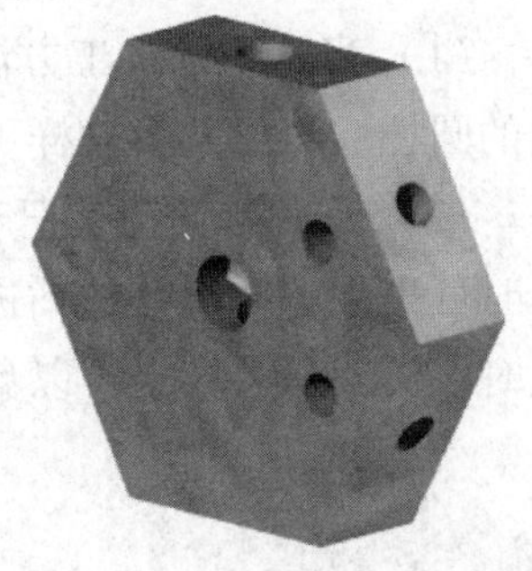

图 7—3—2 六角形件实物图

（1）如图 7—3—3a 所示，可先把斜面放置成水平面，用钻头对准孔的中心预钻一个浅孔，该孔的中心线与斜面垂直。然后将斜面放置得稍倾斜一些，浅孔又被钻深一点，这时该孔的中心线与斜面已不垂直了。然后再将斜面放置得多倾斜一些，如此循环，直至达到孔与平面的角度要求为止，最后将孔钻好。

（2）如图 7—3—3b 所示，将钻孔部位用立铣刀铣出与孔径相同的圆平台后再钻孔。

（3）如图 7—3—3c 所示，先用中心钻钻出一个小孔，由于中心钻的钻尖很短，柄部直径较大，故刚度高，钻斜孔时不易弯曲。中心孔要钻在正确的位置上，且锥孔尽量大些，再用钻头钻出位置正确的孔。

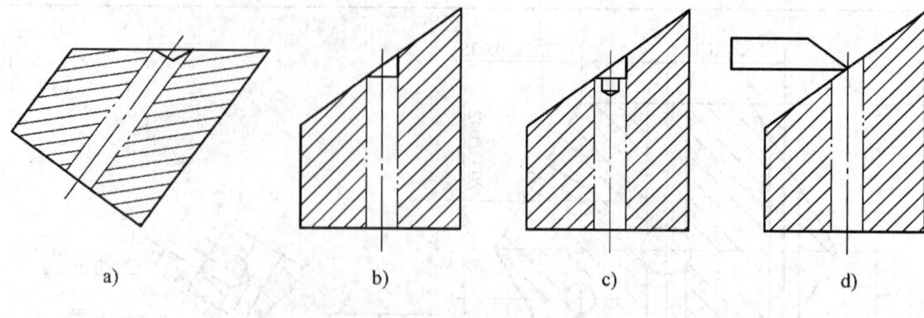

图 7—3—3 斜孔的钻削方法

（4）如图 7—3—3d 所示，在压板的端面上加工出一个斜面，装夹压板，使其斜面的端线通过孔的中心，且压板的斜面与工件的斜面正好构成一个对称的 V 形槽，然后在槽的中间用钻头对准孔的中心线钻孔。

2. 相交孔的钻削方法

相交孔的特点一般是若干个孔的轴线相交且相互垂直，在钻削时一定要注意钻孔顺序，一般先钻大孔，后钻小孔；先钻长孔，后钻短孔。

在钻削过程中，即将钻通两孔的交叉部位时进给量必须小，为了提高加工精度，也可以分 2 ~ 3 次进行钻孔、扩孔。

3. 半圆孔的钻削方法

钻削半圆孔时，由于钻头的一边受力，被迫向另一边偏斜，造成弯曲，从而产生很大的摩擦力，使钻头很快磨损，并容易折断，钻出的孔也不垂直。如孔的上半部分为整圆，下半部分为半圆时，则往往把孔的整圆刮成椭圆形，使其达不到加工质量要求。为了防止出现上述情况，钻半圆孔时可采用以下方法：

（1）半圆孔的加工方法如图 7—3—4 所示，可在已加工的孔中嵌入与工件材料相同的圆柱后再钻孔，这样可以避免把已加工的孔径刮大或使孔的轴线偏移。

（2）改磨麻花钻，把麻花钻改磨成如图 7—3—5 所示的半圆孔钻头。这样钻半圆孔时可先用普通麻花钻钻进一定的深度，再用半圆孔钻头钻孔。在采用半圆孔钻头钻孔时，进刀压力要轻，以免吃刀太多，损坏钻头。

任务实施

一、实习步骤

六角形件的加工步骤如图 7—3—6 所示。

1. 检查来料，并修整出垂直基准。

2. 划线，按钻孔→扩孔的方法加工出 $\phi10^{+0.043}_{0}$ mm 的孔，如图 7—3—6a、图 7—3—6b 所示。

3．以 $\phi10^{+0.043}_{0}$ mm 的孔为加工基准，分别加工出六边形的各边，并保证尺寸要求及角度要求，如图 7—3—6c、图 7—3—6d 所示。

4．按加工斜孔的方法加工出斜孔，如图 7—3—6e 所示。

5．按加工相交孔的方法分别钻出其余的孔，如图 7—3—6f、图 7—3—6g、图 7—3—6h 所示。

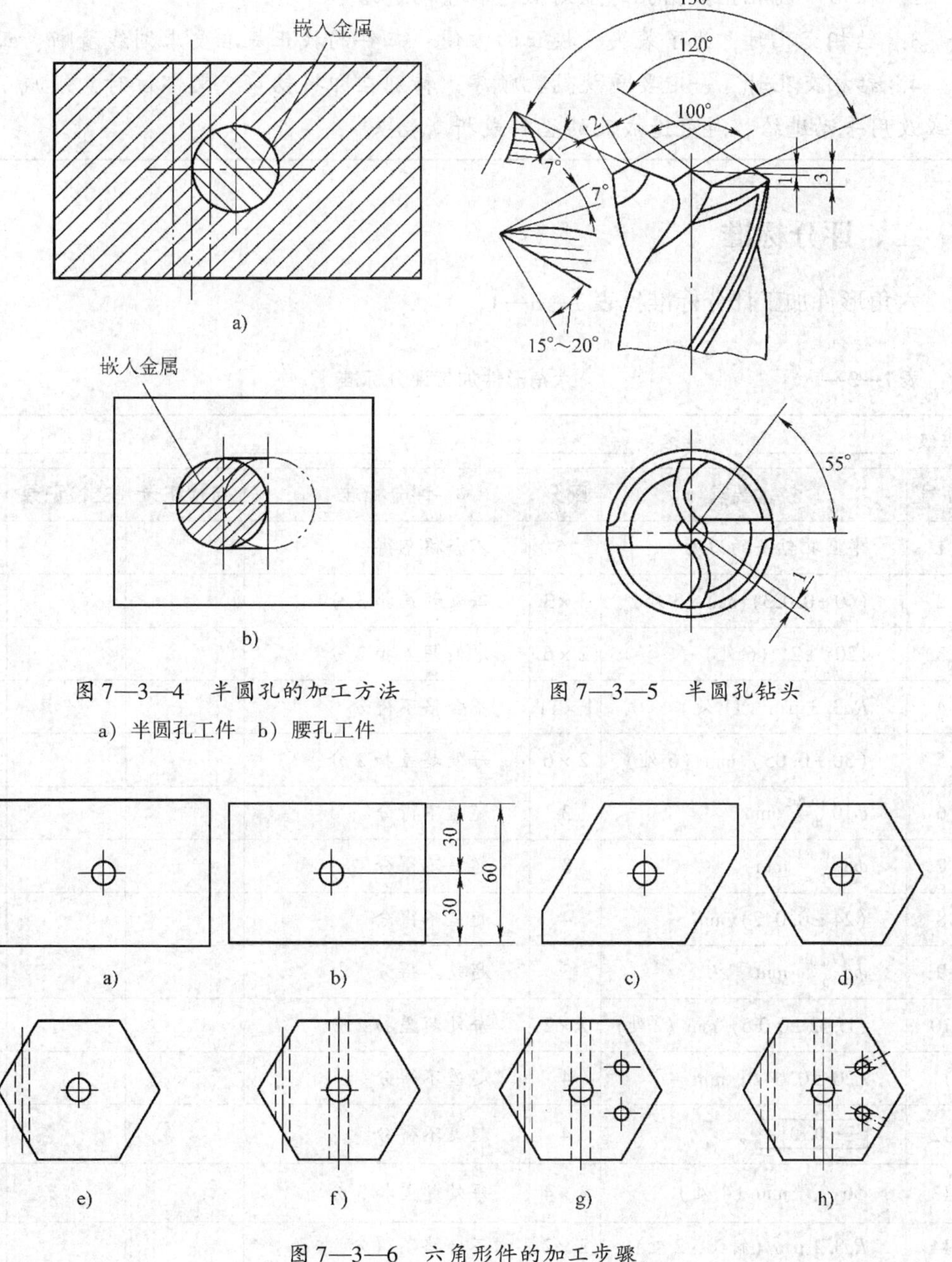

图 7—3—4 半圆孔的加工方法

a）半圆孔工件 b）腰孔工件

图 7—3—5 半圆孔钻头

图 7—3—6 六角形件的加工步骤

重点提示

1. 在斜面上钻孔时，刚开始时尽量用较短的钻头，同时钻头在钻夹头中的伸出部分要尽量短，以保证钻头的刚度。

2. 在用半圆孔钻头钻孔时应用低速和手动进给。

3. 钻相交孔时，为了装夹、校正的方便，工件的找正基准要求划线清晰、正确。

4. 钻相交孔时，一定要重视钻孔顺序。特别在即将钻穿交叉部位时，须减小进给量或改用手动进给，避免造成孔的歪斜或折断钻头。

二、评分标准

六角形件加工评分标准见表7—3—1。

表7—3—1　　六角形件加工评分标准

班级：________　姓名：________　学号：________　成绩：________

序号	技术要求	配分	评分标准	自检记录	交检记录	得分
1	半圆孔钻头的刃磨	15	不合格不得分			
2	(60 ±0.023) mm (3处)	3×3	每处超差扣3分			
3	120° ±2′ (6处)	2×6	每处超差扣2分			
4	Ra3.2 μm (11处)	1×11	不合格不得分			
5	(30 ±0.05) mm (6处)	2×6	每处超差扣2分			
6	$\phi10^{+0.043}_{0}$ mm	3	超差不得分			
7	$\phi8^{+0.058}_{0}$ mm	3	超差不得分			
8	(24 ±0.042) mm	4	超差不得分			
9	$\phi6^{+0.048}_{0}$ mm	3	超差不得分			
10	(17.32 ±0.035) mm (2处)	2×2	每处超差扣2分			
11	(20 ±0.042) mm	4	超差不得分			
12	⌯ 0.10 A	4	超差不得分			
13	$\phi6^{+0.048}_{0}$ mm (4处)	3×4	每处超差扣3分			
14	Ra3.2 μm (斜孔，2处)	2×2	不合格不得分			
15	安全文明生产		违者每次倒扣2分，严重者倒扣5~10分			

任务拓展

斜T形件零件图如图7—3—7所示，其实物图如图7—3—8所示，为了进一步掌握特殊孔的加工方法，利用所学的加工技能完成斜T形件的加工。斜T形件加工评分标准见表7—3—2。

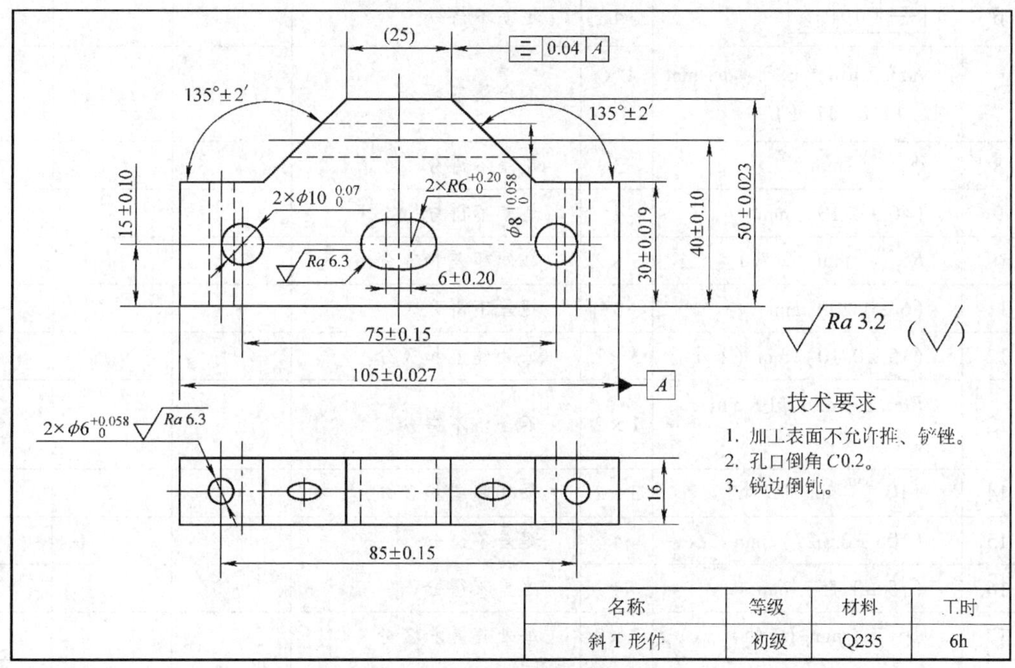

图7—3—7 斜T形件零件图

图7—3—8 斜T形件实物图

表7—3—2 斜T形件加工评分标准

班级：______ 姓名：______ 学号：______ 成绩：______

序号	技术要求	配分	评分标准	自检记录	交检记录	得分
1	半圆孔钻头的刃磨	15	不合格不得分			
2	(105±0.027) mm	3	超差不得分			

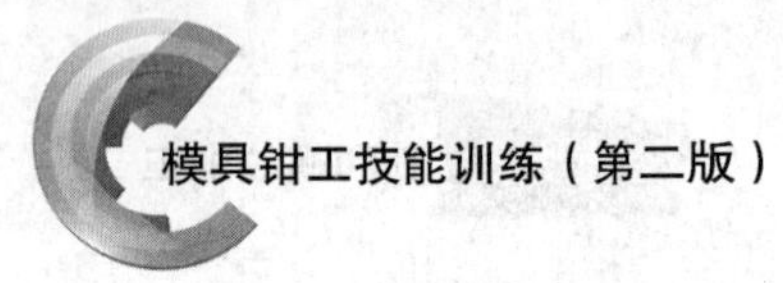

续表

序号	技术要求	配分	评分标准	自检记录	交检记录	得分
3	(50 ±0.023) mm	3	超差不得分			
4	(30 ±0.019) mm (2 处)	2×2	每处超差扣 2 分			
5	135° ±2′ (2 处)	3×2	每处超差扣 3 分			
6	⌯ 0.04 A	4	超差不得分			
7	*Ra*3.2 μm（锉削、ϕ8 mm 孔、腰孔，11 处）	1×11	不合格不得分			
8	$\phi8^{+0.058}_{0}$ mm	3	超差不得分			
9	(40 ±0.10) mm	4	超差不得分			
10	$R6^{+0.20}_{0}$ mm (2 处)	3×2	每处超差扣 3 分			
11	(6 ±0.20) mm	3	超差不得分			
12	(15 ±0.10) mm (2 处)	3×2	每处超差扣 3 分			
13	*Ra*6.3 μm（ϕ10 mm 孔，2 处）	1×2	不合格不得分			
14	$\phi10^{+0.07}_{0}$ mm (2 处)	3×2	每处超差扣 3 分			
15	(105 ±0.027) mm	4	超差不得分			
16	(75 ±0.15) mm	4	超差不得分			
17	$\phi6^{+0.058}_{0}$ mm (2 处)	3×2	每处超差扣 3 分			
18	(85 ±0.15) mm	4	超差不得分			
19	*Ra*6.3 μm（ϕ6 mm 孔，2 处）	2×2	不合格不得分			
20	孔口倒角 *C*0.2	2	不合格不得分			
21	安全文明生产		违者每次倒扣 2 分，严重者倒扣 5 ~ 10 分			

任务四　L 形件的制作

工作任务

铰孔是用铰刀对孔进行精加工的一种操作方法，由于铰刀的刀齿数量多，切削余量少，导向性好，因此切削阻力小，加工精度高，一般可达到 IT7 ~ IT9 级，表面粗糙度值可达到 *Ra*3.2 ~ 0.8 μm，甚至更小。

L 形件零件图如图 7—4—1 所示，其实物图如图 7—4—2 所示。在该 L 形件的加工过程中，孔径及表面质量要求较高，像这样精度要求的孔，一般按钻孔→扩孔→粗铰→精铰的工艺加工，而最终的精度取决于铰孔的质量，所以，要完成 L 形件的加工，必须较好地掌握铰孔的基本方法及铰刀的修磨方法。

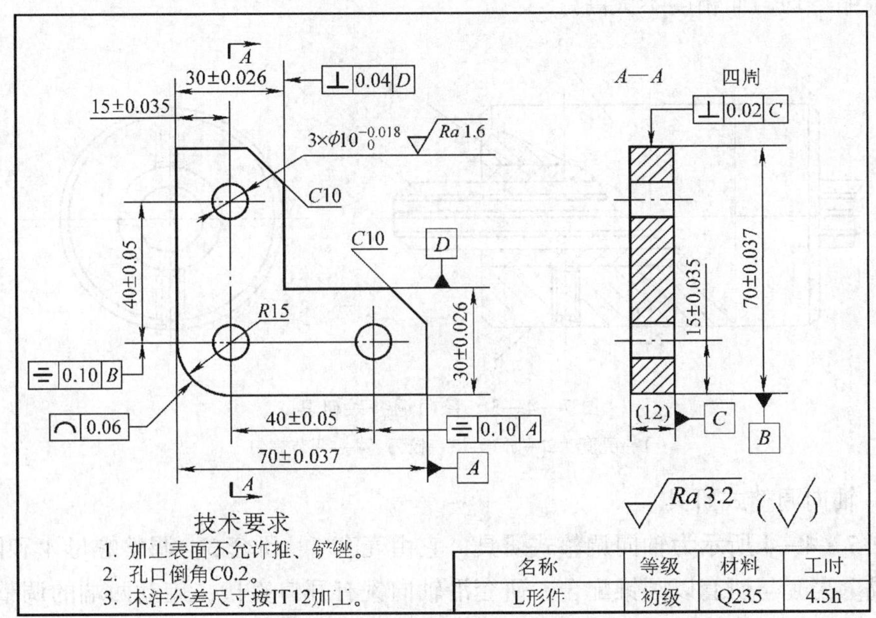

名称	等级	材料	工时
L形件	初级	Q235	4.5h

图 7—4—1　L 形件零件图

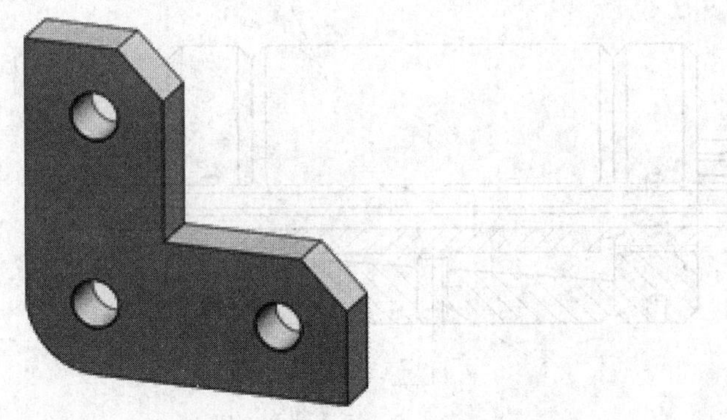

图 7—4—2　L 形件实物图

相关理论

1. 铰刀的研磨

新铰刀直径上留有研磨余量，且棱边的表面粗糙度值也较高，所以要铰公差等级为 IT8 级以上的孔时，所用铰刀在使用前应根据工件的扩胀量或收缩量进行研磨。研磨铰刀的研具有以下几种：

（1）径向调整式研具

如图7—4—3所示为径向调整式研具，它由壳套1、研套2和调节螺钉4组成。研套的孔径尺寸由精镗而成或用待研的铰刀铰出，在研套上加工出开口斜槽，通过调节螺钉使研套产生弹性变形而与铰刀的圆柱刃带轻微接触。这种研具制造方便，但研套孔径因胀缩不均匀而精度不太高。

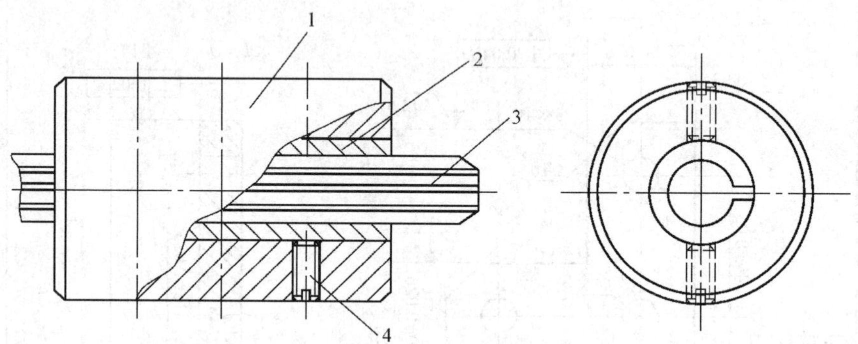

图7—4—3 径向调整式研具

1—壳套 2—研套 3—铰刀 4—调节螺钉

（2）轴向调整式研具

如图7—4—4所示为轴向调整式研具，它由壳套1、研套3、调整螺母4和限位螺钉5组成。壳套与研套以圆锥配合。研套沿轴向铣有开口直槽，旋动两端的调整螺母，使研套在限位螺钉的控制下做轴向移动，研套孔径得到调整。

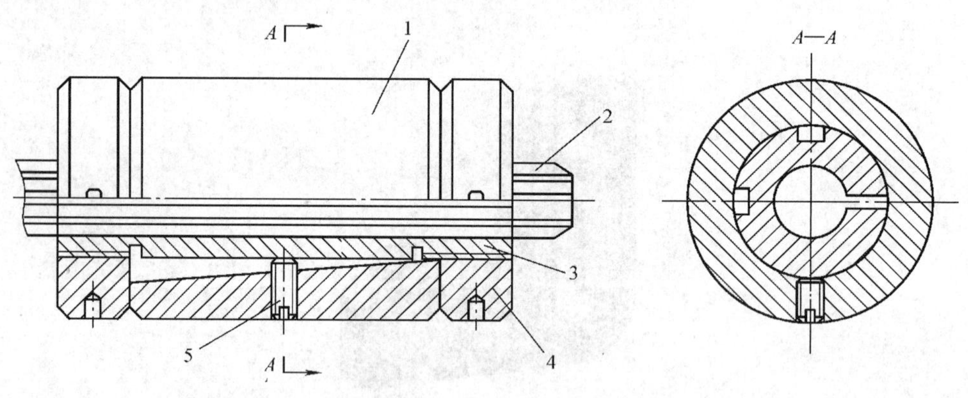

图7—4—4 轴向调整式研具

1—壳套 2—铰刀 3—研套 4—调整螺母 5—限位螺钉

（3）整体式研具

如图7—4—5所示的整体式研具是在研具上钻一个孔，孔径尺寸用待研的铰刀铰出。这种研具制造方便，但没有调整量，只适用于单件生产时研磨铰刀。研具的材料常用铸铁。

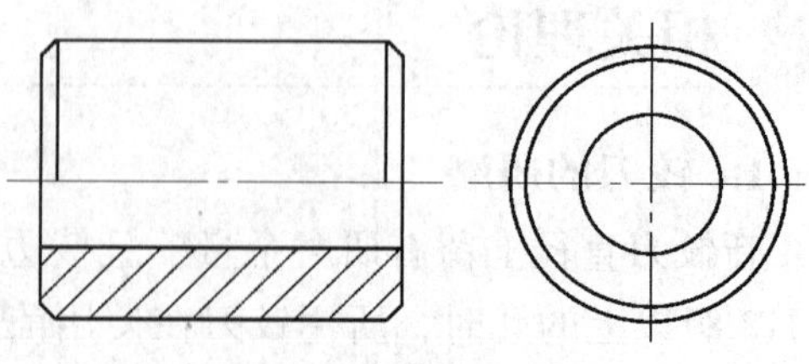
图7—4—5 整体式研具

研磨时用的研磨剂可参考模块九研磨与抛光。无论采用哪种研具，研磨方法都相同。研磨时铰刀由机床带动旋转，旋转方向要与铰削方向相反，机床转速一般以 40 ~ 60 r/min 为宜。研具套在铰刀的工作部分上，研套的尺寸调整到能在铰刀上自由滑动为宜。研磨时，用手握住研具做轴向均匀的往复移动，研磨剂要放置均匀，及时清除铰刀沟槽中的研垢，并重新换上研磨剂再研磨，随时检查铰刀的研磨质量。

为了获得理想的铰孔质量，还需要及时用油石对铰刀的切削刃和刀面进行研磨，特别是铰刀使用中磨损最严重的地方（切削部分与校准部分的过渡处），需要用油石仔细地将该处的尖角修磨成圆弧形的过渡刃。铰削过程中，若发现铰刀刃口有毛刺或积屑瘤，要及时用油石将其小心地修磨掉。

当铰刀棱边宽度较宽时，可用油石贴着铰刀的后面，并与棱边倾斜 1°，沿与切削刃垂直的方向轻轻推动，将棱边磨出 1°左右的小斜面。

2．铰削用量的确定

铰削用量包括铰削余量、机铰时的切削速度和进给量。合理选择铰削用量，对铰孔过程中的摩擦、切削力、切削热、铰孔的质量及铰刀的寿命有直接的影响。

（1）铰削余量

选择铰削余量时，应考虑到工件孔径的大小、材料的软硬、表面粗糙度、铰刀的类型等因素。一般铰削余量的选用可参考表 7—4—1。此外，铰削余量还与上道工序的加工质量有直接关系，因此还要考虑铰孔的工艺过程。一般铰孔的工艺过程是：钻孔→扩孔→铰孔。对于 IT8 级以上精度、表面粗糙度值小于 $Ra1.6$ μm 的孔，其工艺过程是：钻孔→扩孔→粗铰→精铰。

表 7—4—1　　铰削余量的选用　　mm

铰孔直径	<5	5 ~ 20	21 ~ 32	33 ~ 50	51 ~ 70
铰削余量	0.1 ~ 0.2	0.2 ~ 0.3	0.3	0.5	0.8

（2）机铰时的切削速度和进给量

机铰时的切削速度和进给量要选择适当。若选得过大，铰刀容易磨损，也容易产生积屑瘤而影响加工质量；若选得过小，则切削厚度过小，反而很难切下材料，对加工表面产生挤压，使其产生塑性变形和表面硬化，最后形成刀刃撕去大片切屑的现象，增大了表面粗糙度值，也加速了铰刀的磨损。

当被加工材料为铸铁时，切削速度不大于 10 mm/min，进给量约为 0.8 mm/r。

当被加工材料为钢时，切削速度不大于 8 mm/min，进给量约为 0.4 mm/r。

3．切削液的选用

铰削时的切屑一般都很细碎，容易黏附在刀刃上，甚至夹在孔壁与铰刀校准部分的棱边之间，将已加工的表面拉伤、刮毛，使孔径扩大。另外，铰削时产生的热量较多，散热困难，会引起工件和铰刀的变形和磨损，影响铰削质量，缩短铰刀寿命。为了及时清除切屑，降低切削温度，必须合理使用切削液。铰孔时切削液的选择见表7—4—2。

表 7—4—2　　铰孔时切削液的选择

工件材料	切削液
钢	1. 10% ~20% 的乳化液 2. 孔的精度要求较高时，采用 30% 的菜油 +70% 的肥皂水 3. 孔的精度要求更高时，可用菜油、柴油、猪油等
铸铁	1. 不用 2. 煤油，但会引起孔径缩小，缩小量最大达 0.04 mm 3. 3% ~5% 低浓度的乳化液
铜	5% ~8% 低浓度的乳化液
铝	煤油、松节油

4. 用手用铰刀铰孔的方法

用手用铰刀铰孔的方法如图 7—4—6 所示。

a）

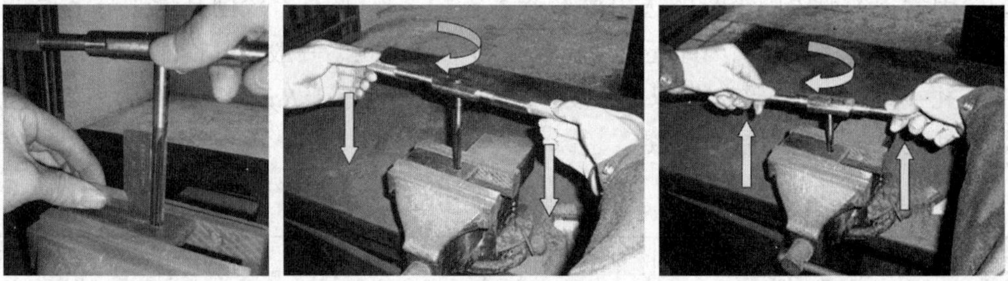

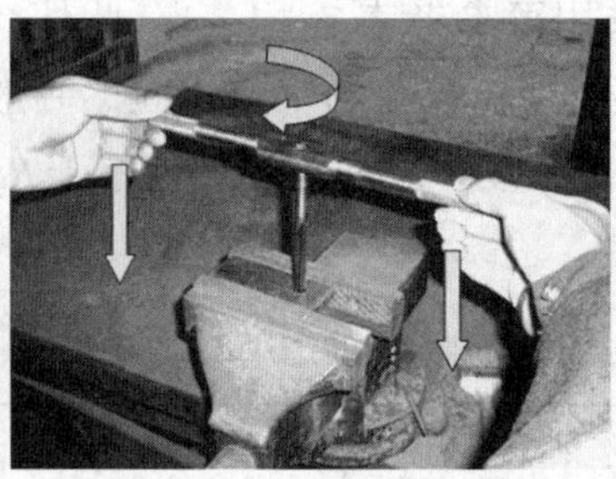
b）

c）

图 7—4—6　用手用铰刀铰孔的方法

（1）工件要夹正、夹紧，尽可能使被铰孔的轴线处于水平或垂直位置。对薄壁零件，夹紧力不要过大，防止将孔夹扁，使工件铰孔后产生变形，如图 7—4—6a 所示。

（2）手工铰孔过程中，两手用力要平衡、均匀，防止铰刀偏摆，避免孔口处出现喇叭口或将孔径扩大。

（3）铰削进给时不能猛力压铰杠，应一边旋转，一边轻轻加压，使铰刀缓慢、均匀地进给，保证获得较小的表面粗糙度值，如图 7—4—6b 所示。

（4）铰削过程中，要注意变换铰刀每次停歇的位置，避免在同一处停歇而产生振痕。

（5）铰刀不能反转，退出时也要顺转，否则会使切屑卡在孔壁和后面之间，将孔壁拉毛，也容易磨损铰刀，甚至崩刃，如图 7—4—6c 所示。

（6）铰削钢料时，切屑碎末易黏附在刀齿上，应注意经常退刀清除切屑，并添加切削液。

（7）铰削过程中，如发现铰刀被卡住，不能猛力扳转铰杠，以防止铰刀崩刃或折断，而应及时取出铰刀，清除切屑并检查铰刀。继续铰削时要缓慢进给，防止在原处再次被卡住。

5. 用机用铰刀铰孔的注意事项

使用机用铰刀铰孔时，除注意手工铰孔时的各项要求外，还应注意以下几点：

（1）选择合适的铰削余量、切削速度和进给量。

（2）必须保证钻床主轴、铰刀和工件孔三者之间的同轴度要求。对于精度要求较高的孔，必要时要采用浮动铰刀夹头来装夹铰刀。

（3）开始铰削时先采用手动进给，正常切削后改用自动进给。

（4）铰不通孔时，应经常退刀清除切屑，防止切屑拉伤孔壁；铰通孔时，铰刀校准部分不能全部出头，以免将孔口处刮坏，退刀时困难。

（5）在铰削过程中必须注入足够的切削液，以清除切屑，降低切削温度。

（6）铰孔完毕，应先退出铰刀再停车，否则会在孔壁拉出刀痕。

6. 铰孔时常见的质量问题及产生原因

铰孔时，如果铰刀质量不好、铰削用量选择不当、切削液使用不当、操作疏忽等都会产生质量问题，常见的问题及产生原因见表7—4—3。

表7—4—3　　铰孔时常见的质量问题及产生原因

质量问题	产生原因
表面粗糙度达不到要求	1. 铰刀刃口不锋利或有崩刃处，铰刀切削部分和校准部分粗糙 2. 切削刃上黏附有积屑瘤，或容屑槽内切屑黏结过多未清除 3. 铰削余量太大或太小 4. 铰刀退出时反转 5. 切削液不充足或选择不当 6. 手工铰孔时，铰刀旋转不平稳 7. 铰刀偏摆过大
孔径扩大	1. 手工铰孔时，铰刀偏摆过大 2. 机铰时，铰刀轴线与工件孔的轴线不重合 3. 铰刀未研磨，直径不符合要求 4. 进给量和铰削余量太大 5. 切削速度太高，使铰刀温度上升，直径增大
孔径缩小	1. 铰刀磨损后尺寸变小，但仍继续使用 2. 铰削余量太大，引起孔弹性复原而使孔径缩小 3. 铰削铸铁时加了煤油

续表

质量问题	产生原因
孔呈多棱形	1. 铰削余量太大且铰刀切削刃不锋利，使铰削发生"啃切"现象，产生振动而引起多棱形 2. 孔钻得不圆，使铰孔时铰刀发生弹跳现象 3. 机铰时钻床主轴振摆太大
孔轴线不直	1. 预钻孔的孔壁不直，铰削时未能使原有弯曲度得以纠正 2. 铰刀切削锥角太大，导向不良，使铰削方向发生偏斜 3. 手工铰孔时两手用力不均匀

任务实施

一、实习步骤

L 形件的加工步骤如图 7—4—7 所示。

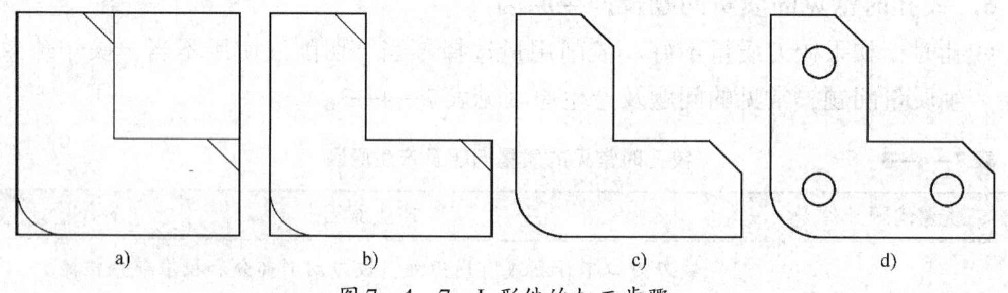

图 7—4—7　L 形件的加工步骤

1. 检查来料，并修整垂直基准。

2. 以修整的垂直基准作为划线基准，划出加工界线，如图 7—4—7a 所示。

3. 加工到如图 7—4—7b 所示，保证尺寸（70 ± 0.037）mm 和（30 ± 0.026）mm 符合图样要求。

4. 加工到如图 7—4—7c 所示，保证 $C10$ 和 $R15$ mm 符合图样要求。

5. 划出 3 个孔的加工线，每个孔的加工工步见表 7—4—4，按其要求加工孔。

表 7—4—4　孔加工工步

工步	刀具	规格	精度	备注
钻孔	麻花钻	$\phi5 \sim \phi7$ mm		
扩孔	麻花钻	$\phi9.7 \sim \phi9.8$ mm		
粗铰	铰刀	$\phi10$ mm		旧铰刀
精铰	铰刀	$\phi10$ mm	H7	

6. 孔口倒角。

7. 锐边倒钝并去毛刺，复检各尺寸。

重点提示

1. 铰刀是精加工工具，要保护好刃口，避免碰撞，刀刃上如有毛刺或黏附有切屑时，可用油石小心地磨去。

2. 铰刀排屑功能差，须经常取出清屑。

3. 铰定位圆锥销孔时，因锥度小，有自锁性，其进给量不能太大，以免将铰刀卡死或折断。

二、评分标准

L形件加工评分标准见表7—4—5。

表7—4—5　　L形件加工评分标准

班级：________ 姓名：________ 学号：________ 成绩：________

序号	技术要求	配分	评分标准	自检记录	交检记录	得分
1	铰刀的研磨	10	不合格不得分			
2	(70 ±0.037) mm (2处)	4×2	每处超差扣4分			
3	(30 ±0.026) mm (2处)	5×2	每处超差扣5分			
4	*C*10 (2处)	2×2	每处超差扣2分			
5	⊥ 0.04 *D*	5	超差不得分			
6	⊥ 0.02 *C* (9处)	0.5×9	每处超差扣0.5分			
7	⌒ 0.06	5	超差不得分			
8	*Ra*3.2 μm (9处)	0.5×9	不合格不得分			
9	(40 ±0.05) mm (2处)	5×2	每处超差扣5分			
10	(15 ±0.035) mm (4处)	3×4	每处超差扣3分			
11	$\phi10^{+0.018}_{0}$ mm (3处)	3×3	每处超差扣3分			
12	⌯ 0.10 *A*	3	超差不得分			
13	⌯ 0.10 *B*	3	超差不得分			
14	*Ra*1.6 μm (3处)	2×3	不合格不得分			
15	孔口倒角 *C*0.2 (6处)	1×6	不合格不得分			
16	安全文明生产		违者每次倒扣2分，严重者倒扣5~10分			

任务拓展

等分定位块零件图如图 7—4—8 所示，其实物图如图 7—4—9 所示，通过加工该工件，进一步掌握铰刀的修磨方法以及孔的精加工方法。等分定位块加工评分标准见表 7—4—6。

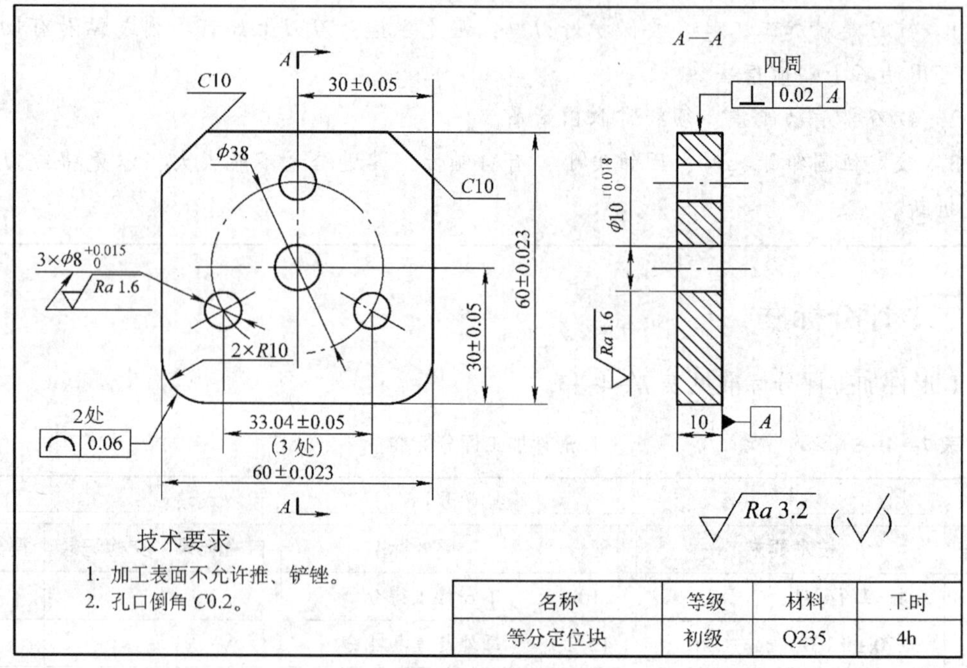

图 7—4—8　等分定位块零件图

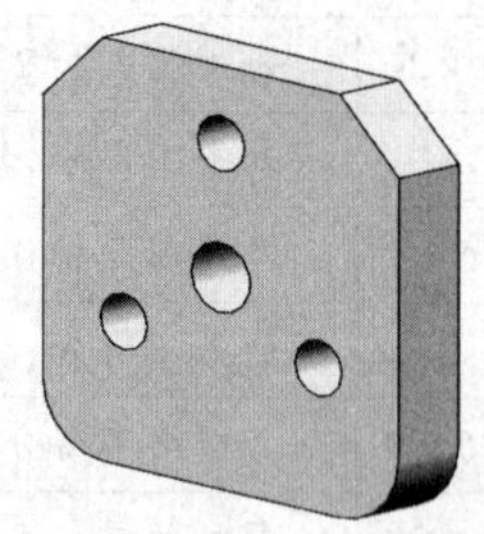

图 7—4—9　等分定位块实物图

表 7—4—6　　**等分定位块加工评分标准**

班级：＿＿＿＿　姓名：＿＿＿＿　学号：＿＿＿＿　成绩：＿＿＿＿

序号	技术要求	配分	评分标准	自检记录	交检记录	得分
1	铰刀的研磨	10	不合格不得分			
2	(60 ±0.023) mm (2 处)	4 ×2	每处超差扣 4 分			
3	C10 (2 处)	3 ×2	每处超差扣 3 分			

续表

序号	技术要求	配分	评分标准	自检记录	交检记录	得分
4	⌒ 0.06 （2处）	5×2	每处超差扣5分			
5	⊥ 0.02 A （8处）	1×8	每处超差扣1分			
6	*Ra*3.2 μm（8处）	1×8	不合格不得分			
7	(33.04±0.05)mm（3处）	5×3	每处超差扣5分			
8	(30±0.05) mm（2处）	4×2	每处超差扣4分			
9	$\phi10^{+0.018}_{0}$ mm	3	超差不得分			
10	$\phi8^{+0.015}_{0}$ mm（3处）	4×3	每处超差扣4分			
11	*Ra*1.6 μm（4处）	2×4	不合格不得分			
12	孔口倒角 *C*0.2（8处）	0.5×8	不合格不得分			
13	安全文明生产		违者每次倒扣2分，严重者倒扣5~10分			

任务五　带螺纹孔圆盘的制作

工作任务

带螺纹孔圆盘零件图如图7—5—1所示，其实物图如图7—5—2所示，现需在该圆盘上按六等分划线加工销孔和螺纹孔。通过本任务的练习，熟练掌握分度划线的方法

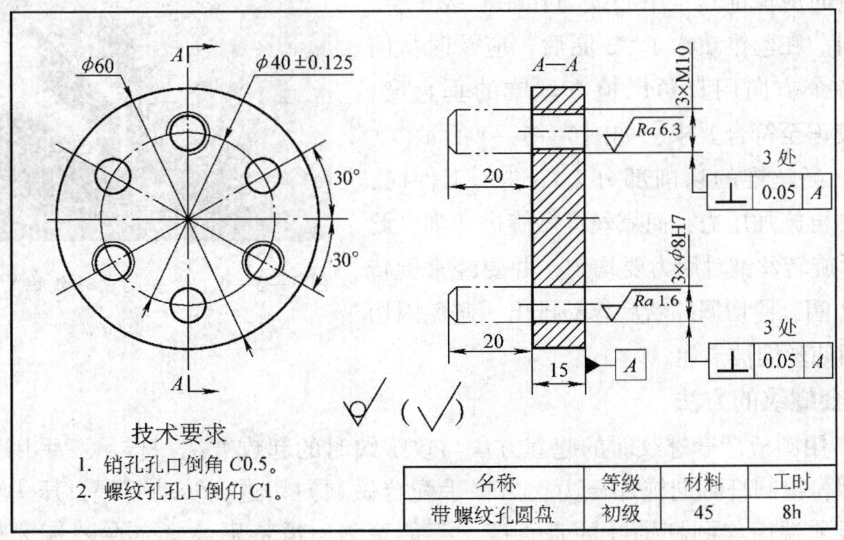

图7—5—1　带螺纹孔圆盘零件图

以及钻孔、铰孔和攻螺纹的操作方法。

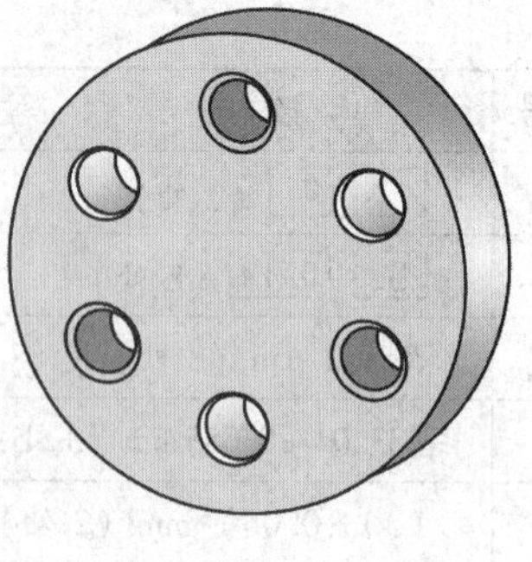

相关理论

图 7—5—2　带螺纹孔圆盘实物图

1. 攻螺纹的方法

（1）划线，打底孔。

（2）在螺纹底孔的孔口及通孔螺纹的两端倒角，倒角处直径可略大于螺孔大径，这样可使丝锥开始切削时容易切入，并可防止在孔口出现挤压出的凸边或烂牙现象。

（3）用头锥起攻。起攻时，可一手用手掌按住铰杠中部，沿丝锥轴线用力加压，另一手配合顺时针方向旋进丝锥；或两手握住铰杠两端均匀施加压力，并将丝锥顺时针方向旋进，如图 7—5—3 所示。

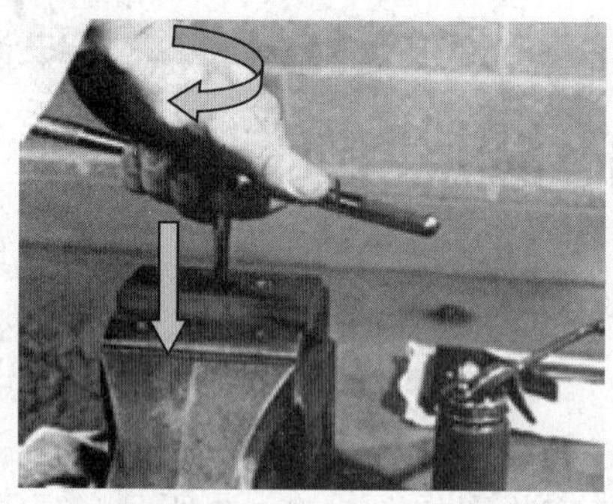

图 7—5—3　起攻的方法

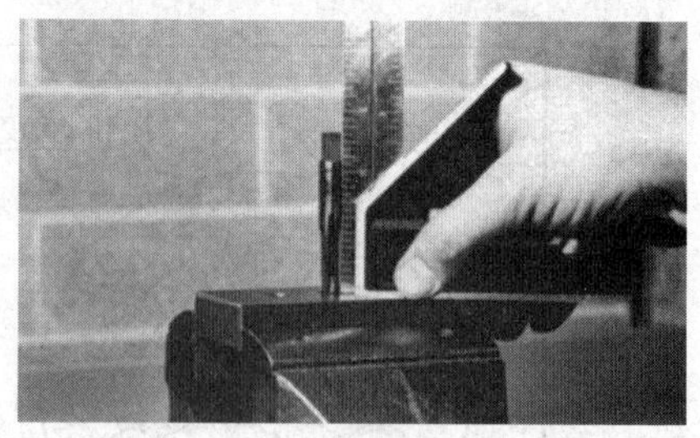

图 7—5—4　检查起攻时丝锥的垂直度

起攻时应保证丝锥中心线与孔中心线重合，不能歪斜。在丝锥攻入 1～2 圈后，应及时从前后左右各个方向用直角尺检查丝锥的垂直度，并不断校正至符合要求，如图 7—5—4 所示。

（4）当丝锥的切削部分全部进入工件时，就不需要再施加压力，而靠丝锥做旋进切削。此时，两手旋转丝锥时用力要均匀，并要经常倒转 1/4～1/2 圈，使切屑碎断后容易排出，避免因切屑阻塞而使丝锥被卡住。

2. 套螺纹的方法

（1）用圆板牙套螺纹时的起套方法与攻螺纹时的起攻方法一样，一手用手掌按住铰杠中部，沿圆杆轴向施加压力，另一手配合做顺向切进，转动要慢，压力要大，并保证圆板牙端面与圆杆轴线的垂直度，不能歪斜。需特别注意，在圆板牙切入圆杆 2～3 牙时，应及时检查其垂直度并进行校正。

(2) 正常套螺纹时，不需加压，让圆板牙自然引进，以免损坏螺纹和圆板牙，也要经常倒转以断屑。套螺纹的方法如图 7—5—5 所示。

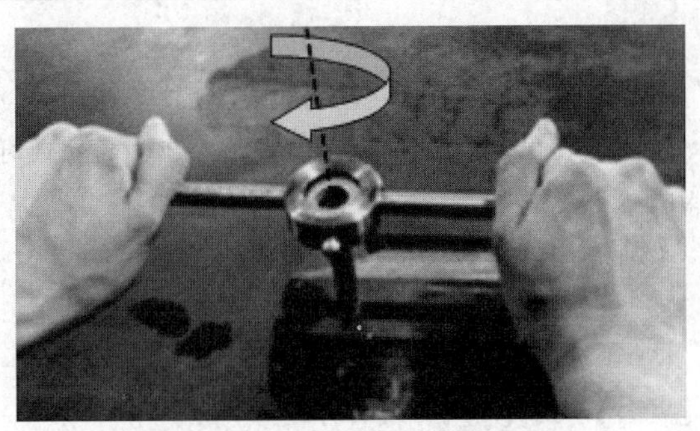

图 7—5—5 套螺纹的方法

重点提示

加工螺纹时应注意以下几点：

1. 攻螺纹时，必须以头锥、二锥、三锥的顺序攻削至标准尺寸。在较硬的材料上攻螺纹时，可轮换各丝锥交替攻下，以减小切削部分的负荷，防止丝锥折断。

2. 攻不通孔时，可在丝锥上做好深度标记，并经常退出丝锥，清除留在孔内的切屑，否则会因切屑堵塞而使丝锥折断或达不到深度要求。当工件不便倒向进行清屑时，可用弯曲的小管子吹出切屑，或用磁性针棒吸出切屑。

3. 在韧性材料上攻、套螺纹时，要加切削液，以减小切削阻力，减小所加工螺纹孔的表面粗糙度值，延长丝锥寿命。在钢件上加工螺纹时用机油，螺纹质量要求高时可用工业油或植物油，在铸铁件上加工螺纹可用煤油。

3. 攻螺纹时常见的质量问题及产生原因（见表 7—5—1）

表 7—5—1 攻螺纹时常见的质量问题及产生原因

质量问题	产生原因
螺纹乱牙	1. 攻螺纹时底孔直径太小，起攻困难，丝锥左右摆动，孔口乱牙 2. 换用二锥、三锥时强行校正，或没有旋合好就攻下
螺纹滑牙	1. 攻不通孔的较小螺纹时，丝锥已到底仍继续转动 2. 攻强度低或小孔径螺纹时，丝锥已切出螺纹仍继续加压，或攻完后丝锥连同铰杠一起自由地快速转出 3. 未加适当的切削液，丝锥未倒转，因切屑堵塞而将螺纹啃坏
螺纹歪斜	攻螺纹时位置不正，起攻时没有检查垂直度
螺纹形状不完整	螺纹底孔直径太大

续表

质量问题	产生原因
丝锥崩刃或折断	1. 底孔直径太小 2. 攻入时丝锥歪斜或歪斜后强行校正 3. 没有经常反转丝锥断屑，或攻不通孔的螺纹时，丝锥攻到底后还继续转动 4. 铰杠使用不当 5. 丝锥牙齿爆裂或磨损过多而强行攻下 6. 工件材料过硬或夹有硬点 7. 两手用力不均匀或用力过猛

4. 套螺纹时常见的质量问题及产生原因（见表 7—5—2）

表 7—5—2　　套螺纹时常见的质量问题及产生原因

质量问题	产生原因
螺纹乱牙	圆杆直径过大，起套困难，左右摆动，杆端乱牙
螺纹滑牙	未加切削液，或套螺纹时圆板牙没有倒转，因切屑堵塞而将螺纹啃坏
螺纹歪斜	套螺纹位置不正确，起套时没有检查垂直度
螺纹形状不完整	1. 圆杆直径太小 2. 圆杆不直 3. 圆板牙摆动幅度太大

任务实施

一、加工步骤

带螺纹孔圆盘的加工步骤如图 7—5—6 所示。

1. 划中心线，找出零件的中心点，并在中心点上敲样冲眼，如图 7—5—6a 所示。

2. 划孔加工中心线，并在中心点上敲样冲眼，如图 7—5—6b 所示。

3. 钻底孔，如图 7—5—6c 所示。螺纹底孔采用 $\phi8.5$ mm 的普通麻花钻加工，3 个 ϕ8H7 的孔采用 $\phi7.8$ mm 的普通麻花钻钻底孔，并针对各孔的技术要求进行孔口倒角。

4. 攻螺纹，铰孔，如图 7—5—6d 所示。攻螺纹时可采用两支一组的 M10 丝锥，按头锥、二锥的加工顺序对螺纹孔进行粗、精加工，切削时加入适量机油进行润滑，以提高切削性能和加工精度；铰孔时采用 ϕ8H7 的整体圆柱铰刀，切削时加入适量乳化液，提高切削性能，减小孔壁表面粗糙度值。

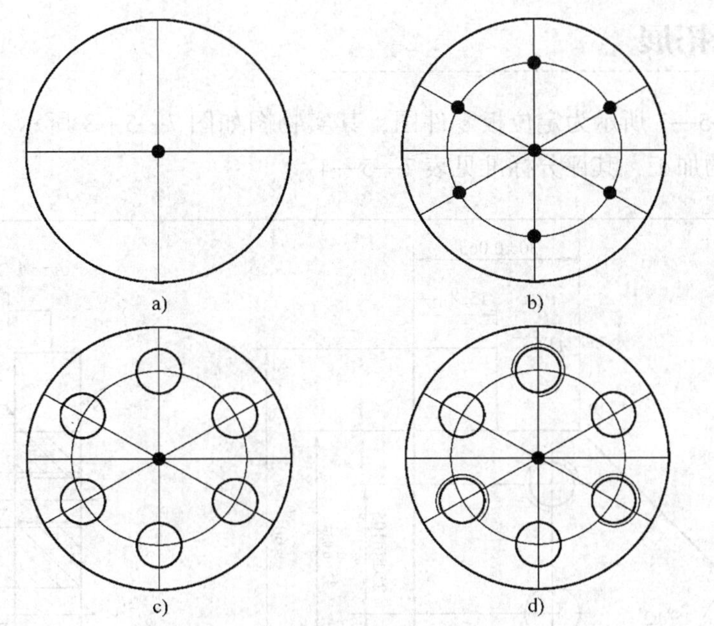

图 7—5—6 带螺纹孔圆盘的加工步骤

a）找中心点 b）划线并敲样冲眼 c）钻底孔并在孔口倒角 d）攻螺纹，铰孔

二、评分标准

带螺纹孔圆盘加工评分标准见表 7—5—3。

表 7—5—3 **带螺纹孔圆盘加工评分标准**

班级：______ 姓名：______ 学号：______ 成绩：______

序号	技术要求	配分	评分标准	自检记录	交检记录	得分
1	丝锥选用正确	5	不合格不得分			
2	起攻方法正确	6	不合格不得分			
3	动作协调	4	不合格不得分			
4	切削速度适当	4	不合格不得分			
5	ϕ(40 ± 0.125) mm（3 处）	5 × 3	每处超差扣 5 分			
6	M10（3 处）	4 × 3	每处超差扣 4 分			
7	*Ra*6.3 μm（3 处）	2 × 3	不合格不得分			
8	ϕ8H7（3 处）	4 × 3	每处超差扣 4 分			
9	*Ra*1.6 μm（3 处）	2 × 3	不合格不得分			
10	⊥ 0.05 *A*（3 处）	5 × 3	每处超差扣 5 分			
11	⊥ 0.03 *A*（3 处）	5 × 3	每处超差扣 5 分			
12	安全文明生产		违者每次倒扣 2 分，严重者倒扣 5 ~ 10 分			

任务拓展

如图 7—5—7 所示为定位板零件图，其实物图如图 7—5—8 所示。试按图样要求完成定位板的加工，其评分标准见表 7—5—4。

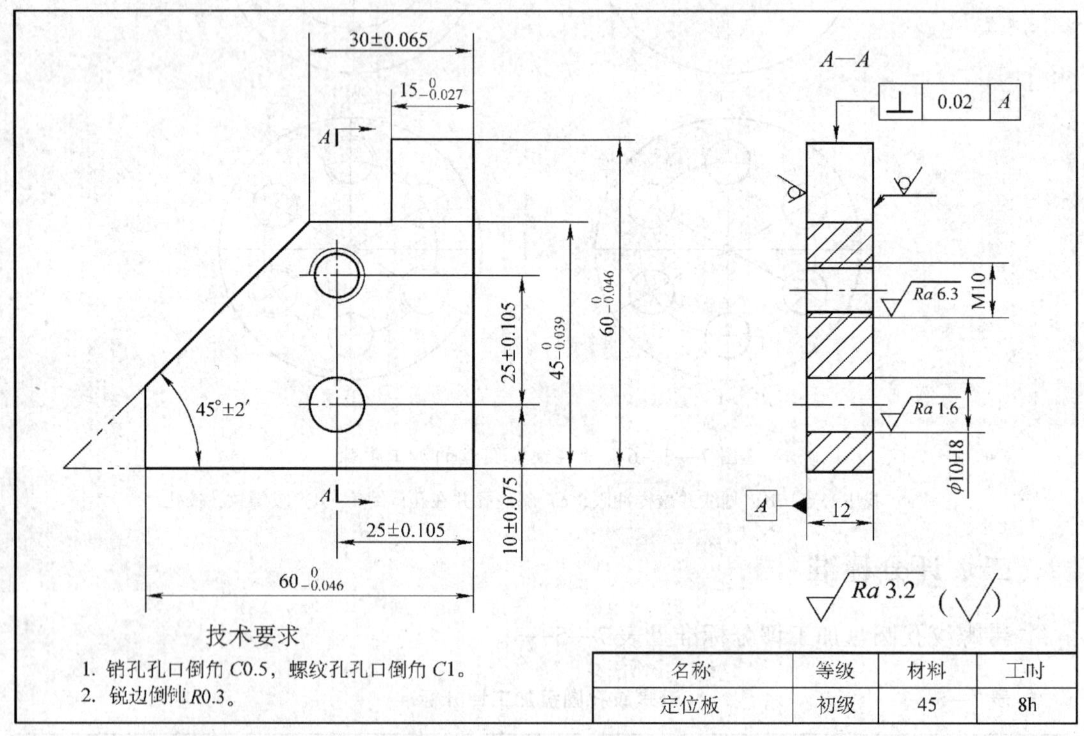

名称	等级	材料	工时
定位板	初级	45	8h

图 7—5—7　定位板零件图

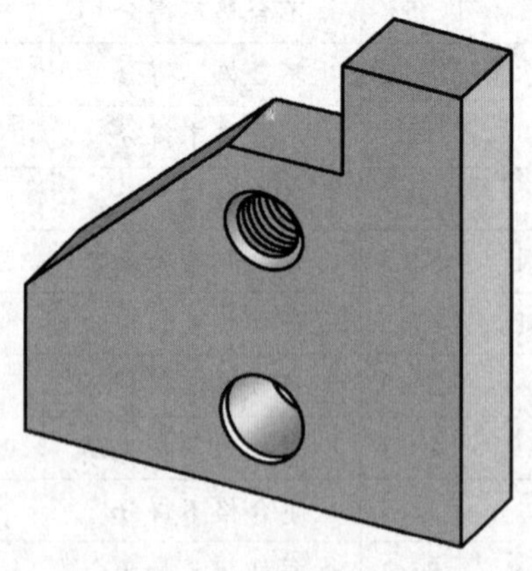

图 7—5—8　定位板实物图

表 7—5—4　　定位板加工评分标准

班级：________ 姓名：________ 学号：________ 成绩：________

序号	技术要求	配分	评分标准	自检记录	交检记录	得分
1	$60_{-0.046}^{0}$ mm（2 处）	6×2	每处超差扣 6 分			
2	$45_{-0.039}^{0}$ mm	6	超差不得分			
3	(30±0.065) mm	6	超差不得分			
4	$15_{-0.027}^{0}$ mm	6	超差不得分			
5	45°±2′	6	超差不得分			
6	(25±0.105) mm（2 处）	6×2	每处超差扣 6 分			
7	(10±0.075) mm	6	超差不得分			
8	M10	5	超差不得分			
9	*Ra*6.3 μm	4	不合格不得分			
10	ϕ10H8	5	超差不得分			
11	*Ra*1.6 μm	4	不合格不得分			
12	⊥ 0.02 *A*（7 处）	2×7	每处超差扣 2 分			
13	*Ra*3.2 μm（7 处）	2×7	不合格不得分			
14	安全文明生产		违者每次倒扣 2 分，严重者倒扣 5~10 分			

锉配

任务一　四方封闭配合件的制作

工作任务

四方封闭配合件零件图如图 8—1—1 所示，其实物图如图 8—1—2 所示。在该零件的加工过程中，需灵活掌握凹件去除型腔废料、修配等方法，同时还应根据初配痕迹正确判断修配的位置以及修配量，并对完成后的零件进行误差分析及加工质量的总结。

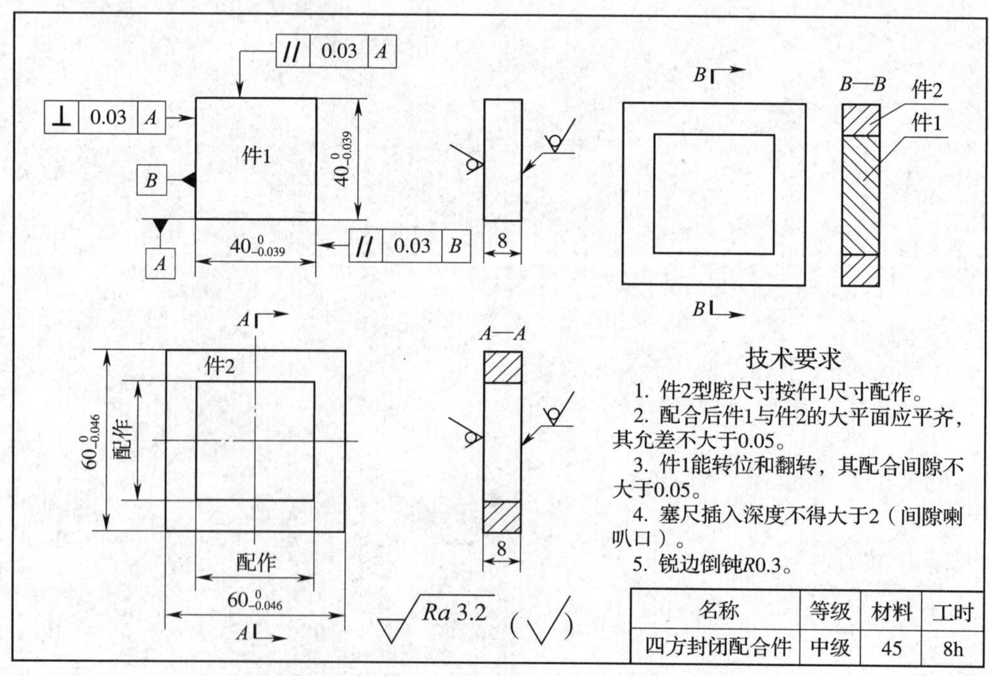

图 8—1—1　四方封闭配合件零件图

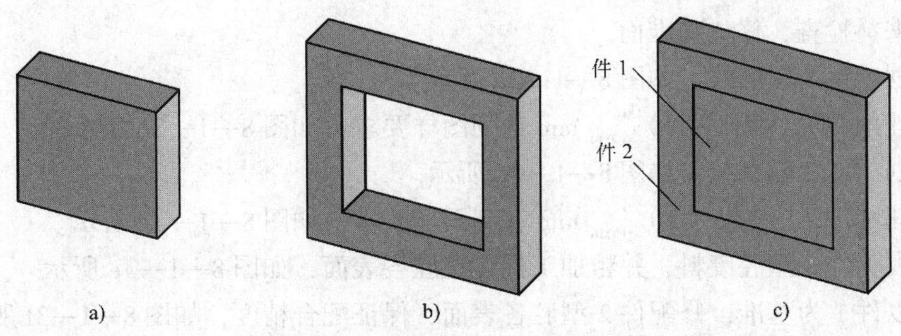

图 8—1—2 四方封闭配合件实物图

a）件 1 b）件 2 c）配合

任务实施

一、实习步骤

四方封闭配合件的加工步骤如图 8—1—3 所示。

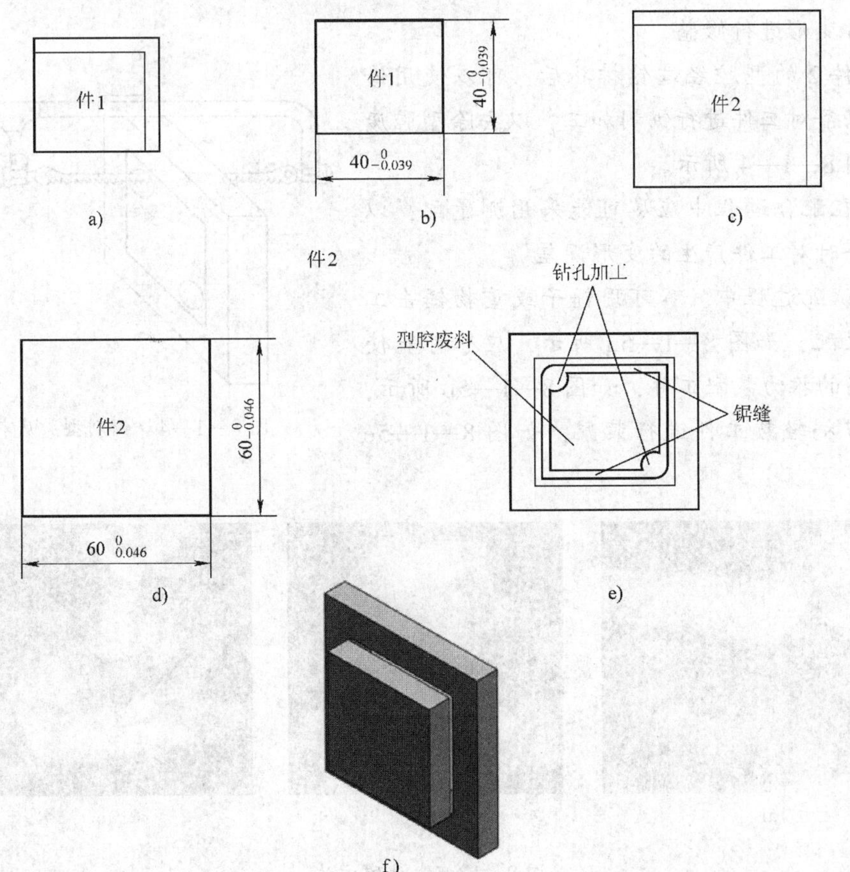

图 8—1—3 四方封闭配合件的加工步骤

a）划件 1 轮廓线 b）加工件 1 c）划件 2 轮廓线 d）加工件 2 e）钻孔并去除型腔废料 f）修配

1. 来料检查，修整基准面。
2. 划出件1轮廓线，如图8—1—3a所示。
3. 锉削件1，使尺寸$40^{\ 0}_{-0.039}$ mm达到图样要求，如图8—1—3b所示。
4. 划出件2轮廓线，如图8—1—3c所示。
5. 锉削件2，使尺寸$60^{\ 0}_{-0.046}$ mm达到图样要求，如图8—1—3d所示。
6. 去除件2型腔废料，并粗加工件2型腔各表面，如图8—1—3e所示。
7. 以件1为基准，修配件2型腔各表面，保证配合精度，如图8—1—3f所示。
8. 对工件各表面倒钝锐边。
9. 复检工件各尺寸和形位误差。

重点提示

加工四方封闭配合件时应注意以下几点：

1. 在去除件2型腔废料时，应注意防止件2变形，如发现变形，应在加工型腔表面前先对变形进行修整。

2. 件2的型腔经过钻排孔后，可以使用修磨过的锯条对工件进行锯削加工，以去除型腔废料，如图8—1—4所示。

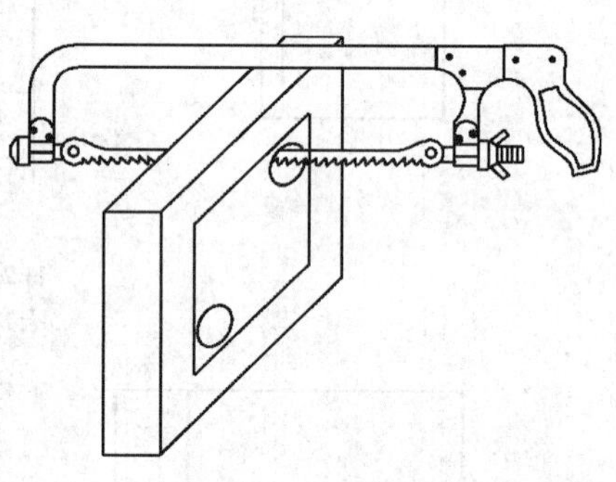

图8—1—4　锯削型腔废料

3. 在配合过程中应尽可能采用测量配，以减少配合时对工件产生的变形误差。

4. 试配过程中，不可用锤子或重物锤击工件进行装配，如图8—1—5a所示，应尽可能使用大拇指的推力装配工件，如图8—1—5b所示，或用锉刀柄轻敲工件进行装配，如图8—1—5c所示。

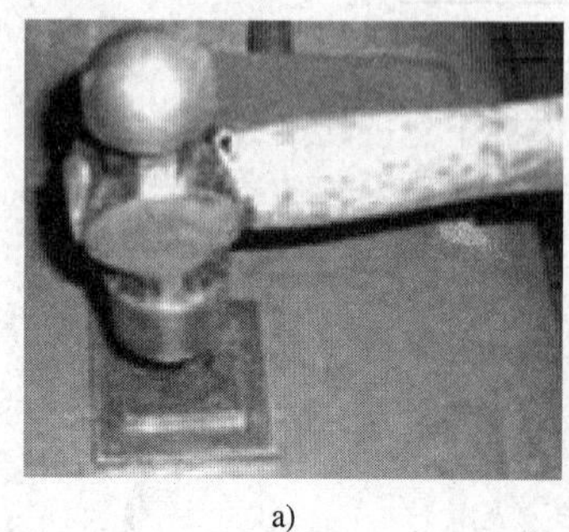

a)

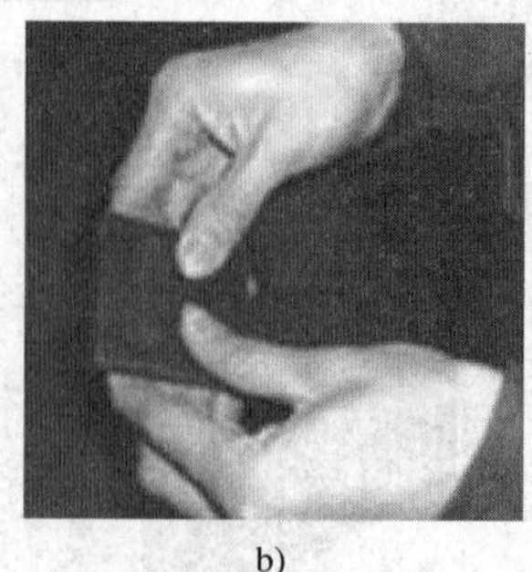

b)

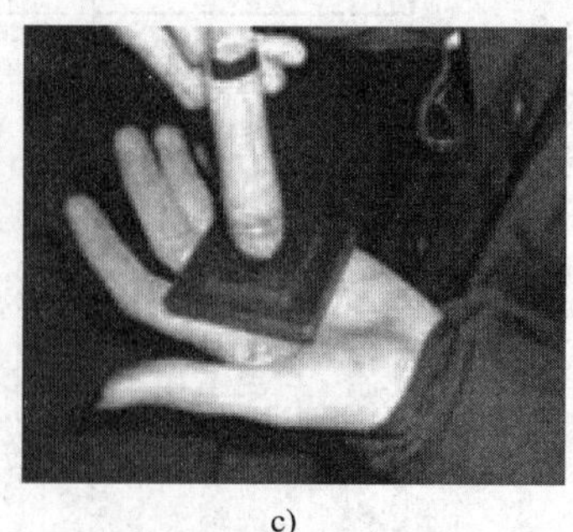

c)

图8—1—5　试配方法

a）用重物锤击装配　b）用拇指推力装配　c）用锉刀柄轻敲装配

5. 修配时应注意工件配合表面上产生的压痕（见图 8—1—6），并以此准确判断修锉的部位。修锉只能在件 2 的型腔表面上进行，件 1 作为配合的基准件，不能对其进行任何修锉加工，以免影响件 1 的尺寸和各项形位精度。

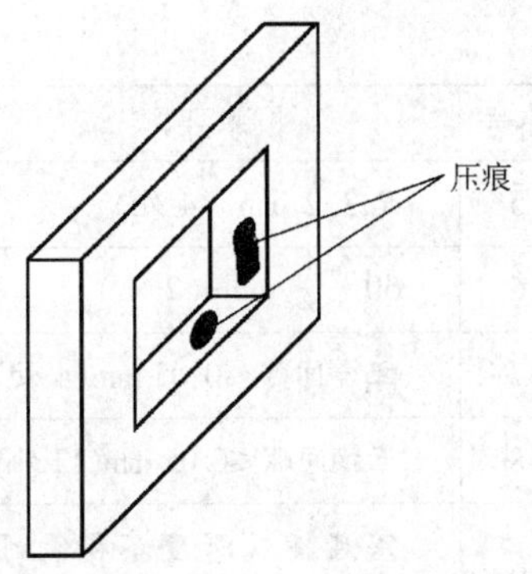

图 8—1—6　配合面上的压痕

6. 修配时应注意件 2 内直角对配合的影响，正确处理清角加工，以避免产生间隙。图 8—1—7 所示为清角加工对配合间隙的影响。

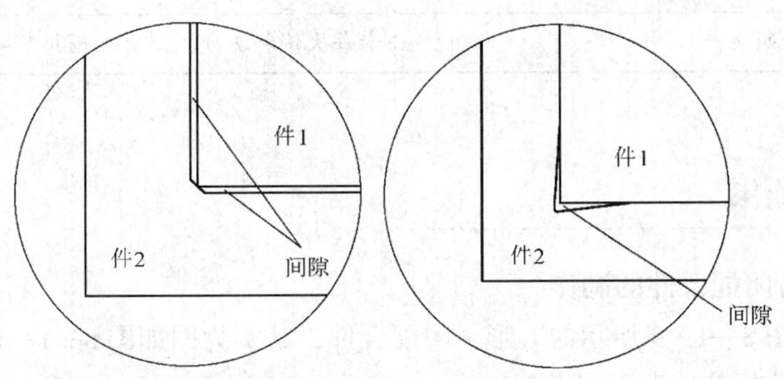

图 8—1—7　清角加工对配合间隙的影响

7. 修配件 2 时应控制型腔各表面与基准面之间的平行度误差，防止件 1 配入后影响配合间隙。图 8—1—8 所示为平行度误差对配合间隙的影响。

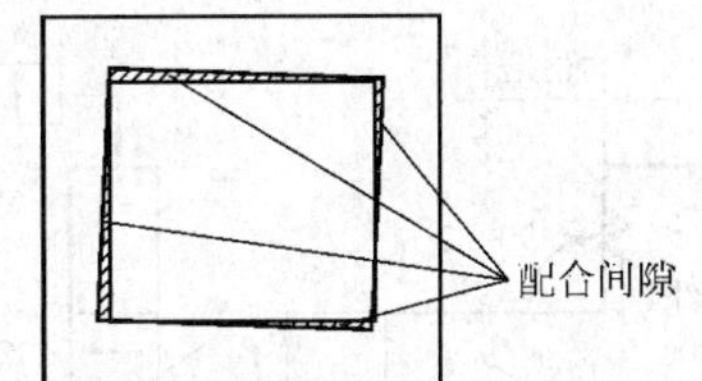

图 8—1—8　平行度误差对配合间隙的影响

二、评分标准

四方封闭配合件评分标准见表 8—1—1。

表 8—1—1　　**四方封闭配合件评分标准**

班级：________　姓名：________　学号：________　成绩：________

序号	技术要求	配分	评分标准	自检记录	交检记录	得分
1	$40^{\ 0}_{-0.039}$ mm（2 处）	10×2	每处超差扣 10 分			
2	// 0.03 A	6	超差不得分			
3	// 0.03 B	6	超差不得分			
4	⊥ 0.03 A	6	超差不得分			

续表

序号	技术要求	配分	评分标准	自检记录	交检记录	得分
5	$Ra3.2$ μm（4 处）	2×4	不合格不得分			
6	$60^{0}_{-0.046}$ mm（2 处）	6×2	每处超差扣 6 分			
7	配合间隙≤0.05 mm(4 处)	3×4	不合格不得分			
8	互换间隙≤0.05 mm(12 处)	1.5×12	不合格不得分			
9	塞尺插入深度不得大于 2 mm（4 处）	3×4	不合格不得分			
10	安全文明生产		违者每次倒扣 2 分，严重者倒扣 5～10 分			

任务拓展

1. L 形封闭配合件的制作

试加工如图 8—1—9 所示的 L 形封闭配合件，其实物图如图 8—1—10 所示。L 形封闭配合件评分标准见表 8—1—2。

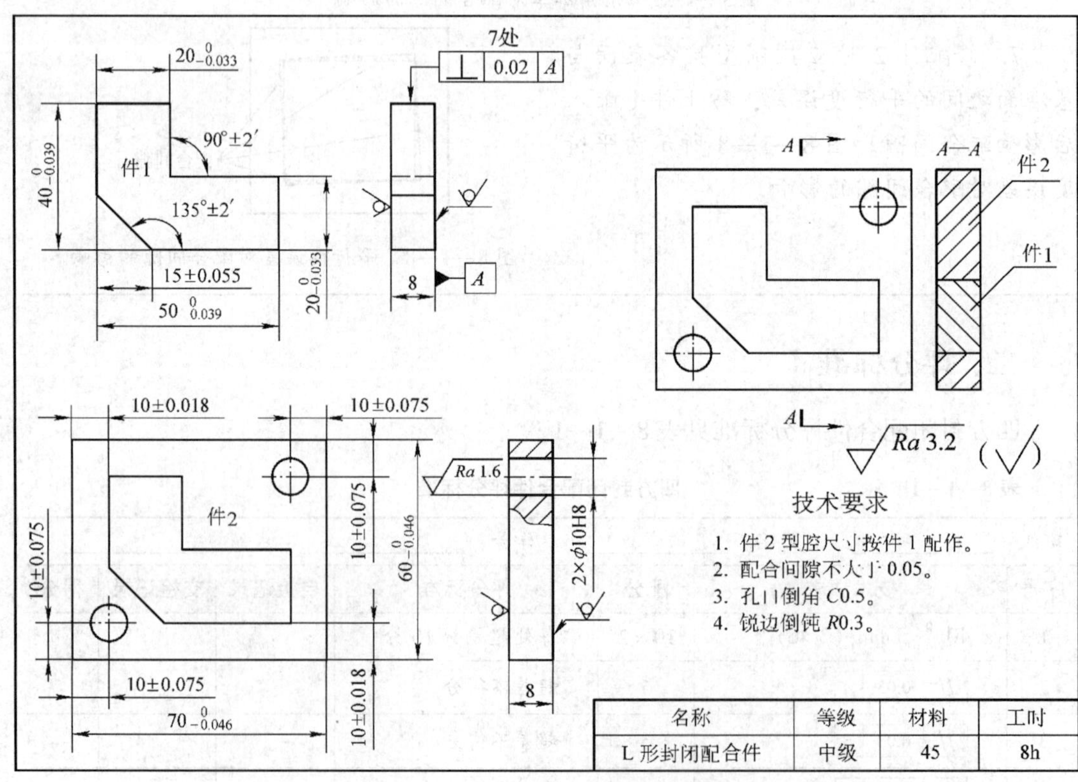

图 8—1—9　L 形封闭配合件零件图

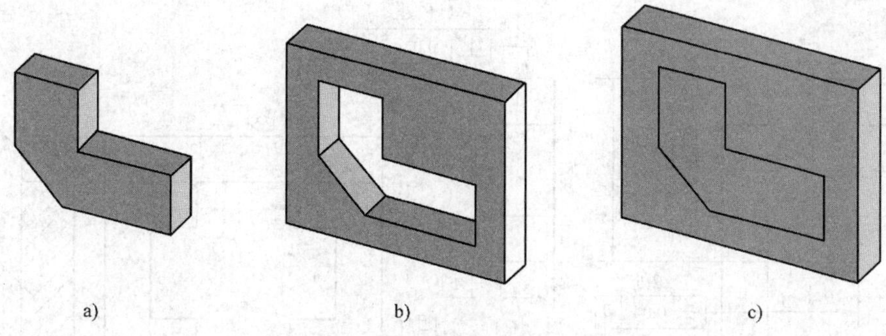

图 8—1—10 L 形封闭配合件实物图
a）件 1 b）件 2 c）配合

表 8—1—2 **L 形封闭配合件评分标准**

班级：______ 姓名：______ 学号：______ 成绩：______

序号	技术要求	配分	评分标准	自检记录	交检记录	得分
1	$40^{\ 0}_{-0.039}$ mm	5	超差不得分			
2	$50^{\ 0}_{-0.039}$ mm	5	超差不得分			
3	$20^{\ 0}_{-0.033}$ mm（2 处）	4×2	每处超差扣 4 分			
4	（15 ±0.055）mm	5	超差不得分			
5	90° ±2′	4	超差不得分			
6	135° ±2′	4	超差不得分			
7	⊥ 0.02 A（7 处）	1×7	每处超差扣 1 分			
8	$60^{\ 0}_{-0.046}$ mm	4	超差不得分			
9	$70^{\ 0}_{-0.046}$ mm	4	超差不得分			
10	（10 ±0.018）mm（2 处）	4×2	每处超差扣 4 分			
11	（10 ±0.075）mm（4 处）	2×4	每处超差扣 2 分			
12	ϕ10H8（2 处）	2×2	每处超差扣 2 分			
13	Ra1.6 μm（2 处）	2×2	不合格不得分			
14	Ra3.2 μm（18 处）	0.5×18	不合格不得分			
15	配合间隙≤0.05 mm(7 处)	3×7	不合格不得分			
16	安全文明生产		违者每次倒扣 2 分，严重者倒扣 5～10 分			

2. 十字形封闭配合件的制作

试加工如图 8—1—11 所示的十字形封闭配合件，其实物图如图 8—1—12 所示。十字形封闭配合件评分标准见表 8—1—3。

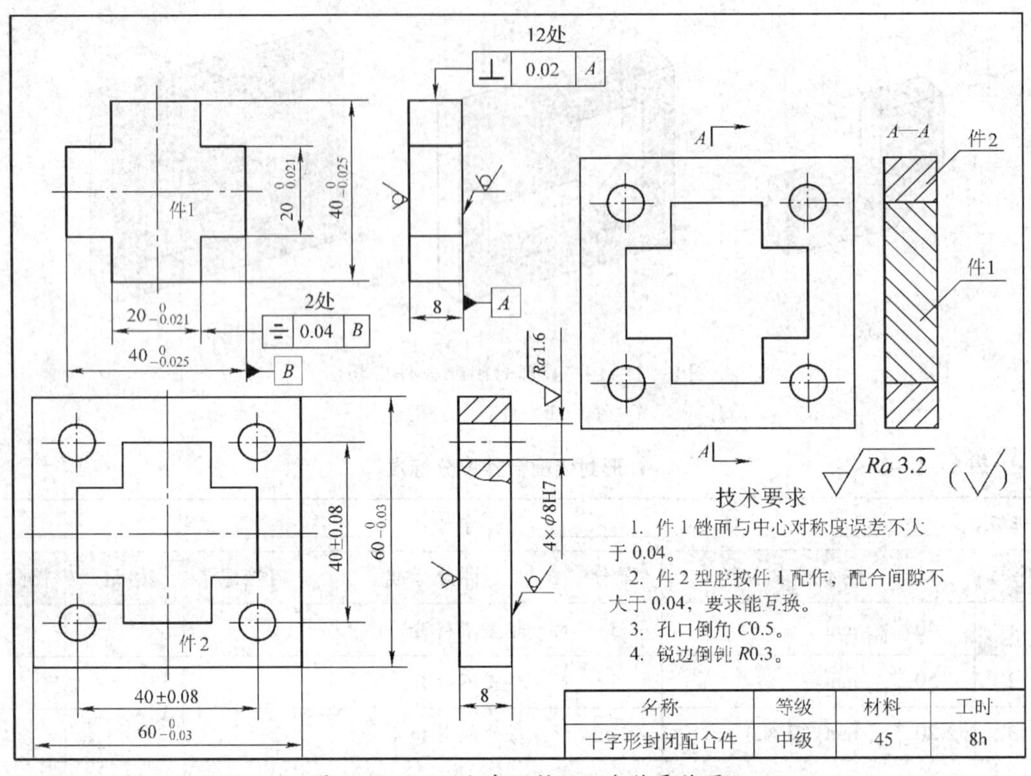

图 8—1—11 十字形封闭配合件零件图

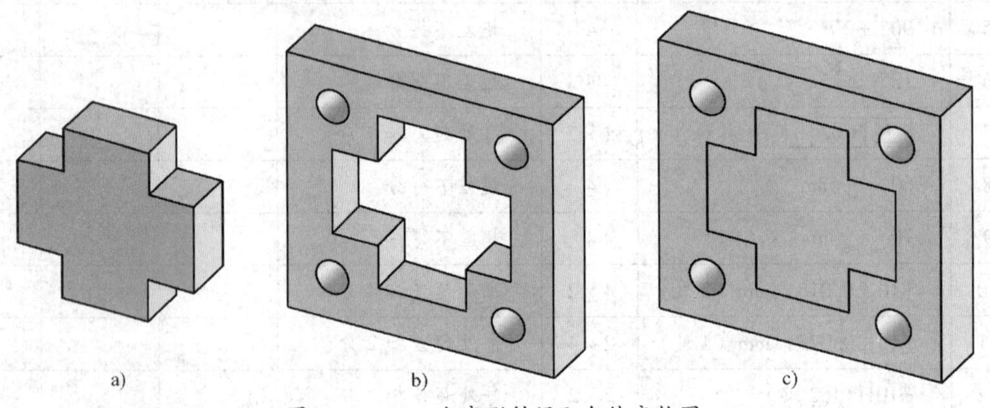

图 8—1—12 十字形封闭配合件实物图

a）件1 b）件2 c）配合

表 8—1—3 十字形封闭配合件评分标准

班级：________ 姓名：________ 学号：________ 成绩：________

序号	技术要求	配分	评分标准	自检记录	交检记录	得分
1	$20_{-0.021}^{0}$ mm（4处）	3×4	每处超差扣3分			
2	$40_{-0.025}^{0}$ mm（2处）	4×2	每处超差扣4分			
3	⌯ 0.04 B（2处）	3×2	每处超差扣3分			

续表

序号	技术要求	配分	评分标准	自检记录	交检记录	得分
4	⊥ 0.02 A (12 处)	0.5×12	每处超差扣 0.5 分			
5	ϕ8H7 (4 处)	1×4	每处超差扣 1 分			
6	*Ra*1.6 μm (4 处)	2×4	不合格不得分			
7	(40±0.08) mm (4 处)	3×4	每处超差扣 3 分			
8	$60^{\ 0}_{-0.03}$ mm (2 处)	3×2	每处超差扣 3 分			
9	配合间隙≤0.04 mm(12 处)	2×12	不合格不得分			
10	*Ra*3.2 mm (28 处)	0.5×28	不合格不得分			
11	安全文明生产		违者每次倒扣 2 分，严重者倒扣 5~10 分			

任务二 T 形开口配合件的制作

工作任务

T 形开口配合件零件图如图 8—2—1 所示，其实物图如图 8—2—2 所示。加工该零

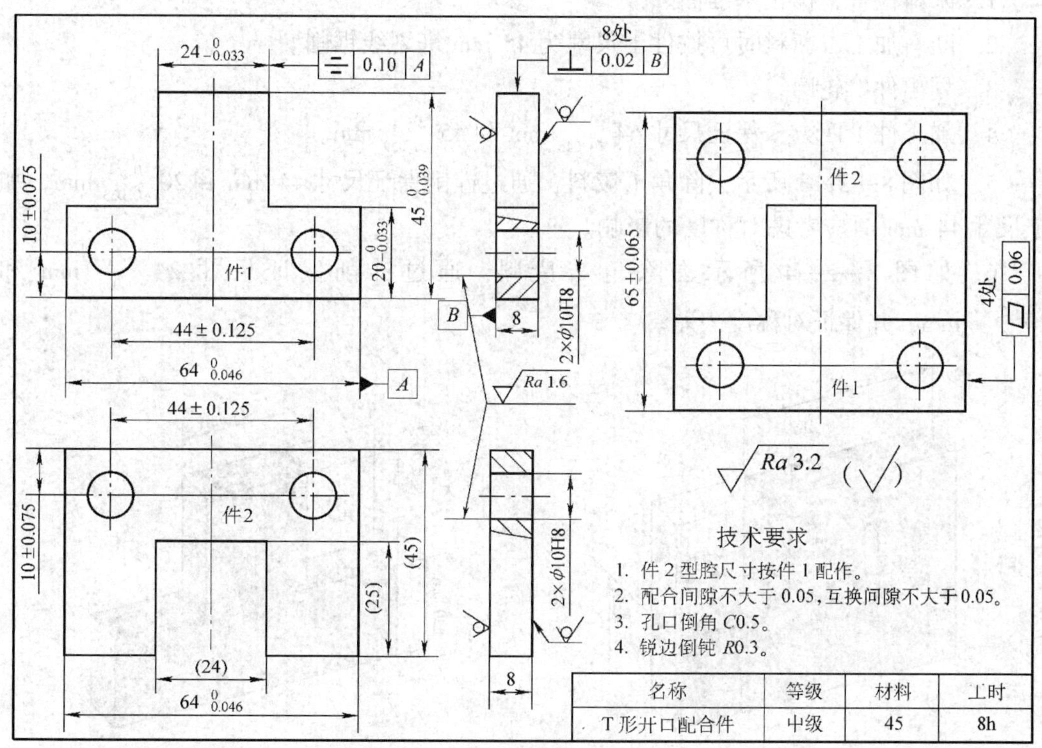

图 8—2—1 T 形开口配合件零件图

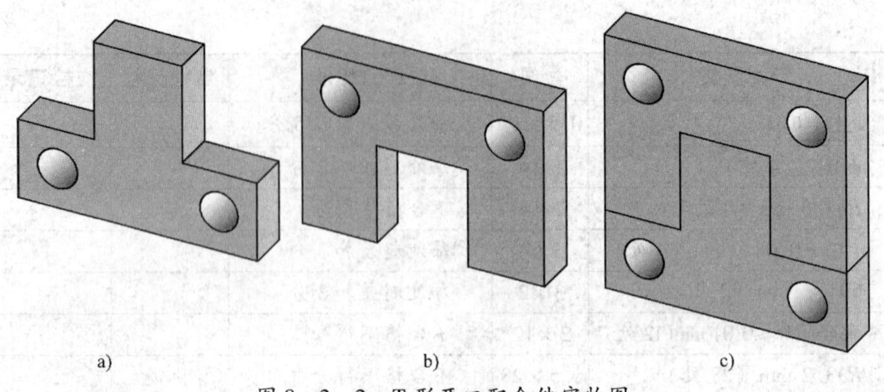

图 8—2—2　T 形开口配合件实物图

a）件 1　b）件 2　c）配合

件时着重要求掌握零件对称度公差的控制和计算方法，同时掌握加工开口配合件时的注意要点及尺寸控制方法。

任务实施

一、实习步骤

1. 来料检查，修正基准面。

2. 断料加工，断料时可按件 1 尺寸为 45 mm 来划线锯削。

3. 划出件 1 轮廓线。

4. 加工件 1 四方，保证尺寸 $64_{-0.046}^{\ 0}$ mm 和 $45_{-0.039}^{\ 0}$ mm。

5. 如图 8—2—3 所示去除角 1 废料，通过锉削保证尺寸 44 mm 和 $20_{-0.033}^{\ 0}$ mm，加工尺寸 44 mm 时应考虑对称度的影响。

6. 如图 8—2—4 所示去除角 2 废料，通过锉削保证尺寸 $24_{-0.033}^{\ 0}$ mm 和 $20_{-0.033}^{\ 0}$ mm，并保证对称度公差。

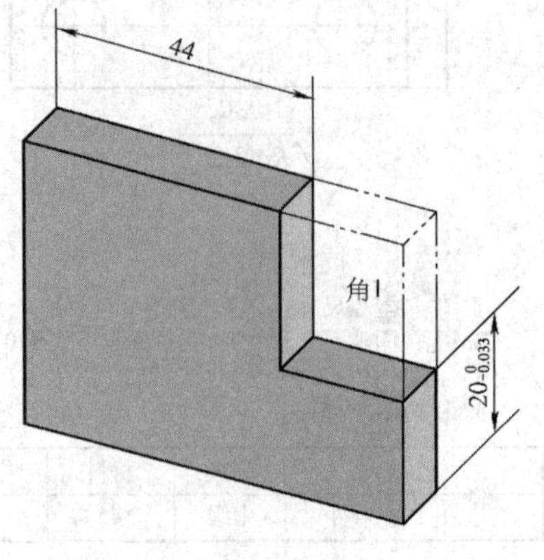

图 8—2—3　去除角 1 废料

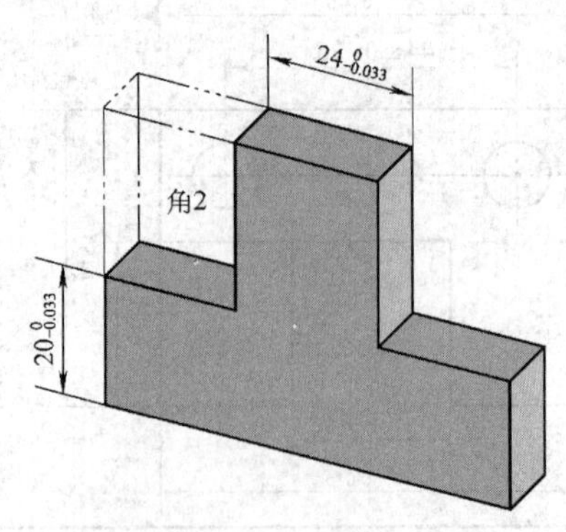

图 8—2—4　去除角 2 废料

7. 划出件 2 轮廓线。

8. 加工件 2 尺寸 $64_{-0.046}^{0}$ mm，尺寸（45）可先进行粗加工，留有一定加工余量，在配合完毕后进行修锉加工。

9. 钻排孔，去除件 2 型腔废料，如图 8—2—5 所示。

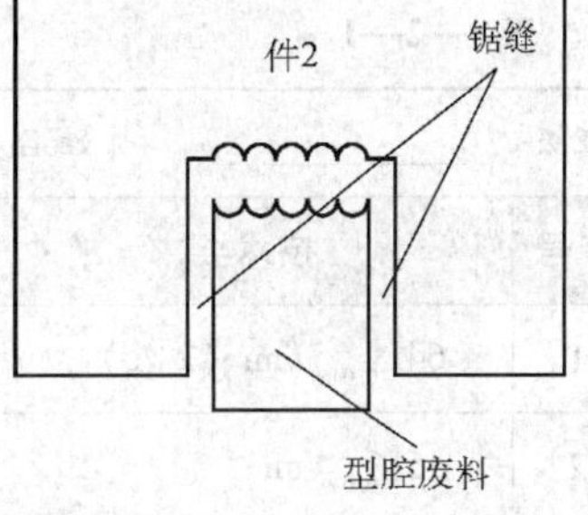

图 8—2—5 去除件 2 型腔废料

10. 粗加工件 2 型腔，并留有适量修配余量。

11. 以件 1 为配合基准，精配件 2 型腔各表面，保证配合精度，并控制各项形位误差。

12. 修整件 2 上尺寸（45），保证配合尺寸（65 ± 0.065）mm。

13. 划出孔的坐标线，并敲样冲眼。

14. 按钻底孔→扩孔→锪孔→铰孔的顺序加工 ϕ10H8 的孔，选用合适的孔加工刀具，并保证孔距尺寸。

15. 去除毛刺，复检工件上所有的尺寸和形位误差。

重点提示

加工 T 形开口配合件时应注意以下几点：

1. 要确保尺寸 $24_{-0.033}^{0}$ mm 处的对称度误差测量的准确性，尺寸 $64_{-0.046}^{0}$ mm 在实际测量时必须确保准确，并将实际尺寸值带入对称度误差的计算中。

2. 在加工零件时，应控制好各项形位误差，以避免配合时造成配合间隙的增大。形位误差对配合间隙的影响如图 8—2—6 所示。

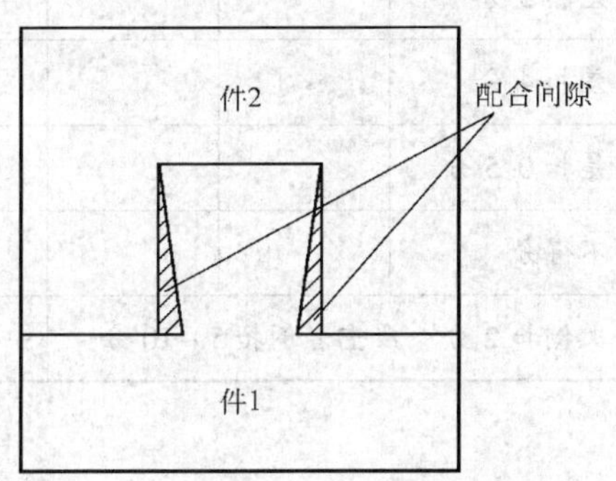

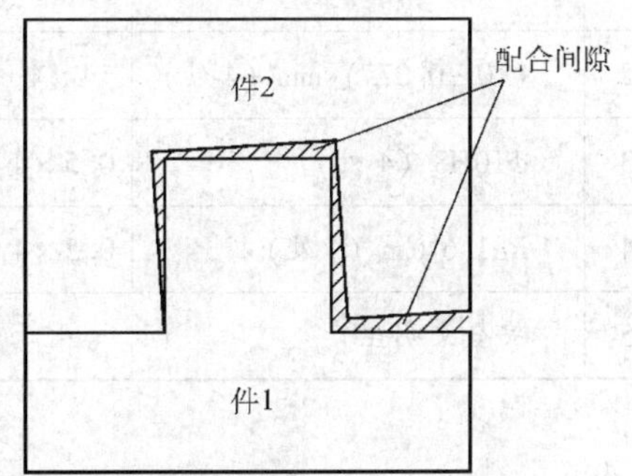

图 8—2—6 形位误差对配合间隙的影响

3. 因件 2 为开口形零件，在其型腔的加工和试配过程中，应及时检查外形的变形情况，如发现有变形，应在变形消除后再进行下一步操作，以免增加加工误差。

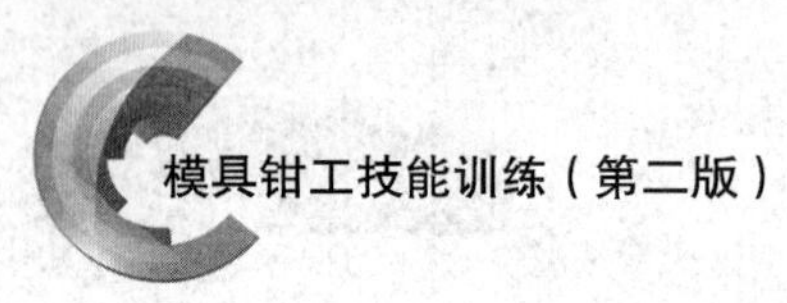

二、评分标准

T 形开口配合件评分标准见表 8—2—1。

表 8—2—1　　T 形开口配合件评分标准

班级：＿＿＿＿　姓名：＿＿＿＿　学号：＿＿＿＿　成绩：＿＿＿＿

序号	技术要求	配分	评分标准	自检记录	交检记录	得分
1	$64_{-0.046}^{\ 0}$ mm（2 处）	4×2	每处超差扣 4 分			
2	$45_{-0.039}^{\ 0}$ mm	4	超差不得分			
3	$20_{-0.033}^{\ 0}$ mm（2 处）	5×2	每处超差扣 5 分			
4	$24_{-0.033}^{\ 0}$ mm	5	超差不得分			
5	⌯ 0.10 A	5	超差不得分			
6	⊥ 0.02 B（8 处）	0.5×8	每处超差扣 0.5 分			
7	*Ra*3.2 μm（16 处）	0.5×16	不合格不得分			
8	配合间隙≤0.05 mm（5 处）	1×5	不合格不得分			
9	互换间隙≤0.05 mm（5 处）	1×5	不合格不得分			
10	▱ 0.06（4 处）	4×4	每处超差扣 4 分			
11	（44±0.125）mm（2 处）	5×2	每处超差扣 5 分			
12	（10±0.075）mm（4 处）	4×4	每处超差扣 4 分			
13	ϕ10H8（4 处）	0.5×4	每处超差扣 0.5 分			
14	*Ra*1.6 μm（4 处）	0.5×4	不合格不得分			
15	安全文明生产		违者每次倒扣 2 分，严重者倒扣 5～10 分			

任务拓展

1. 燕尾形配合件的制作

试加工如图 8—2—7 所示的燕尾形配合件，其实物图如图 8—2—8 所示，燕尾形配合件评分标准见表 8—2—2。

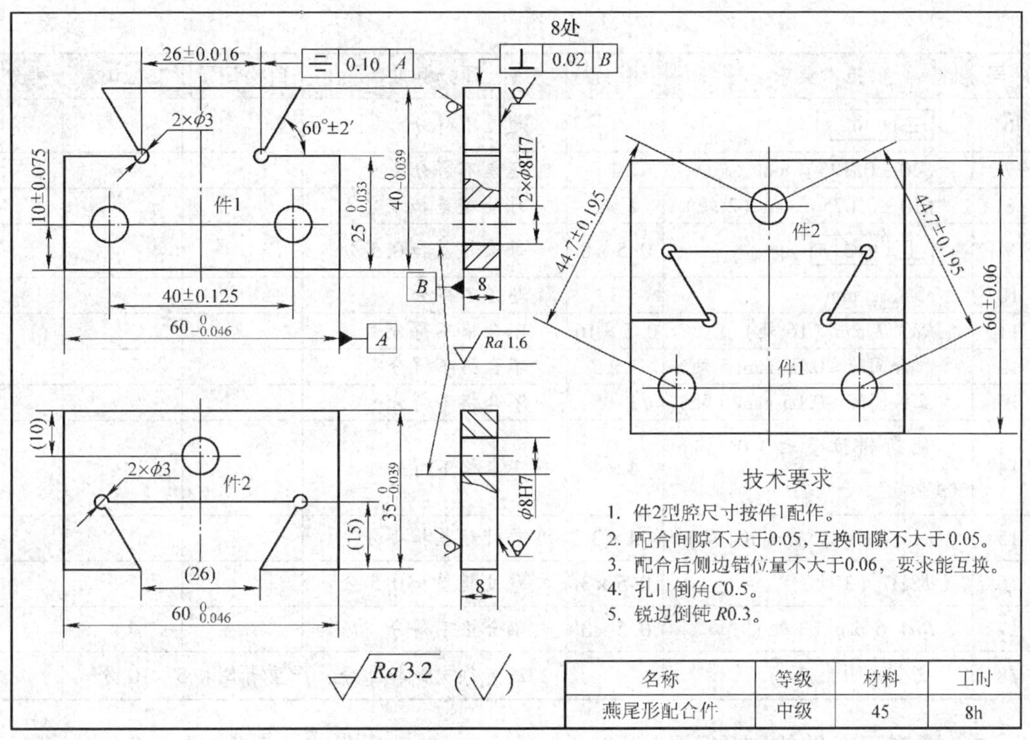

图 8—2—7 燕尾形配合件零件图

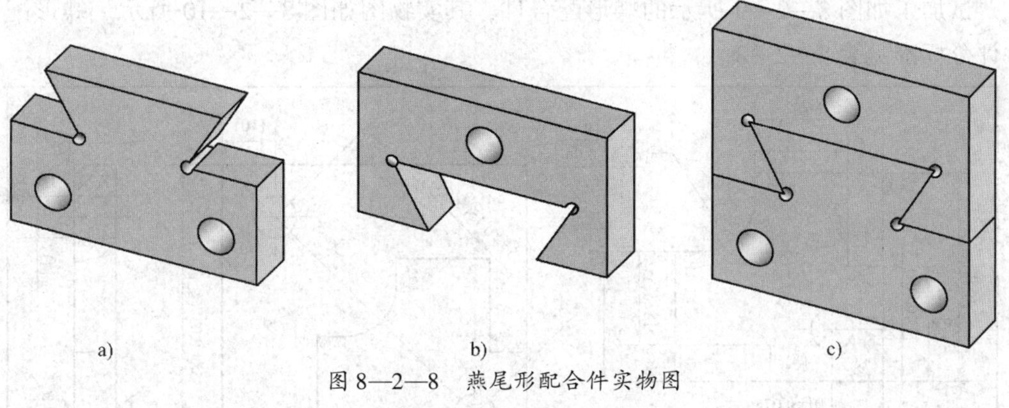

图 8—2—8 燕尾形配合件实物图

a）件 1 b）件 2 c）配合

表 8—2—2 燕尾形配合件评分标准

班级：________ 姓名：________ 学号：________ 成绩：________

序号	技术要求	配分	评分标准	自检记录	交检记录	得分
1	$60^{\ 0}_{-0.046}$ mm（2 处）	4×2	每处超差扣 4 分			
2	$40^{\ 0}_{-0.039}$ mm	4	超差不得分			
3	$25^{\ 0}_{-0.033}$ mm（2 处）	4×2	每处超差扣 4 分			
4	（26 ±0.016）mm	4	超差不得分			
5	60° ±2′（2 处）	4×2	每处超差扣 4 分			

续表

序号	技术要求	配分	评分标准	自检记录	交检记录	得分
6	⌯ 0.10 A	4	超差不得分			
7	(40 ±0.125) mm	4	超差不得分			
8	(10 ±0.075) mm (2 处)	4 ×2	每处超差扣 4 分			
9	⊥ 0.02 B (8 处)	0.5 ×8	每次超差扣 0.5 分			
10	$35^{\ 0}_{-0.039}$ mm	3	超差不得分			
11	*Ra*3.2 μm (16 处)	0.5 ×16	不合格不得分			
12	配合间隙≤0.05 mm(5 处)	1 ×5	不合格不得分			
13	互换间隙≤0.05 mm(5 处)	1 ×5	不合格不得分			
14	侧边错位量 ≤0.06 mm (4 处)	4 ×4	不合格不得分			
15	(44.7 ±0.195) mm(2 处)	4 ×2	每处超差扣 4 分			
16	ϕ8H7 (3 处)	0.5 ×3	每处超差扣 0.5 分			
17	*Ra*1.6 μm (3 处)	0.5 ×3	不合格不得分			
18	安全文明生产		违者每次倒扣 2 分，严重者倒扣 5 ~10 分			

2. 蝶形配合件的制作

试加工如图 8—2—9 所示的蝶形配合件，其实物图如图 8—2—10 所示。蝶形配合件评分标准见表 8—2—3。

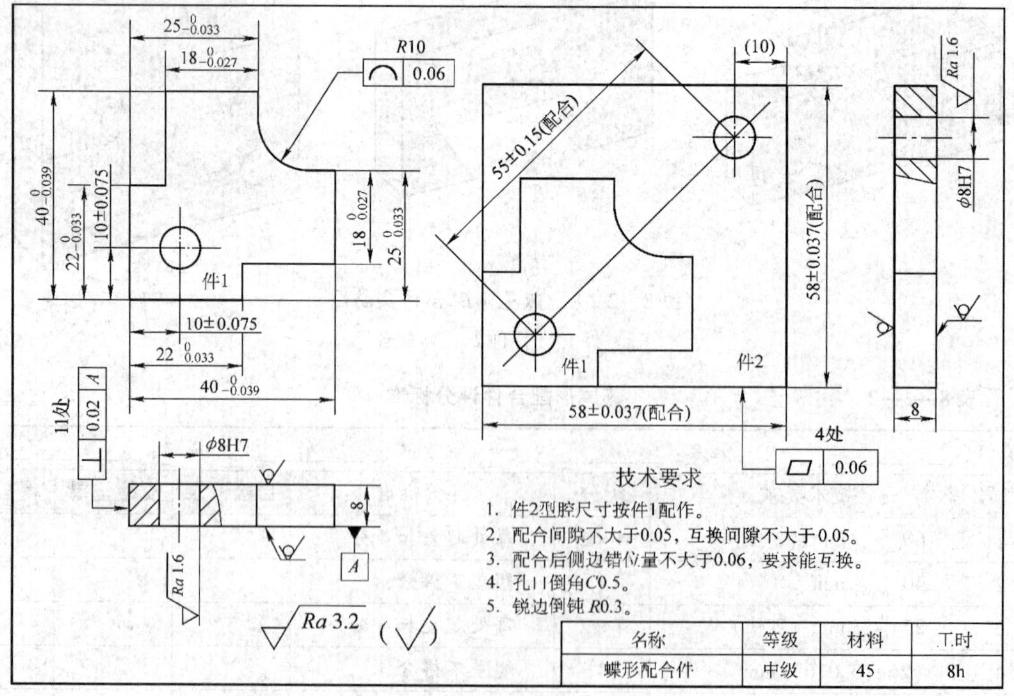

图 8—2—9　蝶形配合件零件图

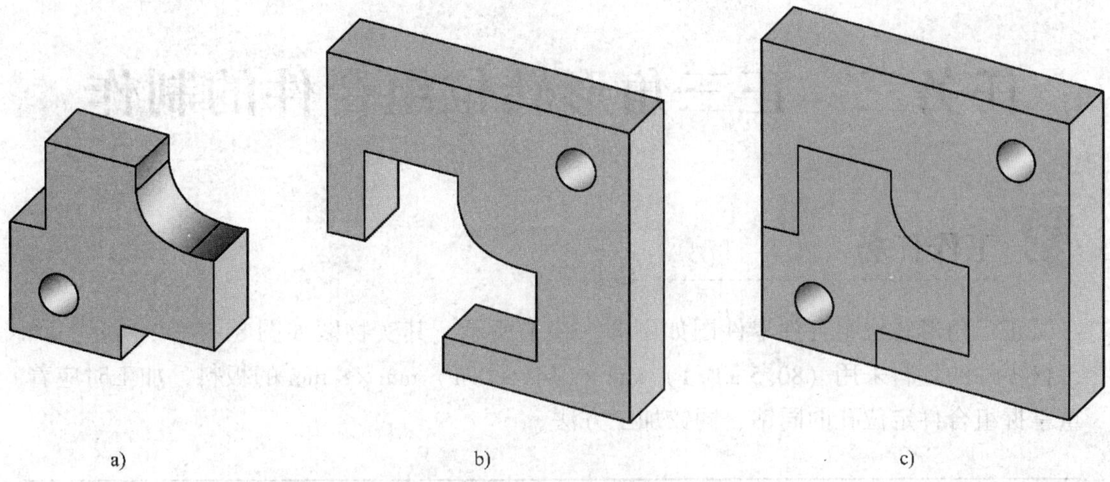

图 8—2—10 蝶形配合件实物图

a）件 1 b）件 2 c）配合

表 8—2—3 蝶形配合件评分标准

班级：________ 姓名：________ 学号：________ 成绩：________

序号	技术要求	配分	评分标准	自检记录	交检记录	得分
1	$40_{-0.039}^{0}$ mm（2 处）	3×2	每处超差扣 3 分			
2	$22_{-0.033}^{0}$ mm（2 处）	3×2	每处超差扣 3 分			
3	$25_{-0.033}^{0}$ mm（2 处）	3×2	每处超差扣 3 分			
4	$18_{-0.027}^{0}$ mm（2 处）	3×2	每处超差扣 3 分			
5	⌒ 0.06	5.5	超差不得分			
6	⊥ 0.02 *A*（11 处）	0.5×11	每处超差扣 0.5 分			
7	配合间隙≤0.05 mm(9 处)	1×9	不合格不得分			
8	互换间隙≤0.05 mm(9 处)	1×9	不合格不得分			
9	⏥ 0.06（4 处）	2×4	每处超差扣 2 分			
10	(58±0.037) mm(2 处)	4×2	每处超差扣 4 分			
11	(55±0.15) mm（2 处）	4×2	每处超差扣 4 分			
12	(10±0.075) mm(2 处)	4×2	每处超差扣 4 分			
13	ϕ8H7（2 处）	0.5×3	每处超差扣 0.5 分			
14	*Ra*1.6 μm（2 处）	0.5×3	不合格不得分			
15	*Ra*3.2 μm（24 处）	0.5×24	不合格不得分			
16	安全文明生产		违者每次倒扣 2 分，严重者倒扣 5～10 分			

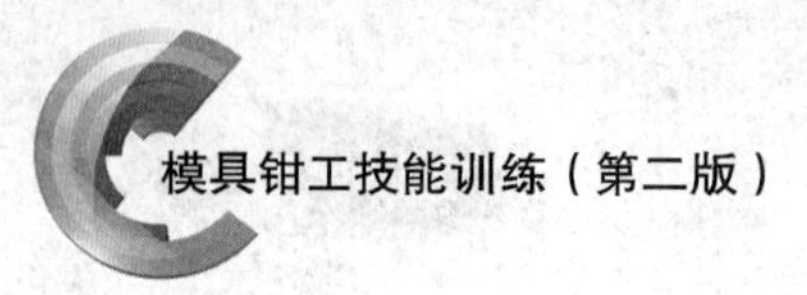

任务三　正三角形转位组合件的制作

工作任务

正三角形转位组合件零件图如图 8—3—1 所示，其实物图如图 8—3—2 所示。加工该零件的坯料采用（80.5 ±0.1）mm ×（145 ±0.1）mm ×8 mm 的板料，加工时应着重掌握组合件定位孔的同钻、同铰加工方法。

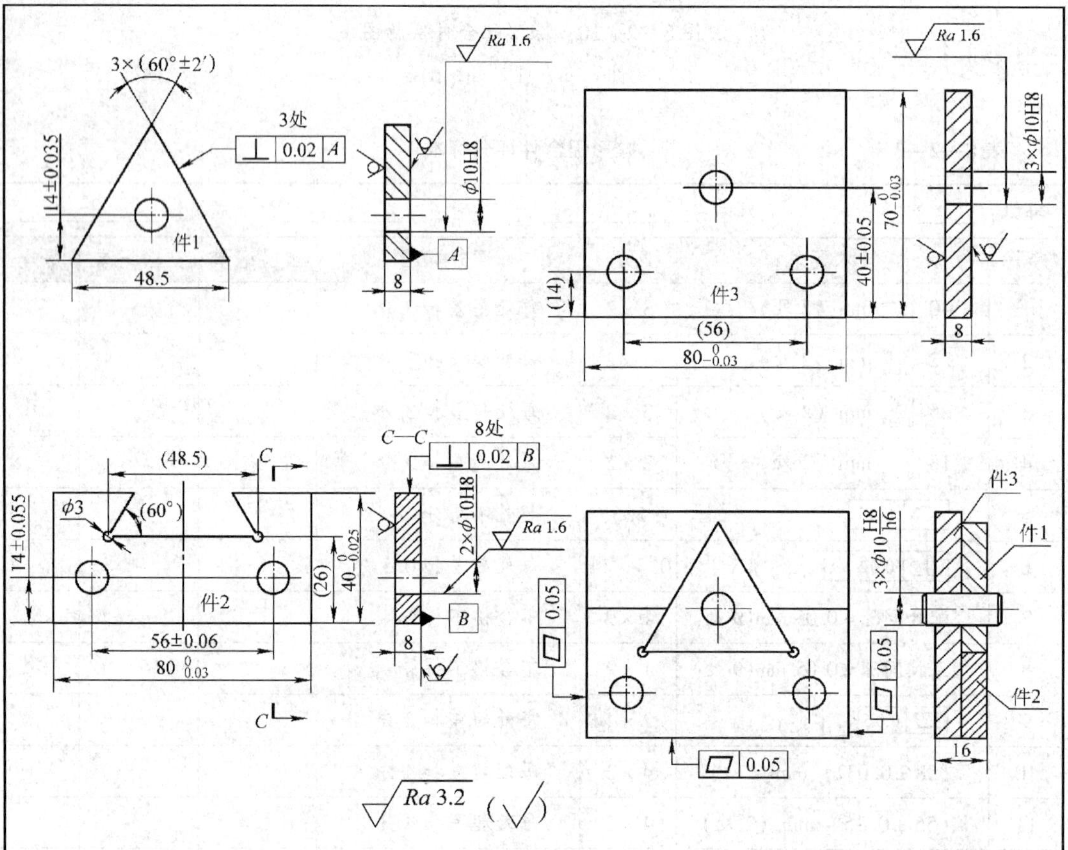

技术要求

1. 件2配合面按件1配作。
2. 件1转位120°配合，配合间隙、互换间隙不大于0.05。
3. 件2翻转180°配合，配合间隙、互换间隙不大于0.05。

名称	等级	材料	工时
正三角形转位组合件	中级	Q235	8h

图 8—3—1　正三角形转位组合件零件图

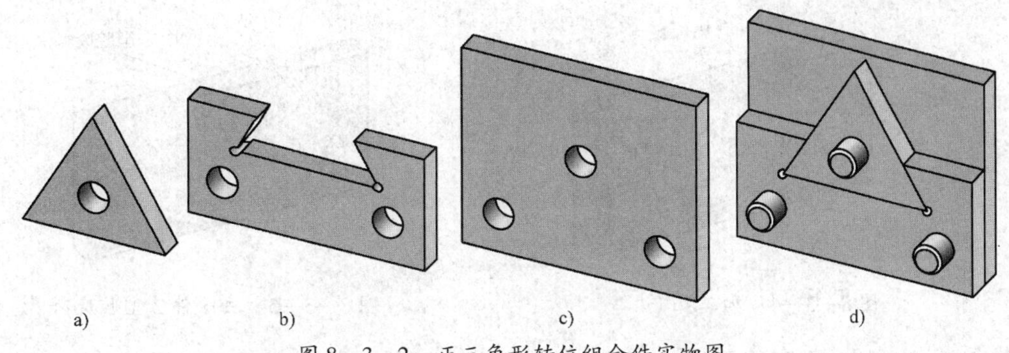

图 8—3—2 正三角形转位组合件实物图

a）件 1 b）件 2 c）件 3 d）配合

任务实施

一、实习步骤

1. 检查来料尺寸

2. 加工件 1

（1）钻、铰 ϕ10H8 的孔。

（2）用杠杆百分表和 ϕ10h6 的圆柱销比较测量正三角形孔距尺寸，保证 3 处尺寸（14 ± 0.035）mm，如图 8—3—3 所示。同时利用万能角度尺测量并控制角度 60°，并控制角度累积误差。 、

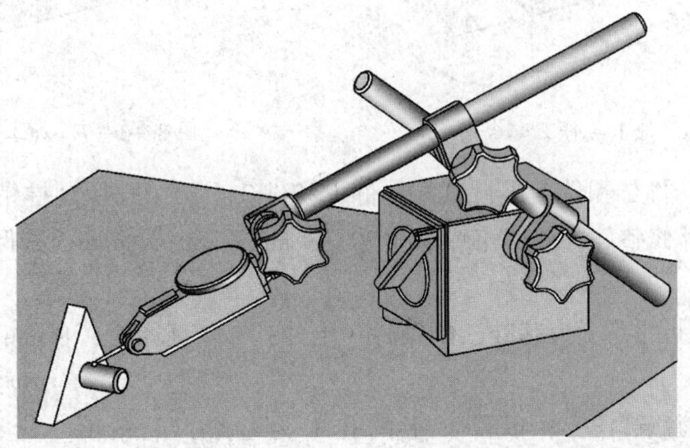

图 8—3—3 正三角形孔距尺寸的比较测量

3. 加工件 2

（1）划线钻孔 1（直径为 9.8 mm），并通过重新修整基准面控制孔 1 到基准面之间的孔距尺寸，如图 8—3—4 所示。

（2）划线加工件 2 轮廓尺寸 $80^{\ 0}_{-0.03}$ mm 和 $40^{\ 0}_{-0.025}$ mm，保证尺寸及形位精度要求。

（3）钻工艺孔和排孔，去除件 2 型腔废料，如图 8—3—5 所示。

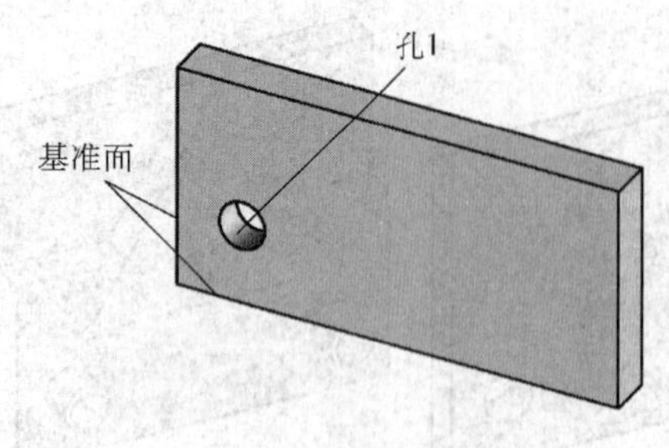

图 8—3—4　加工孔 1

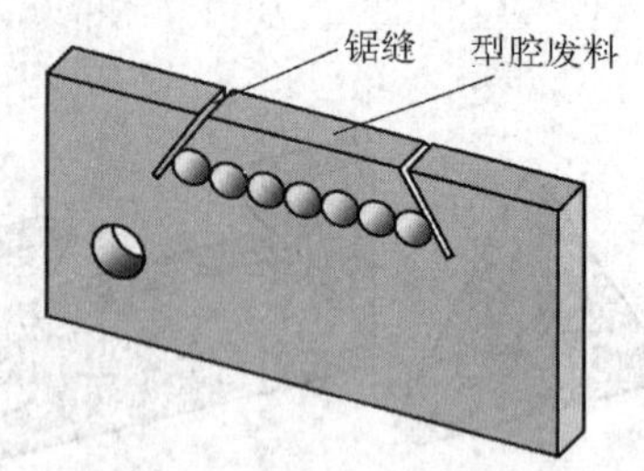

图 8—3—5　去除件 2 型腔废料

（4）按件 1 轮廓修配件 2 型腔，保证配合间隙、件 1 孔中心到件 2 底边尺寸（40 ±0.05）mm，以及件 1 孔中心对件 2 尺寸 $80\ _{-0.03}^{\ 0}$ mm 的左右对称，如图 8—3—6 所示。

4. 加工件 3

（1）划线并钻、铰件 3 中心 ϕ10H8 的孔，并通过修整基准面，保证孔中心线与基准面之间的距离，如图 8—3—7 所示。

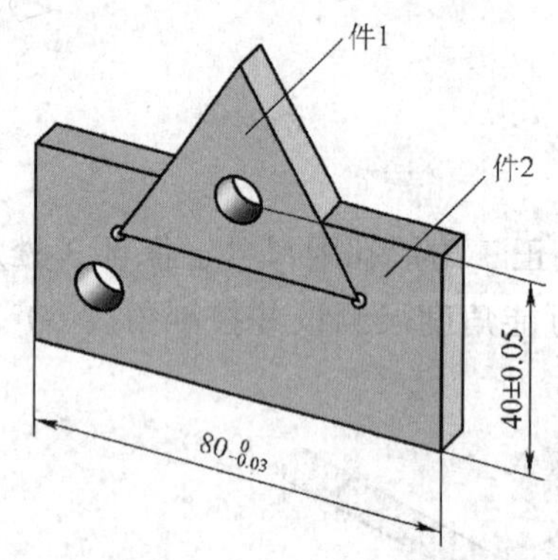

图 8—3—6　件 1 与件 2 配合

图 8—3—7　加工件 3 中心的孔

（2）将件 1、件 2 和件 3 进行试配，件 1 和件 3 上两个孔用圆柱销定位配合，根据件 1 和件 2 的尺寸修整件 3 外形轮廓尺寸 $70\ _{-0.03}^{\ 0}$ mm 和 $80\ _{-0.03}^{\ 0}$ mm，并保证配合后的侧边错位量。

（3）以件 2 上的孔 1 为基准，配钻件 3 上的孔 2（直径为 9. 8 mm），如图 8—3—8 所示。

（4）将件 2 翻转 180°，以件 2 上的孔 1 为基准，配钻件 3 上的孔 3（直径为 9. 8 mm），如图 8—3—9 所示。

（5）将组合件整体翻转 180°，以件 3 上的孔 2 为基准，配钻件 2 上的孔 4（直径为 9. 8 mm），如图 8—3—10 所示。

（6）将件 2 和件 3 组合在一起，孔 1 和孔 3 同铰，孔 2 和孔 4 同铰，保证所加工孔的尺寸精度以及位置精度。

（7）复检全部尺寸精度，锐边倒钝，去毛刺，交件待检。

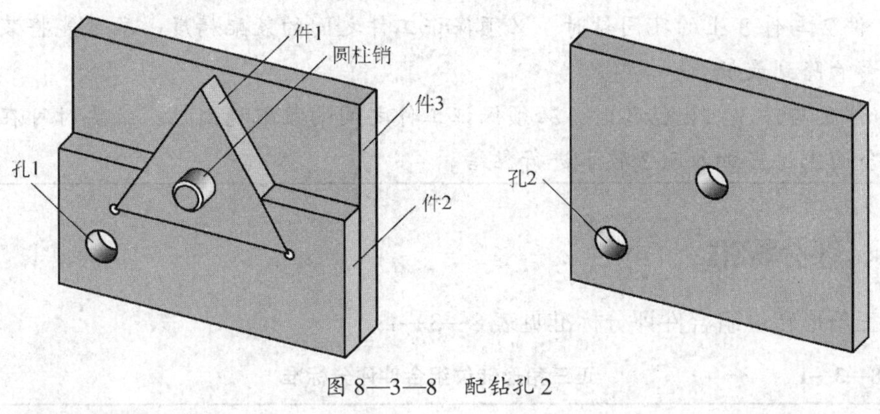

图 8—3—8 配钻孔 2

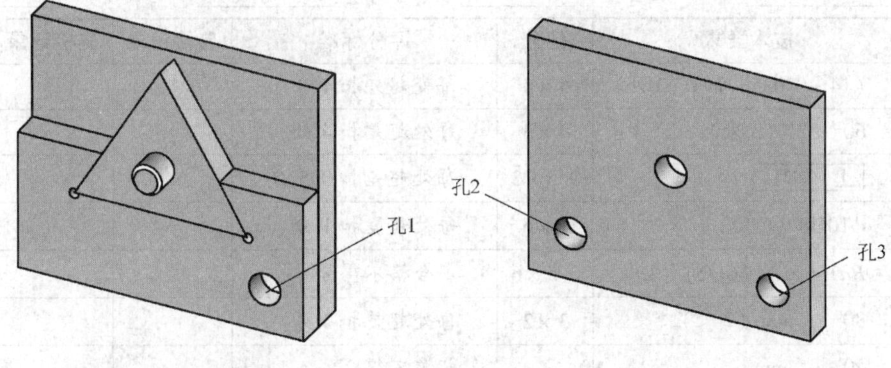

图 8—3—9 配钻孔 3

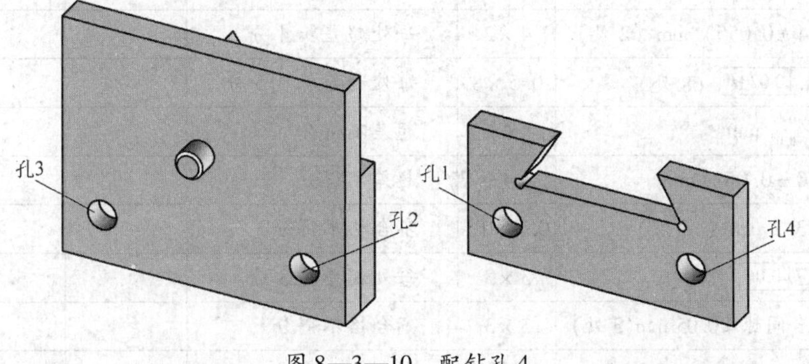

图 8—3—10 配钻孔 4

重点提示

加工正三角形转位组合件时应注意以下几点：

1. 测量件 1 中心孔的孔距尺寸时，杠杆百分表的触头应在靠近工件处进行测量，以提高测量精度。

2. 钻、铰孔前，装夹工件时一定要保证孔位垂直，否则无法保证互换装配要求。

3. 件 2 与件 3 上的孔同钻时，必须保证工件之间的装配精度，尽可能将装配误差带来的影响降到最低。

4. 件 2 与件 3 组合钻孔时，必须保证工件之间的装配稳固性，必要时可在两个工件的结合面上适当加入 502 胶水进行黏结。

二、评分标准

正三角形转位组合件评分标准见表 8—3—1。

表 8—3—1　　正三角形转位组合件评分标准

班级：________　姓名：________　学号：________　成绩：________

序号	技术要求	配分	评分标准	自检记录	交检记录	得分
1	（14 ±0.035）mm（3 处）	4 ×3	每处超差扣 4 分			
2	60° ±2′（3 处）	4 ×3	每处超差扣 4 分			
3	⊥ 0.02 A（3 处）	0.5 ×3	每处超差扣 0.5 分			
4	ϕ10H8（6 处）	1 ×6	每处超差扣 1 分			
5	*Ra*1.6 μm（6 处）	0.5 ×6	不合格不得分			
6	$80_{-0.03}^{0}$ mm（2 处）	3 ×2	每处超差扣 3 分			
7	$40_{-0.025}^{0}$ mm	4	超差不得分			
8	（56 ±0.06）mm	4	超差不得分			
9	（14 ±0.055）mm（2 处）	4 ×2	每处超差扣 4 分			
10	⊥ 0.02 B（8 处）	0.5 ×8	每处超差扣 0.5 分			
11	$70_{-0.03}^{0}$ mm	4	超差不得分			
12	（40 ±0.05）mm	4	超差不得分			
13	*Ra*3.2 μm（15 处）	0.5 ×15	不合格不得分			
14	▱ 0.05（3 处）	3 ×3	每处超差扣 3 分			
15	配合间隙≤0.05 mm(3 处)	3 ×3	不合格不得分			
16	互换间隙≤0.05 mm(6 处)	1 ×6	不合格不得分			
17	安全文明生产		违者每次倒扣 2 分，严重者倒扣 5 ~10 分			

任务拓展

1. 五方转位组合件的制作

试加工如图 8—3—11 所示的五方转位组合件，其实物图如图 8—3—12 所示。五方转位组合件评分标准见表 8—3—2。

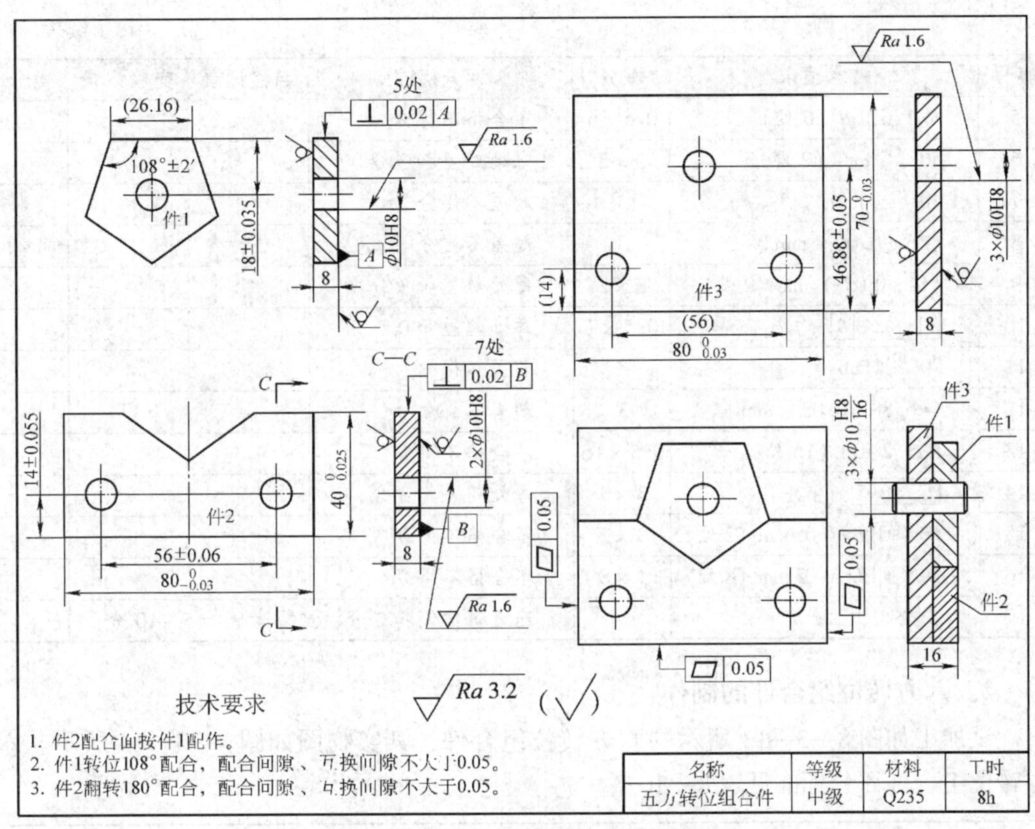

图 8—3—11　五方转位组合件零件图

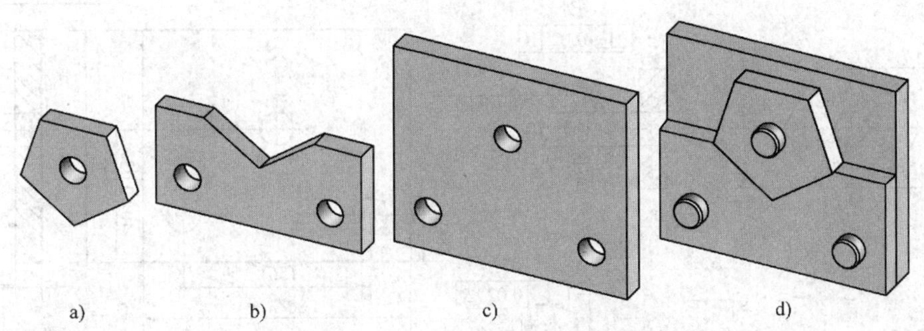

图 8—3—12　五方转位组合件实物图

a）件 1　b）件 2　c）件 3　d）配合

表 8—3—2　　五方转位组合件评分标准

班级：________　姓名：________　学号：________　成绩：________

序号	技术要求	配分	评分标准	自检记录	交检记录	得分
1	（18 ±0. 035） mm（5 处）	3 ×5	每处超差扣 3 分			
2	108° ±2′（5 处）	3 ×5	每处超差扣 3 分			
3	⊥ 0.02 A （5 处）	0. 5 ×5	每处超差扣 0. 5 分			
4	φ10H8（6 处）	1 ×6	每处超差扣 1 分			

续表

序号	技术要求	配分	评分标准	自检记录	交检记录	得分
5	Ra1.6 μm（6 处）	0.5×6	不合格不得分			
6	$80_{-0.03}^{0}$ mm（2 处）	3×2	每处超差扣 3 分			
7	$40_{-0.025}^{0}$ mm	3	超差不得分			
8	(56±0.06) mm	3	超差不得分			
9	(14±0.055) mm（2 处）	3×2	每处超差扣 3 分			
10	⊥ 0.02 B（7 处）	0.5×7	每处超差扣 0.5 分			
11	$70_{-0.03}^{0}$ mm	3	超差不得分			
12	(46.88±0.05) mm	3	超差不得分			
13	Ra3.2 μm（16 处）	0.5×16	不合格不得分			
14	▱ 0.05（3 处）	3×3	每处超差扣 3 分			
15	配合间隙≤0.05 mm（2 处）	3×2	不合格不得分			
16	互换间隙≤0.05 mm（8 处）	1×8	不合格不得分			
17	安全文明生产		违者每次倒扣 2 分，严重者倒扣 5～10 分			

2. 六方转位组合件的制作

试加工如图 8—3—13 所示的六方转位组合件，其实物图如图 8—3—14 所示。六方转位组合件评分标准见表 8—3—3。

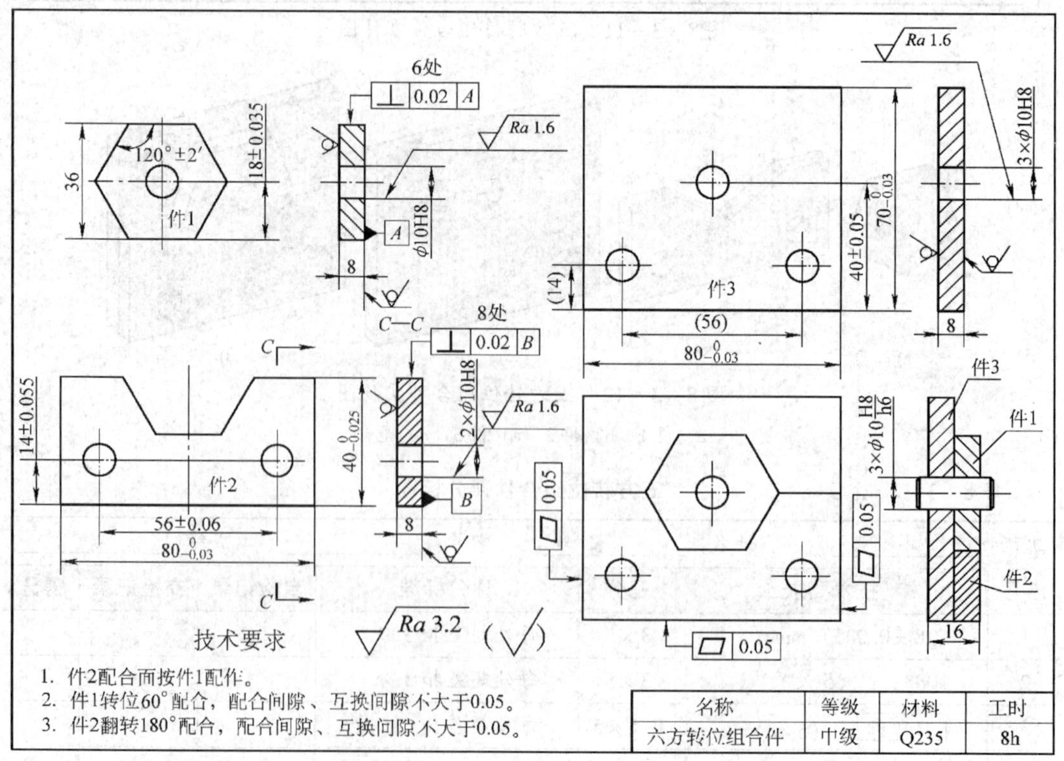

图 8—3—13　六方转位组合件零件图

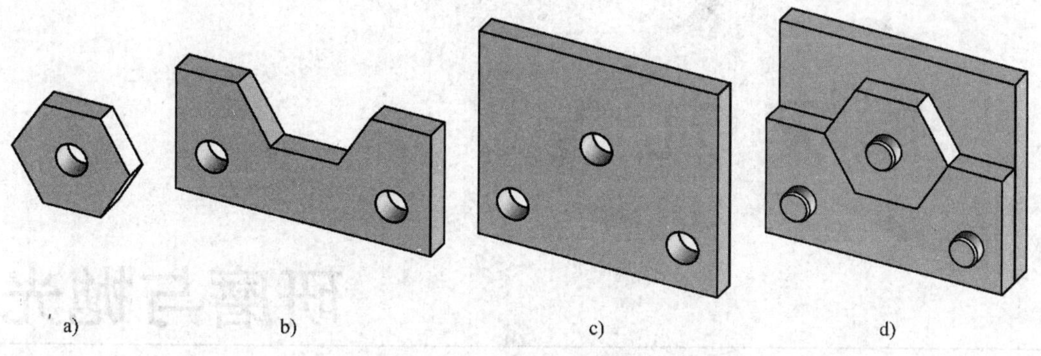

图 8—3—14 六方转位组合件实物图

a）件1 b）件2 c）件3 d）配合

表 8—3—3 六方转位组合件评分标准

班级：______ 姓名：______ 学号：______ 成绩：______

序号	技术要求	配分	评分标准	自检记录	交检记录	得分
1	（18 ±0.035）mm（6 处）	2×6	每处超差扣 2 分			
2	120° ±2′（6 处）	2×6	每处超差扣 2 分			
3	⊥ 0.02 A（6 处）	0.5×6	每处超差扣 0.5 分			
4	ϕ10H8（6 处）	1×6	每处超差扣 1 分			
5	*Ra*1.6 μm（6 处）	0.5×6	不合格不得分			
6	$80_{-0.03}^{0}$ mm（2 处）	3×2	每处超差扣 3 分			
7	$40_{-0.025}^{0}$ mm	3	超差不得分			
8	（56 ±0.06）mm	4	超差不得分			
9	（14 ±0.055）mm（2 处）	3×2	每处超差扣 3 分			
10	⊥ 0.02 B（8 处）	0.5×8	每处超差扣 0.5 分			
11	$70_{-0.03}^{0}$ mm	3	超差不得分			
12	（40 ±0.05）mm	3.5	超差不得分			
13	*Ra*3.2 μm（18 处）	0.5×18	不合格不得分			
14	▱ 0.05（3 处）	3×3	每处超差扣 3 分			
15	配合间隙≤0.05 mm(3 处)	3×3	不合格不得分			
16	互换间隙≤0.05 mm（15 处）	0.5×15	不合格不得分			
17	安全文明生产		违者每次倒扣 2 分，严重者倒扣 5～10 分			

研磨与抛光

任务一 刀口形直尺的研磨

工作任务

研磨是在采用其他金属切削加工方法不能满足工件精度和表面质量的情况下所采用的一种精密加工工艺。如图 9—1—1 所示为刀口形直尺零件图，其实物图如图 9—1—2 所示，从图中可知其表面质量和几何公差的要求都比较高，可以最终用手工研磨的方法达到图样要求。

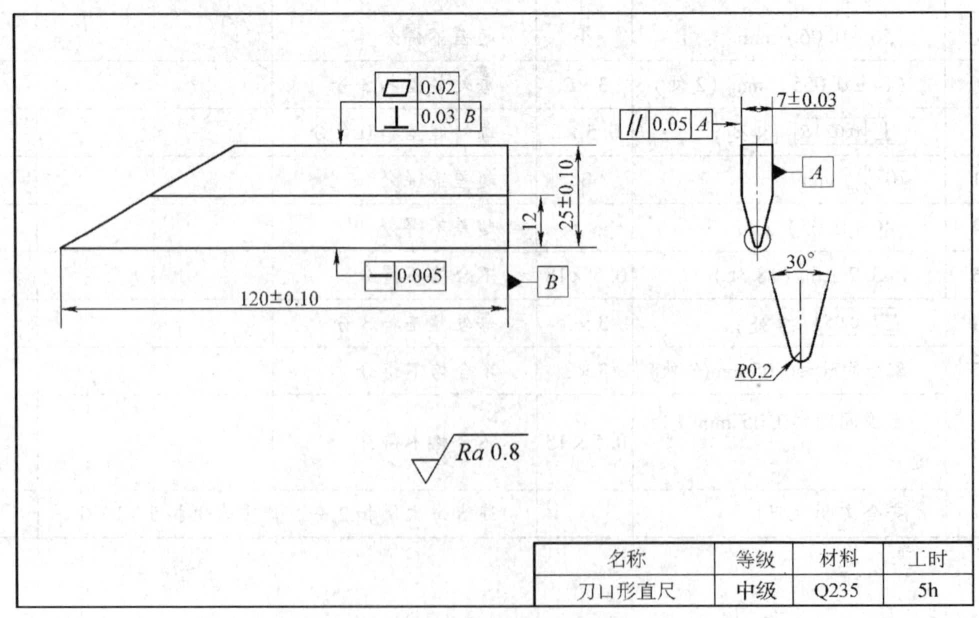

图 9—1—1 刀口形直尺零件图

在手工研磨过程中，为了更好地达到刀口形直尺的精度要求，必须较好地掌握平面研磨的一般方法，选择正确的研具及合适的磨粒以取得较好的效果。

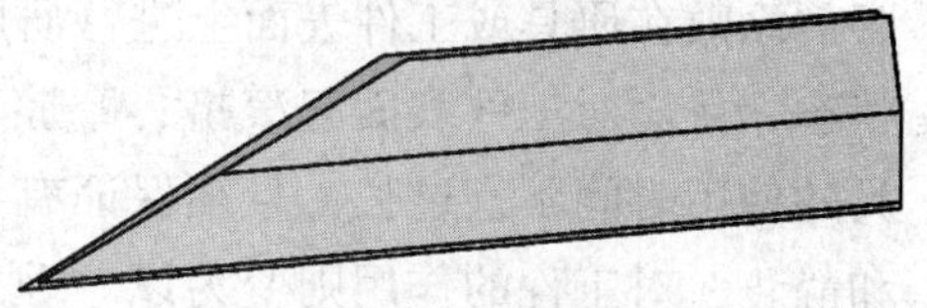

图 9—1—2 刀口形直尺实物图

相关理论

1. 研磨场地的要求

研磨是对工件的超精加工，为了保证工件的研磨质量，研磨场地需满足一定的要求。

（1）研磨场地的温度最好控制在20℃ ±5℃；如工件的形位误差为 5 ~ 10 μm，条件受限制时也可在常温下进行研磨。

（2）空气湿度不能过大，一般相对湿度为40% ~60%。

（3）用于精密研磨的工作场地要保证空气清洁。

（4）精密研磨的场地应选择在坚实的地基上，防止由于振动而影响加工和对加工精度的测量。

2. 研磨加工方法

研磨加工方法有压嵌研磨法和涂敷研磨法两种。

（1）压嵌研磨法

压嵌研磨法适用于尺寸精度在 1 μm 左右、表面粗糙度值在 *Ra*0. 8 μm 以上的工件表面。压嵌研磨法以物理作用为主，兼有化学作用。工作时，预先将细微粉粒均匀地撒在两研具工作表面上，再使研具互相对研，将细微粉粒嵌入研具工作表面，构成具有一定牢度的“多刃”研削面，如图 9—1—3 所示。工件经这种嵌附微粒的研具研磨后，表面纹路细密，能得到准确的尺寸精度和很小的表面粗糙度值。

压嵌研磨法的研磨效率较低，而且对工作场地的清洁度要求较高，一般用于研磨精度要求较高的工件。

（2）涂敷研磨法

涂敷研磨法以物理作用为主，兼有化学作用，如图 9—1—4 所示。工作时，把研

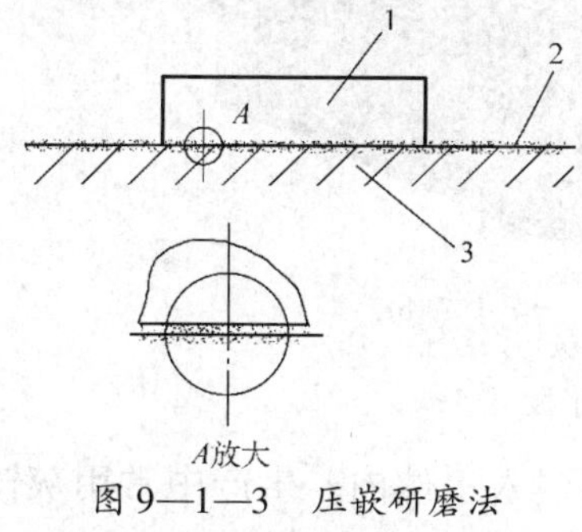

图 9—1—3 压嵌研磨法

1—工件 2—研磨剂 3—研具

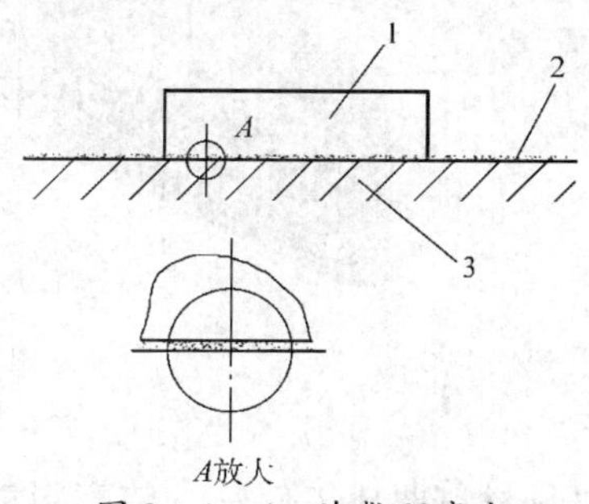

图 9—1—4 涂敷研磨法

1—工件 2—研磨剂 3—研具

磨剂涂敷在研具或工件表面上进行研磨，磨粒在研具和工件表面间处于浮动的半运动状态，从而对工件表面起滚挤、摩擦和研削的综合作用。采用涂敷研磨法研磨时，研具的使用时间不宜过长，且须保证有足够的润滑液，否则磨粒将由浮动逐步变为呆滞和静止，对工件的作用则变为以“刮削”为主，不仅使工件达不到预期的质量要求，而且会使加工面出现划痕等缺陷。

3. 研磨剂的选用

研磨剂是由磨粒和润滑液混合而成的一种混合剂。

（1）磨粒的选用

磨粒的作用是研削工件表面，其种类很多，应根据工件材料和加工精度进行选择。研磨钢件或铸铁时，可用刚玉或白色刚玉，精研时可用氧化铬。磨料粒度的选用：粗研磨，表面粗糙度值大于 *Ra*0.2 μm 时，可用粗磨粒，粒度号在100～280范围内选取。精研磨，表面粗糙度值为 *Ra*0.2～0.1 μm 时，选用 W40～W20 的微粉；表面粗糙度值为 *Ra*0.1～0.05 μm 时，可用 W14～W7 的微粉；表面粗糙度值小于 *Ra*0.05 μm 时，可用 W5 以下的微粉。

（2）润滑液的选用

润滑液在研磨过程中主要起调和、润滑、冷却、促进表面氧化以及加速研磨过程等作用。

在选用润滑液时，粗研钢件一般用煤油、汽油或机油；精研时可用机油（或透平油、电容器油）与煤油的混合液。

（3）研磨膏的选用

研磨膏是事先由研磨粉、研磨液和黏结剂配制而成的。使用时，将研磨膏加机油稀释后即可进行研磨。研磨膏分粗、中、精三种，可按研磨精度的高低选用。

4. 平面研磨法

（1）研磨工具

平面研磨通常采用标准研磨平板，如图9—1—5所示。粗研磨时，平板上可开槽，以避免过多的研磨剂浮在平板上，易使工件研平。精研时则用精密镜面平板。

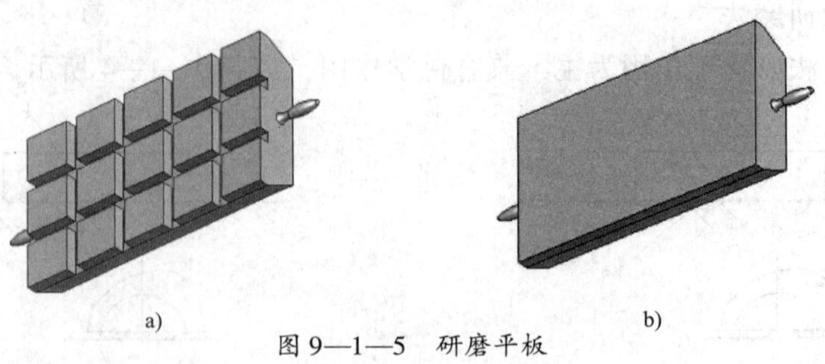

图9—1—5　研磨平板
a）粗研平板　b）精研平板

研具材料要比工件软，使磨料能嵌入研具而不嵌入工件内。生产中常用灰铸铁作为研具材料，它具有润滑性能好、耐磨、研磨效率高等优点；另外，还可用低碳钢

(研磨螺纹和小直径工件)、纯铜或黄铜(研磨余量大的工件)作为研具材料。

(2)研磨运动

为了使工件达到理想的研磨效果,并保证研具的磨损均匀,根据工件形状的不同,常采用不同的研磨运动轨迹,如图 9—1—6 所示。

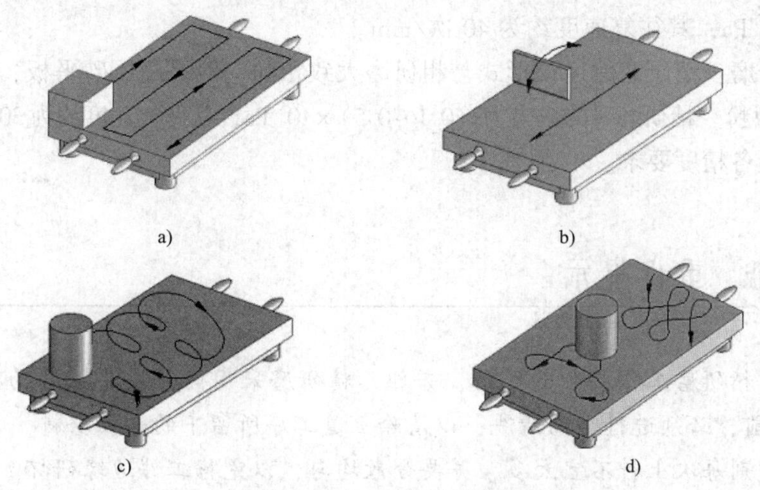

图 9—1—6 研磨运动轨迹

a)直线运动轨迹 b)直线摆动运动轨迹

c)螺旋形运动轨迹 d)"8"字形和仿"8"字形运动轨迹

(3)研磨速度和压力

研磨应在低压、低速情况下进行。粗研时,压力以 $(1\sim2)\times10^5$ Pa 为宜,速度以 50 次/min左右为宜;精研时,压力以 $(0.1\sim0.5)\times10^5$ Pa 为宜,速度以 30 次/min 左右为宜。

任务实施

一、实习步骤

1. 对工件进行检查,倒钝锐边。

2. 由于上道工序一般采用磨削,需对留有余磁的工件进行去磁处理,以达到不能吸附细小铁屑为准。

3. 检验预加工质量,使其工作面及两侧面的直线度误差不超过 0.03 mm/100 mm;两斜面处圆角部位的研磨余量应均匀。

4. 粗研磨:用浸湿汽油的棉花束沾上 W20 ~ W10 的研磨粉均匀涂敷在平板的研磨面上,进行粗研磨。如果工作场地的温度高,尚需滴上适量的煤油,使保持一定的湿润性。粗研方法如图

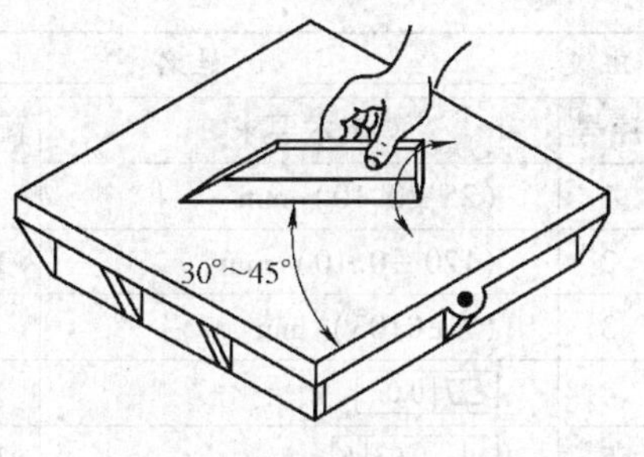

图 9—1—7 粗研方法

9—1—7 所示。

由于该刀口形直尺规格较小，研磨时，可用右手的拇指、食指和中指分别捏持两侧非工作面中部，工件的纵向与操作者的正面视线成 30°～45°夹角，其研磨运动是沿其纵向移动和以其纵向中心面为轴线做 30°左右摆动相结合的运动形式。工作压力为 $(1\sim2)\times10^5$ Pa，其往复速度约为 40 次/min。

5. 精研磨：精研磨的运动形式与粗研磨大致相同，但采用压砂平板，研磨粉选用 W5 左右的微粉。精研磨时的压力为 $(0.1\sim0.5)\times10^5$ Pa，其往复速度约为 30 次/min。

6. 检验各精度要求。

重点提示

1. 粗、精研磨工作要分开进行，若粗、精研磨采用同一块平板作为研具，在改变研磨工序前，必须进行全面清洗，以清除上道工序所留下的较粗磨料。

2. 研磨剂每次上料不宜太多，并要分散均匀，以免将工件边缘研坏。

3. 研磨时需特别注意清洁工作，不要使研磨剂中混入杂质，以免反复研磨时划伤工件表面。

4. 在研磨时需使用整个平板表面，使平板各部分磨损均匀。

5. 研窄平面要采用导靠块，研磨时使工件靠紧，保持被研平面与侧面垂直，以避免产生倾斜和圆角。

6. 应经常改变工件在研具上的研磨位置，以防止因研具磨损而降低研磨质量。同时，为了使工件均匀受压，应在研磨一段时间后将工件调头研磨。

7. 超精研磨前，要用天然油石把嵌入平板表面的硬质点磨平，以保证工件得到较小的表面粗糙度值。

二、评分标准

刀口形直尺研磨评分标准见表 9—1—1。

表 9—1—1　　　　刀口形直尺研磨评分标准

班级：＿＿＿＿　姓名：＿＿＿＿　学号：＿＿＿＿　成绩：＿＿＿＿

序号	技术要求	配分	评分标准	自检记录	交检记录	得分
1	(25 ±0.10) mm	6	超差不得分			
2	(120 ±0.10) mm	15	超差不得分			
3	(7 ±0.03) mm	6	超差不得分			
4	⏥ 0.02	5	超差不得分			
5	⊥ 0.03 B	10	超差不得分			

续表

序号	技术要求	配分	评分标准	自检记录	交检记录	得分
6	⏤ 0.005	25	超差不得分			
7	// 0.05 A	15	超差不得分			
8	*Ra*0.8 μm（7 处）	4×7	不合格不得分			
9	安全文明生产		违者每次倒扣 2 分，严重者倒扣 5~10 分			

任务拓展

精调定位块零件图如图 9—1—8 所示，其实物图如图 9—1—9 所示，试利用所学的研磨方法对其进行加工。精调定位块研磨评分标准见表 9—1—2。

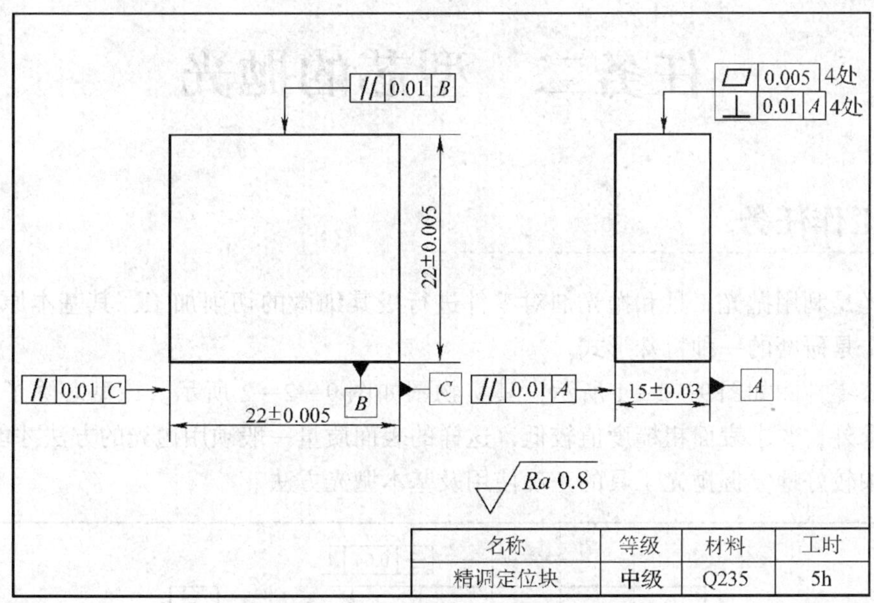

图 9—1—8　精调定位块零件图

图 9—1—9　精调定位块实物图

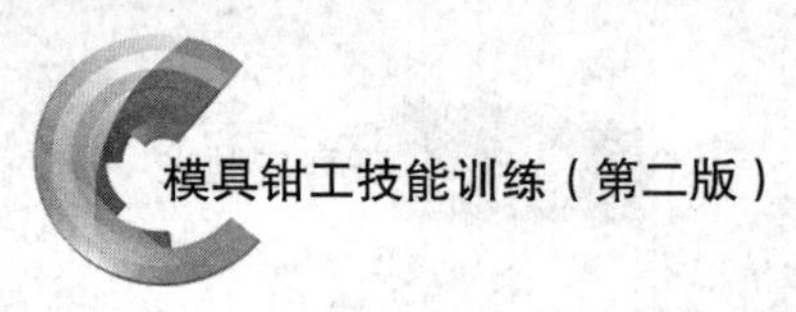

表 9—1—2　　精调定位块研磨评分标准

班级：　　　姓名：　　　学号：　　　成绩：

序号	技术要求	配分	评分标准	自检记录	交检记录	得分
1	(15 ±0.03) mm	4	超差不得分			
2	(22 ±0.005) mm (2 处)	8×2	每处超差扣 8 分			
3	⏥ 0.005 (4 处)	6×4	每处超差扣 6 分			
4	// 0.01 A	4	超差不得分			
5	⊥ 0.01 A (4 处)	6×4	每处超差扣 6 分			
6	// 0.01 B	5	超差不得分			
7	// 0.01 C	5	超差不得分			
8	*Ra*0.8 μm (6 处)	3×6	不合格不得分			
9	安全文明生产		违者每次倒扣 2 分，严重者倒扣 5～10 分			

任务二　型芯的抛光

工作任务

抛光是利用抛光工具和抛光剂对零件进行极其细微的切削加工，其基本原理与研磨相同，是研磨的一种特殊形式。

型芯零件图如图 9—2—1 所示，其实物图如图 9—2—2 所示。该型芯除了一定的尺寸要求外，要求表面粗糙度值较低，这样的表面质量一般须用抛光的方法才能达到，因而必须较好地掌握抛光工具的正确使用及基本抛光方法。

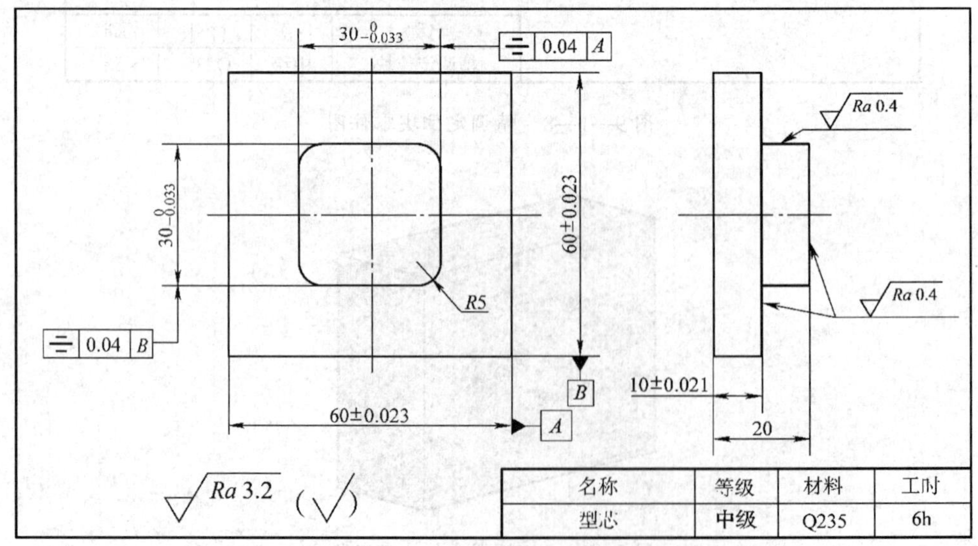

图 9—2—1　型芯零件图

相关理论

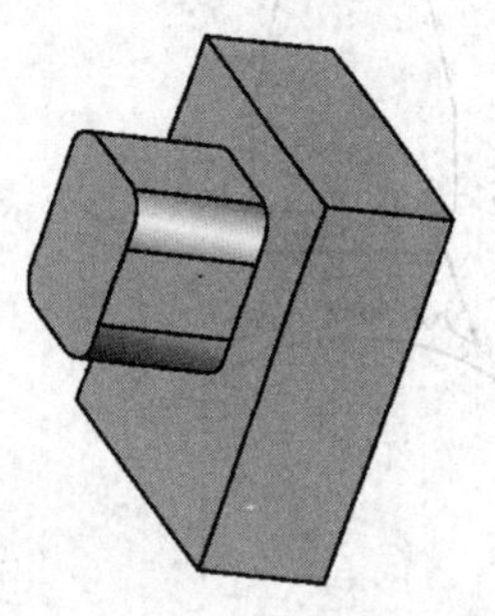

图 9—2—2 型芯实物图

1. 手工抛光工具及抛光方法

（1）平面抛光机

如图 9—2—3 所示为平面抛光机，其手柄部分用硬木制成，在研磨面上刻有大小适当的凹槽，在离研磨面稍高的地方刻有用于缠绕布类制品的止动凹槽。

若用粒度较粗的研磨剂进行一般抛光，只需将研磨膏涂在抛光器的研磨面上进行抛光加工即可。

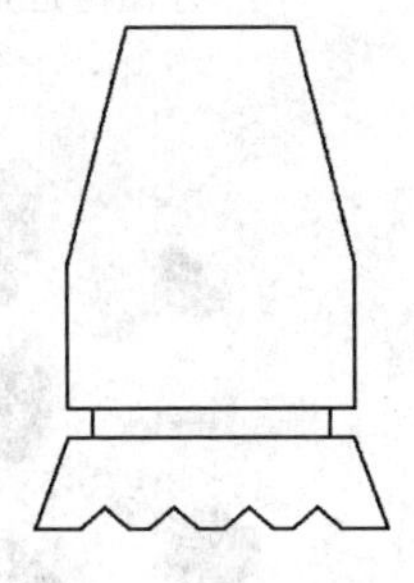

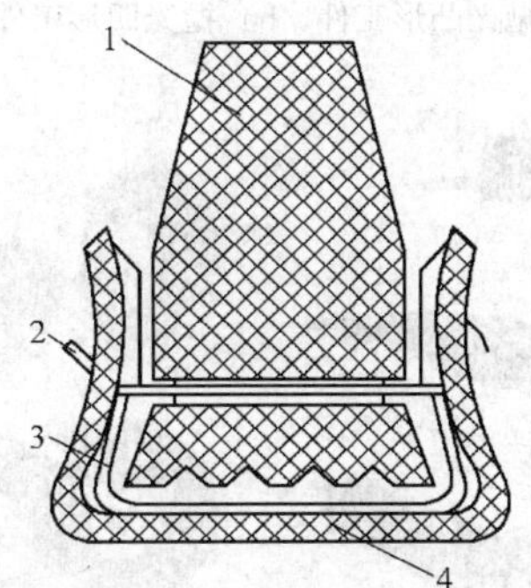

图 9—2—3 平面抛光机

1—木制手柄 2—铁丝 3—人造皮革 4—尼龙布

若使用极细的微粉（如 W1）进行抛光作业，可将人造皮革缠绕在研磨面上，再把磨料放在人造皮革上并以尼龙布缠绕，用铁丝沿止动凹槽将其捆紧后进行抛光加工。

若使用更细的磨料进行抛光，可把磨料放在经过尼龙布包扎的人造皮革上，再以粗料棉布或法兰绒进行包扎，之后再进行抛光加工。原则上是，磨料越细采用越柔软的包卷用布。每一种抛光机只能使用两种粒度的磨粒。各种抛光机不可混放在一起，应使用专用密封容器保管。

（2）球面抛光机

如图 9—2—4 所示为球面抛光机，其制作方法与平面抛光机基本相同。抛光凸形工件时，所用研磨面的曲率半径一般要比工件曲率半径大 3 mm，抛光凹形工件时，所用研磨面的曲率半径要比工件曲率半径小 3 mm。

（3）自由曲面抛光机

如图 9—2—5 所示为自由曲面抛光机，对自由曲面进行抛光时，应尽量使用小型抛光机，因为抛光机越小，越容易模拟自由曲面的形状。

2. 电动抛光机及抛光方法

由于模具零件工作型面与型腔的手工研磨、抛光工作量大，因此，在模具制造业中已广泛采用电动抛光机（见图 9—2—6）进行抛光加工。

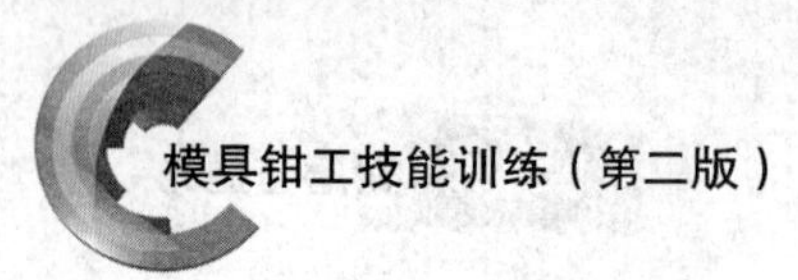

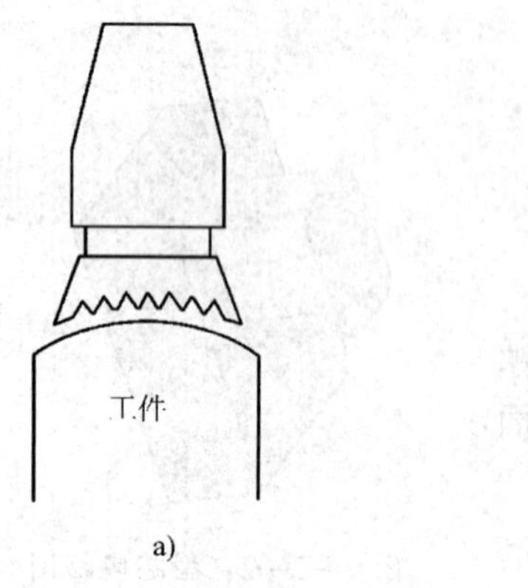

图 9—2—4　球面抛光机

a）抛光凸形工件　b）抛光凹形工件

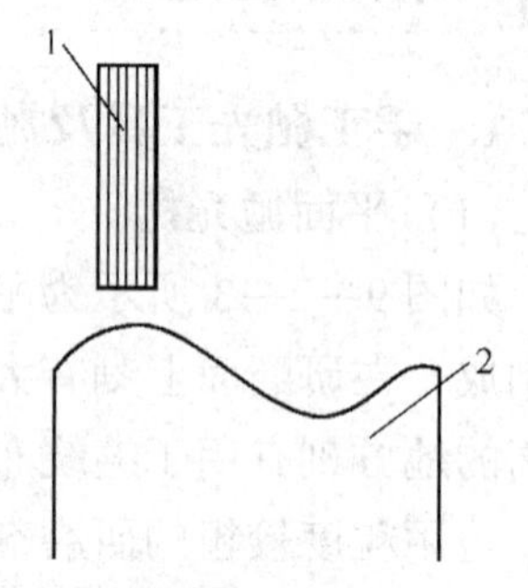

图 9—2—5　自由曲面抛光机

1—小型抛光机　2—工件

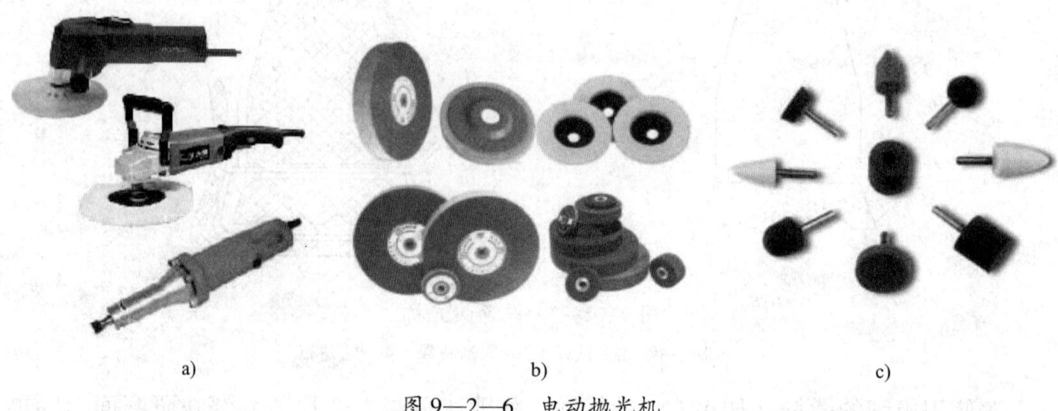

图 9—2—6　电动抛光机

a）电动工具　b）砂轮　c）研抛头

如图 9—2—6 所示，电动抛光机由高速旋转的电动机带动软轴旋转，在软轴端可装有砂轮、砂布、油石或者专用的几种研抛头。启动电动机后，通过软轴使砂轮、砂布、油石做旋转运动或往复运动，对零件的型面进行研磨、抛光。

3. 气动抛光机及抛光方法

气动工具的用途与电动工具的用途基本一样，甚至用起来比电动工具更为便捷。气动工具与电动工具相比，其特点有：输出的功率比电动工具大；当遇到超出负荷的情况，仅仅是停止运转，之后如果异常情况恢复，就会正常运转，不会影响到工具本身；耐水性非常强，虽然遇水会损坏工具，但是不会像电动工具一样，沾水后会产生致命的危险；操作简单，维护简单方便；工具本身的结构比较特别，使用过程中不会产生火花，在容易造成点燃或者爆炸的场合可以放心使用；虽然气动工具前期投入较电动工具高，但使用后节省能源消耗、维修的成本，能长时间使用，保养费用比较低，更加环保。

气动抛光机如图 9—2—7 所示，它是利用压缩空气带动气动马达对外输出动能的一种气动工具，和电动抛光机一样，用布、毡等抛光轮对各种材料表面进行抛光。

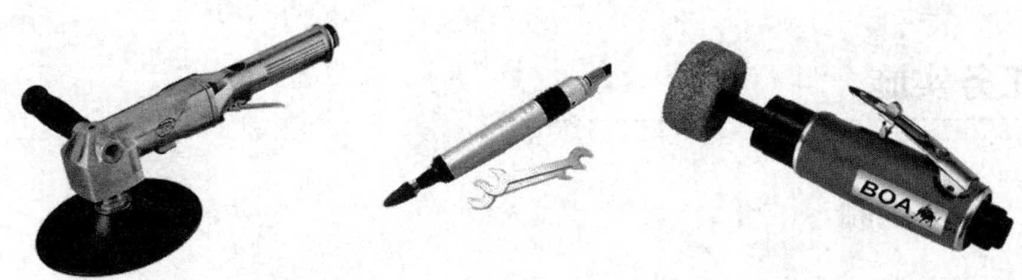

图 9—2—7 气动抛光机

4. 抛光操作要点

(1) 由于抛光的基本原理与研磨相同，因此，对研磨的工艺要求同样也适用于抛光。

(2) 在具体确定抛光工艺时，应根据操作者的经验、所使用的工艺装备及材料性能等情况来确定工艺规范。

(3) 在抛光时，应先用硬的抛光工具进行研抛，然后再换软质抛光工具进行精抛。当选好了抛光工具后，可先用较粗粒度的抛光膏进行研抛，然后再逐步减小抛光膏的粒度。

一般情况下，每个抛光工具只能使用同一种粒度的抛光膏，不能混用。在手工抛光时，抛光膏涂在工具上。

(4) 应严格保持工作场地的清洁，操作人员要时刻注意个人卫生，防止不同粒度的磨料相互混淆，污染和影响抛光现场的工艺卫生。

(5) 在研抛时，应注意抛光工序间的清洗工作，要求每更换一次不同粒度号的磨料，就要用煤油清洗一次，不能把上道工序使用的磨料带入到下道工序中去。

(6) 要根据抛光工具的硬度和抛光膏的粒度来施加压力。磨料越细，则用在抛光工具上的压力就越轻，采用的抛光剂也就越稀。

(7) 抛光用的润滑剂和稀释剂有煤油、汽油以及牌号为 L—AN32 和 L—AN46 的全损耗系统用油、无水乙醇及工业透平油等。对这些润滑、清洗、稀释剂均要加盖保存。使用时，应分别采用玻璃吸管吸点法，轻轻地点在抛光件上，不要用毛刷往抛光件上涂抹。

(8) 使用抛光毡轮、海绵抛光轮、牛皮抛光轮等柔软抛光工具时，一定要经常检查这些柔性物质的研磨状况，以防止因研磨过量而露出与其连接的金属铁杆，造成抛光面的损伤。一般要求当柔性部分还有 2 ~ 3 mm 时，及时更换新轮。

5. 鉴定本道抛光工序结束的方法

(1) 仔细观察抛光运动方向交叉变化的情况，当上道工序留下的抛光痕迹看不到时，可以结束本道工序。

(2) 每道工序的抛光痕迹随着抛光方向的转变会迅速跟随转移，即痕迹纹路取向一边倒。转一个方向研抛，其痕迹马上又朝此方向一边倒，当见不到与研磨方向垂直的任何痕迹时，可以结束本道工序。

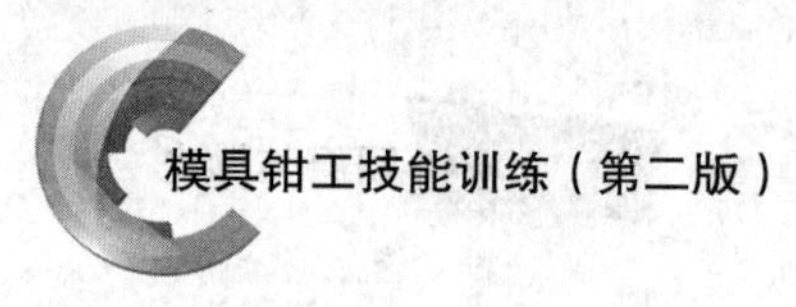

任务实施

一、实习步骤

1. 检查来料，修整基准。

2. 加工凸台，保证对称精度及表面粗糙度值达 *Ra*3.2 μm，并给需要抛光的表面留 0.02～0.08 mm 的抛光余量。

3. 将需要抛光的表面用煤油擦洗干净。

4. 选用粒度号为 100～150 的油石进行打磨，打磨时应使油石打磨的方向与被加工件的原加工纹路方向垂直交叉。

5. 当确定原加工痕迹被研抛掉后，清洗表面，更换更细一级的油石进行打磨，照此加工方法，直至更换到粒度号为 240 的油石为止。

6. 当用粒度号为 240 的油石打磨结束后，清洗表面，改用 280 号金相砂布打磨，并逐渐更换更细的金相砂布，当金相砂布更换到 500 号时，砂布打磨结束。在用砂布打磨时，清洗时应用脱脂棉蘸煤油轻轻地擦拭，不得用棉纱擦拭。

7. 当砂布打磨结束后，改用研磨膏进行精密抛光，第一遍一般选用 W40 的研磨膏，然后分别更换 W20、W10、W5、W2.5 和 W1 的研磨膏，这样逐级提高，直到符合加工精度要求为止。

8. 复检，修整。

重点提示

抛光时的注意事项如下：

1. 抛光时必须注意工作场地的卫生及个人卫生。

2. 抛光时余量不能留得太多也不能留得过小，一般根据零件的尺寸精度而定。

3. 在抛光时，可根据工件抛光前原始的表面粗糙度情况来选择不同规格的油石或砂轮。

4. 在精密抛光时，作用在抛光工具上的压力应适当。

二、评分标准

型芯抛光评分标准见表 9—2—1。

表 9—2—1　　　　型芯抛光评分标准

班级：＿＿＿＿　姓名：＿＿＿＿　学号：＿＿＿＿　成绩：＿＿＿＿

序号	技术要求	配分	评分标准	自检记录	交检记录	得分
1	$30^{\ 0}_{-0.033}$ mm（2 处）	5×2	每处超差扣 5 分			
2	（60±0.023）mm（2 处）	3×2	每处超差扣 3 分			
3	（10±0.021）mm	4	超差不得分			
4	⌯ 0.04 A	5	超差不得分			
5	⌯ 0.04 B	5	超差不得分			
6	抛光工具的正确使用	30	不合格不得分			
7	*Ra*0.4 μm（6 处）	6×6	不合格不得分			
8	*Ra*3.2 μm（4 处）	1×4	不合格不得分			
9	安全文明生产		违者每次倒扣 2 分，严重者倒扣 5～10 分			

任务拓展

模具的型腔零件图如图 9—2—8 所示，其实物图如图 9—2—9 所示。该型腔的主要加工由前期的机械加工完成，最后需由钳工进行抛光加工，抛光要求如零件图所示。型腔抛光评分标准见表 9—2—2。

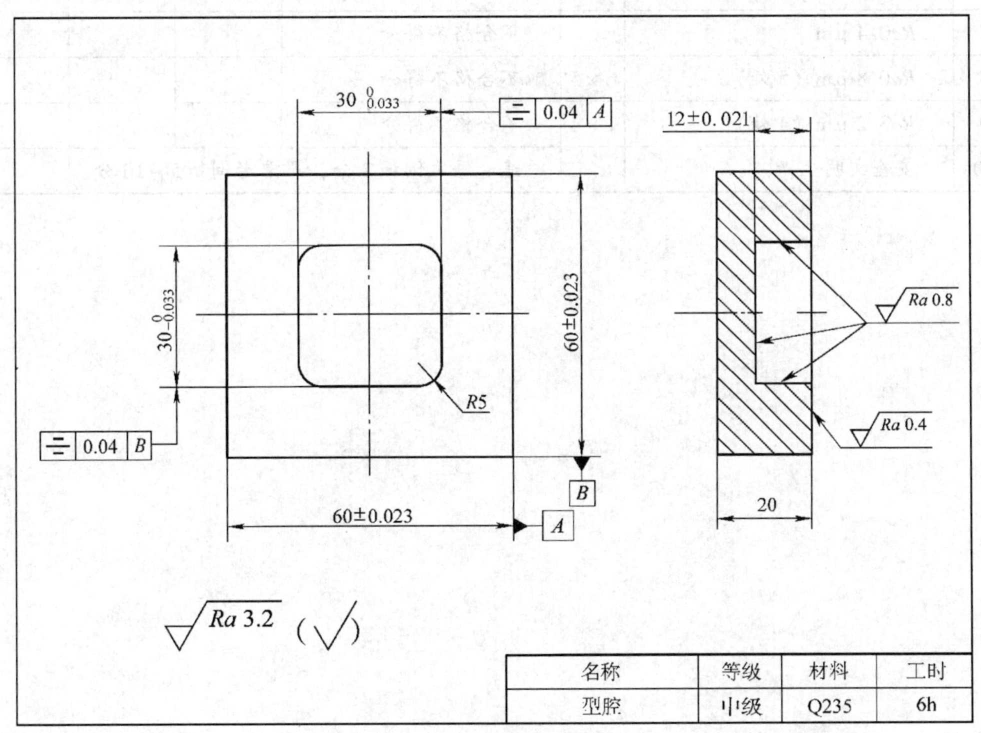

图 9—2—8　型腔零件图

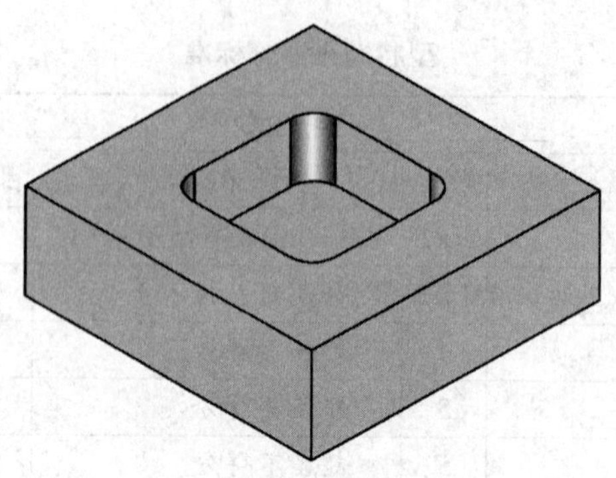

图 9—2—9　型腔实物图

表 9—2—2　　型腔抛光评分标准

班级：＿＿＿＿　姓名：＿＿＿＿　学号：＿＿＿＿　成绩：＿＿＿＿

序号	技术要求	配分	评分标准	自检记录	交检记录	得分
1	$30_{-0.033}^{0}$ mm（2 处）	5×2	每处超差扣 5 分			
2	（60±0.023）mm（2 处）	3×2	每处超差扣 3 分			
3	（12±0.021）mm	4	超差不得分			
4	⌯ 0.04 A	5	超差不得分			
5	⌯ 0.04 B	5	超差不得分			
6	抛光工具的正确使用	30	不合格不得分			
7	Ra0.4 μm	6	不合格不得分			
8	Ra0.8 μm（5 处）	6×5	不合格不得分			
9	Ra3.2 μm（4 处）	1×4	不合格不得分			
10	安全文明生产		违者每次倒扣 2 分，严重者倒扣 5～10 分			

模块 十

模具的制作

任务一　弯形模的制作

工作任务

弯形是使材料产生塑性变形，形成一定的角度或一定曲率形状零件的冲压工序。弯形料可以是板料、型材，也可以是棒料、管材等。

直角弯形模装配示意图如图 10—1—1 所示，其实物图如图 10—1—2 所示。利用该

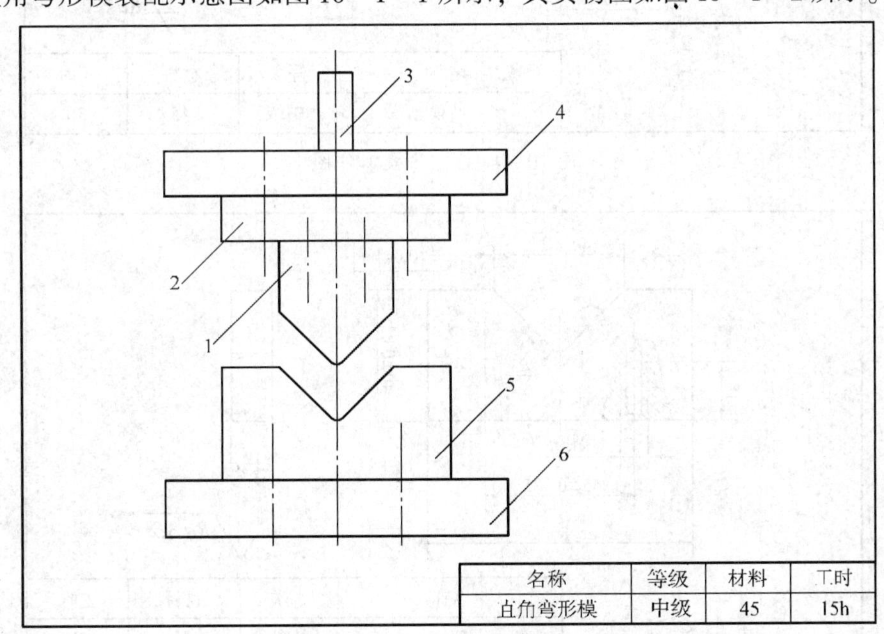

名称	等级	材料	工时
直角弯形模	中级	45	15h

图 10—1—1　直角弯形模装配示意图

1—凸模　2—凸模固定板　3—模柄　4—上模板　5—凹模　6—下模板

模具可把一定的薄板料弯成 V 形件，这类模具也称为 V 形件弯曲模。直角弯形模各零件的零件图如图 10—1—3 至图 10—1—8 所示，各零件的实物图如图 10—1—9 所示。本任务通过制作直角弯形模，了解弯形模的基本结构及工作原理，以及装配模具的基本方法。

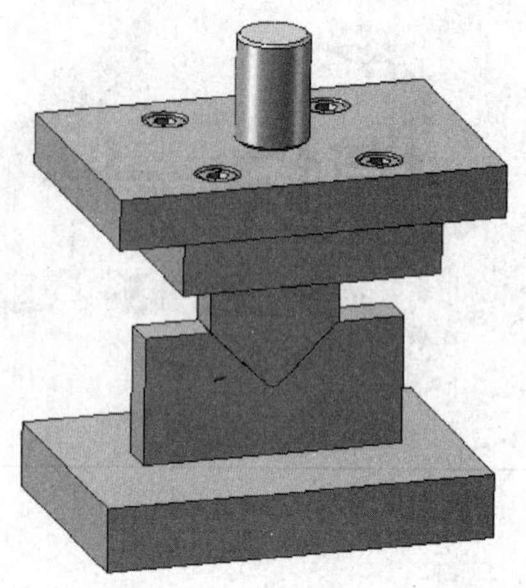

图 10—1—2　直角弯形模实物图

相关理论

1．弯形凸、凹模的圆角半径

弯形模中凸、凹模的圆角半径直接影响着制件的质量，一般凸模的圆角半径应等于制件的弯曲半径，但不能小于材料允许的最小弯曲

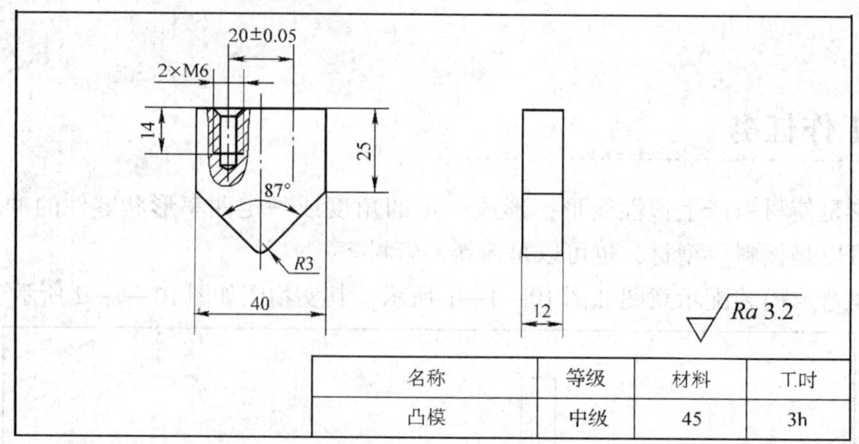

图 10—1—3　凸模零件图

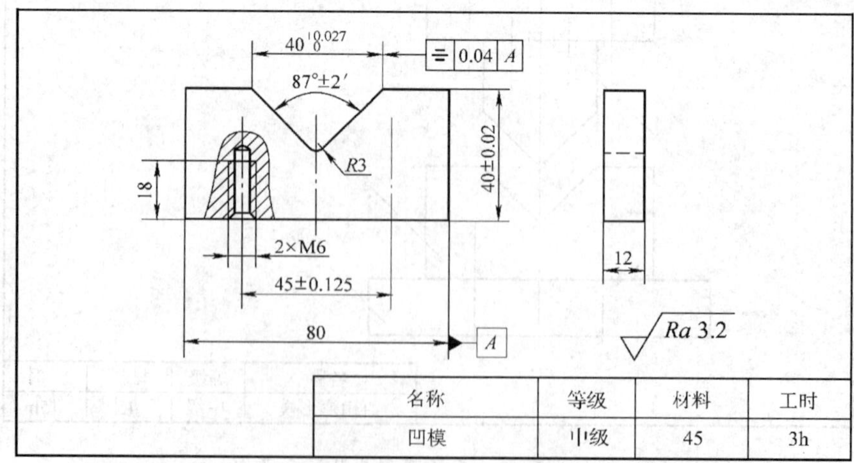

图 10—1—4　凹模零件图

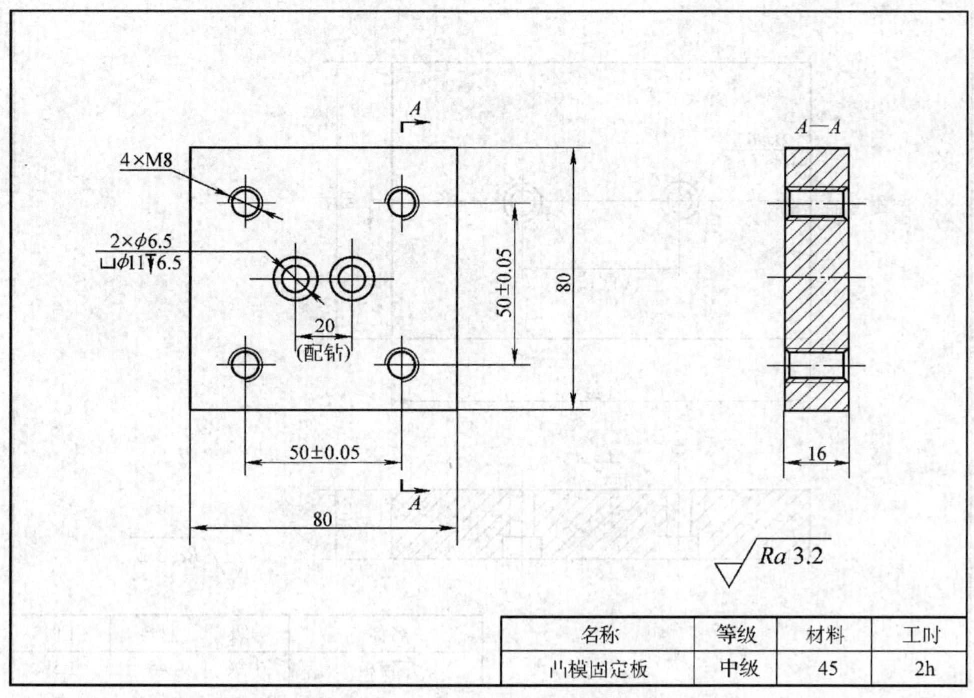

图 10—1—5　凸模固定板零件图

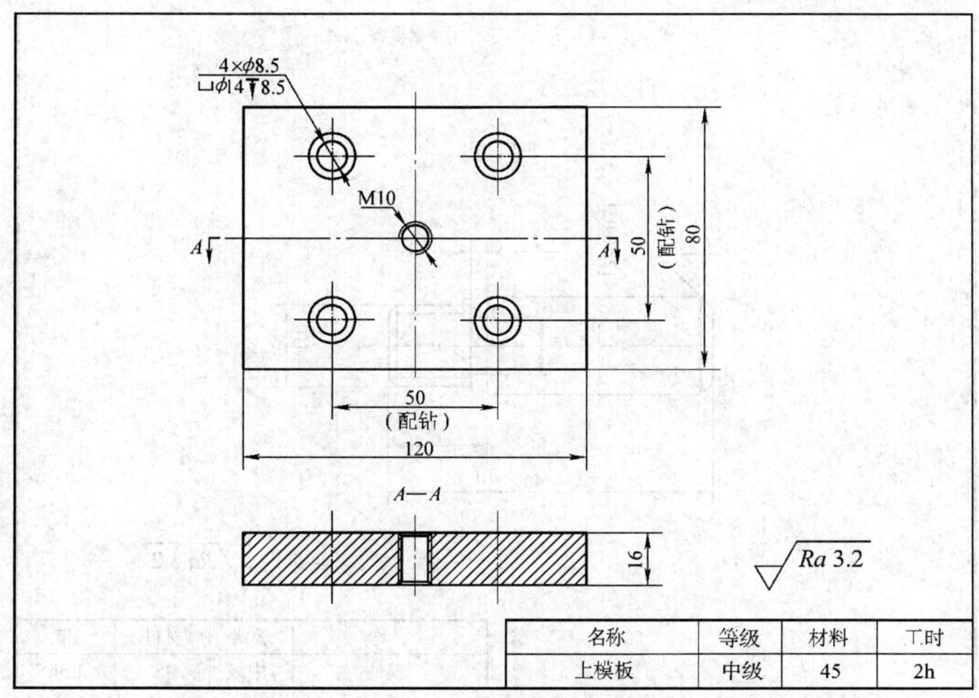

图 10—1—6　上模板零件图

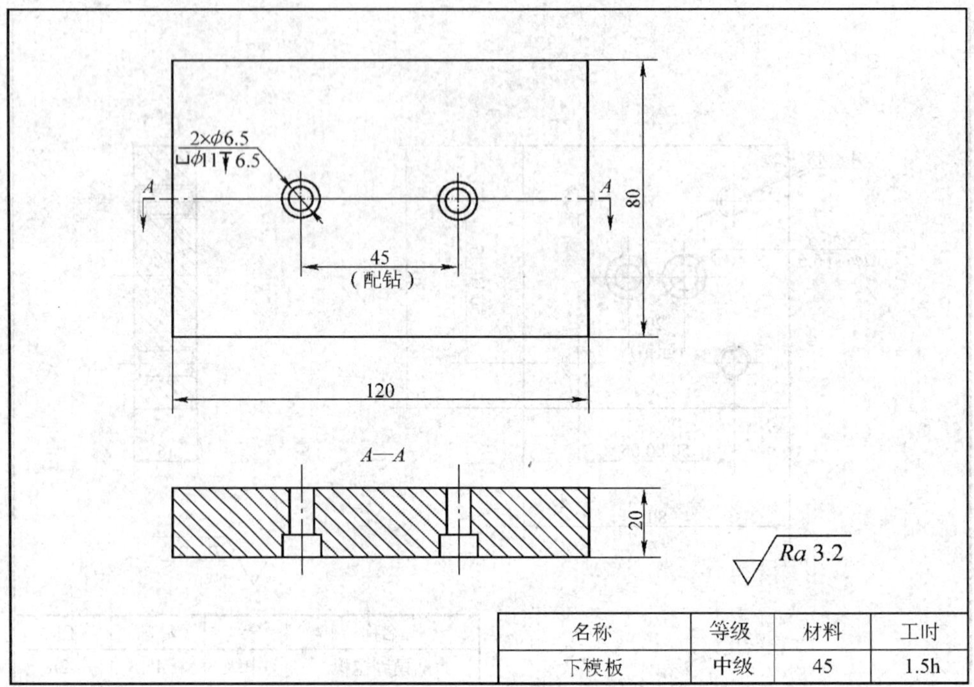

图 10—1—7　下模板零件图

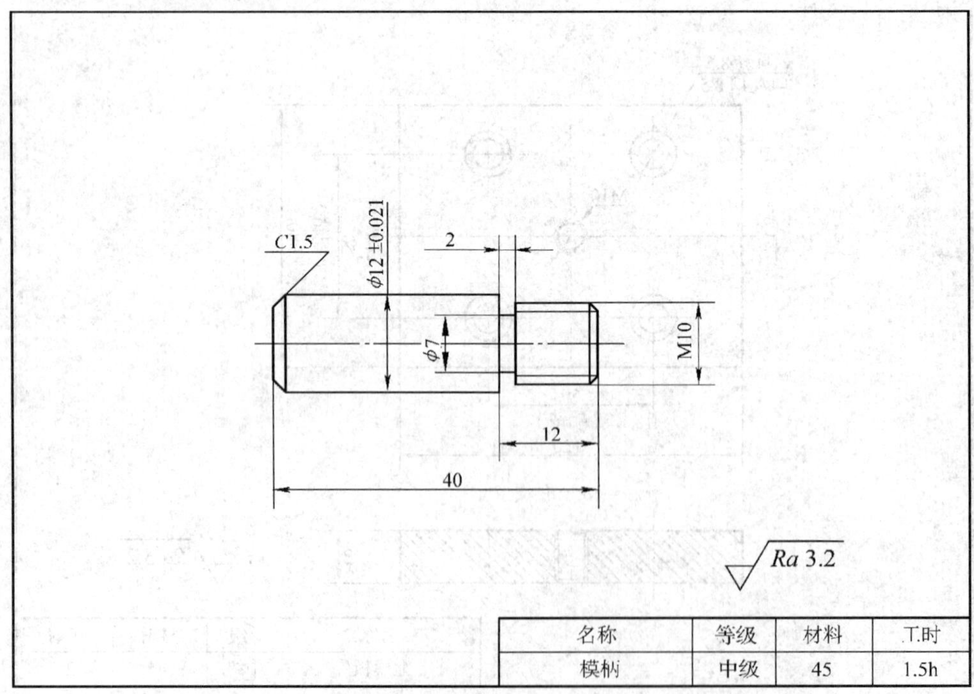

图 10—1—8　模柄零件图

半径。凹模的圆角半径对弯曲力及弯形后制件的质量也有较大的影响，半径越小，弯形时的弯曲力越大，当半径过小时，材料表面将被擦伤，甚至会出现压痕。通常凹模的圆角半径可根据材料的厚度 t 来选取，即：$t<2$ mm 时，$R=(3\sim6)t$；$t=2\sim4$ mm 时，$R=(2\sim3)t$；$t>4$ mm 时，$R=2t$。

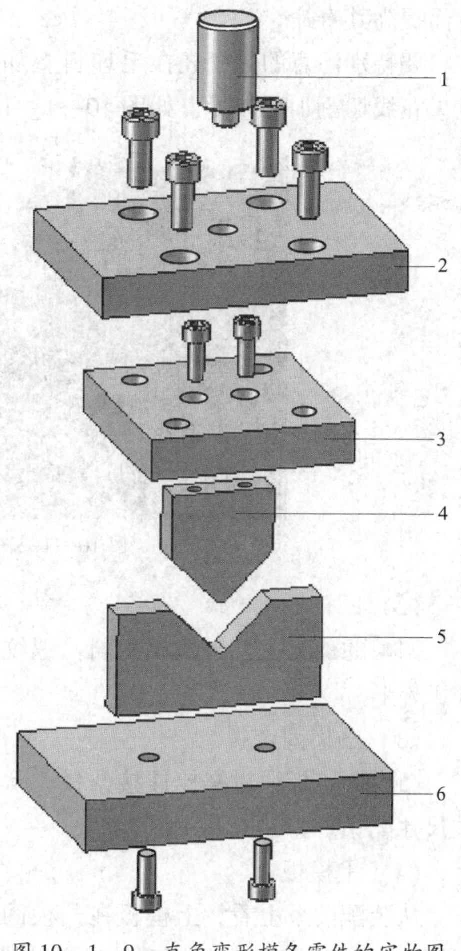

图 10—1—9 直角弯形模各零件的实物图
1—模柄 2—上模板 3—凸模固定板
4—凸模 5—凹模 6—下模板

2. 弯形凸、凹模的间隙调整

对于弯制 V 形制件的弯形模，其间隙是靠调整压力机的闭合高度来控制的。因此在制造 V 形弯形模时，只需按图样要求进行加工、装配即可。在试冲时调整压力机的闭合高度，来控制凸、凹模之间的间隙，从而使制件满足要求。

在调整时，首先将模柄装在压力机滑块上的模柄孔内，再把事先制作的样板放在模具的工作位置上（凹模型腔内），然后调节压力机连杆，使上模随滑块调整到下死点时，既能压实样板，又不发生硬性顶撞及“咬死”现象。然后用压板固定下模，但不能将螺钉拧得过紧，此时再调整间隙，其方法是在凸、凹模之间垫一块比坯料略厚的垫片（其厚度一般为弯曲坯料厚度的 1～1.2 倍），继续调节连杆长度，一次又一次地用手扳动飞轮，直到滑块能正常地通过下死点而无阻滞现象为止。

任务实施

一、实习步骤

1. 直角弯形模各零件的加工

直角弯形模各个零件并不复杂，在实际生产过程中，需要安排合理的加工工艺。

(1) 凸模

在加工凸模之前，要了解该零件在直角弯形模中的作用和装配关系。直角弯形模通过凸模对金属件进行冲压弯曲，因此凸模是核心零件之一，它在冲压过程中受到的压力较大，因此需要具有一定的强度和刚度，并需要通过热处理以防止损伤和变形，

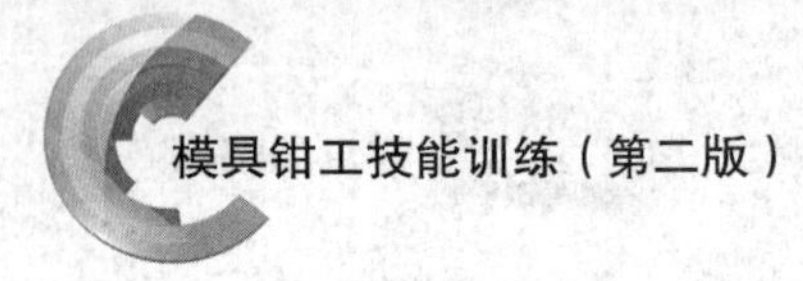

从而提高其寿命。

要特别注意的是，先在毛坯料上加工 M6 的螺纹孔后，再进行热处理，最后通过电火花线切割加工外形，如图 10—1—10 所示。

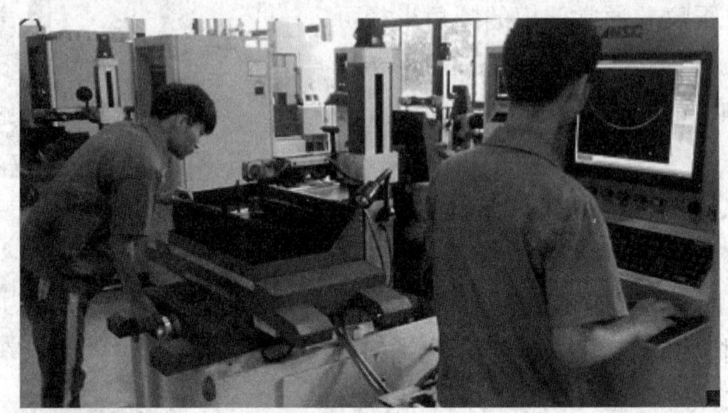

图 10—1—10　电火花线切割加工

（2）凹模

凹模的加工工艺与凸模相同：螺纹孔加工完后再进行热处理，通过电火花线切割加工外形。

（3）凸模固定板

凸模固定板通过螺栓连接凸模，从而紧固凸模，在制作过程中，要根据螺栓的相关尺寸配钻。

（4）上模板

从装配关系上看，上模板在凸模固定板的上面，通过四个螺栓连接。在加工时要保证 M10 螺纹孔的位置精度，尽量使模具的压力中心与上模板的对称中心重合。

（5）下模板

下模板与凹模用两个螺栓紧固。在制作过程中，要根据螺栓的相关尺寸配钻。

（6）模柄

模柄安装在压力机滑块的模柄孔中，螺纹端与上模板连接。该零件主要通过车削加工完成。

2. 装配步骤

（1）根据装配示意图及各个零件图准备工、量、刃具。

（2）根据零件图样要求对各个零件进行测量、检查及清理。

（3）装配凹模与下模板。

凹模与下模板的装配如图 10—1—11 所示，首先划线找正后压装在一起钻出 ϕ5 mm 的螺纹底孔，如图 10—1—11a 所示，然后分别以螺纹底孔为基准，对下模板进行扩孔和锪孔，如图 10—1—11b、c 所示，再如图 10—1—11d 所示加工出 M6 的螺纹。用这样的方法加工可以降低加工的难度，从而保证装配的精度。

（4）以相同的方法加工凸模与凸模固定板的装配螺纹孔。

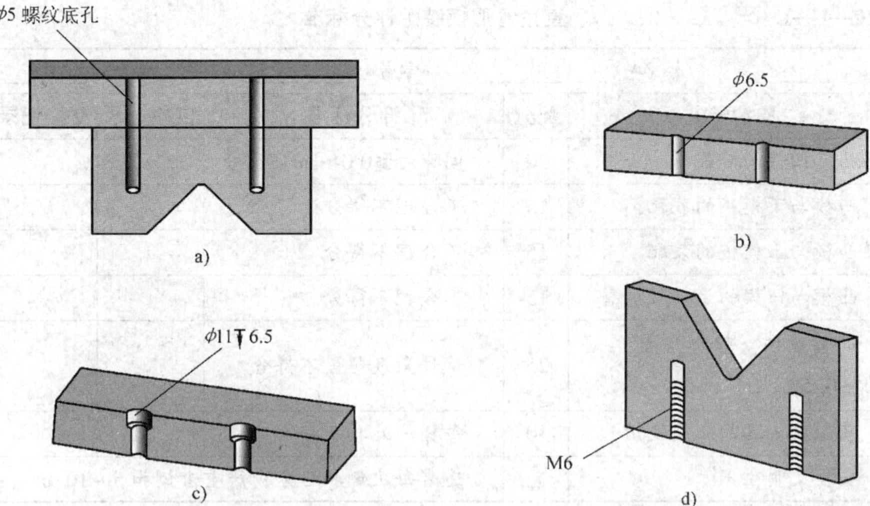

图 10—1—11　凹模与下模板的装配

a）配钻　b）扩孔　c）锪孔　d）攻螺纹

（5）以相同的方法加工凸模固定板与上模板的装配螺纹孔。

（6）加工模柄的装配螺纹孔。

（7）再次对各个零件进行清理。

（8）分别装配好上模和下模。

3. 试模与调整

（1）分别把上模及下模安装在压力机上，注意上、下模的轴线要保证同轴，刃口要吻合。模具的闭合高度以及凸模进入凹模的深度要适中。

（2）按评分标准调整所需的间隙，可采用垫纸法加以调整。调整好后拧紧固定模具的各个螺栓。

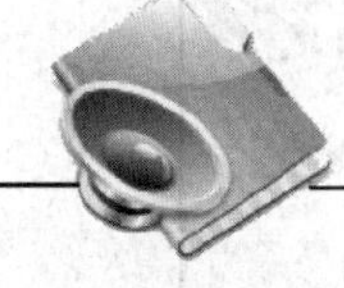

重点提示

1. 螺纹底孔要钻得垂直，螺纹要攻垂直，否则会影响模具的后期装配和调试。
2. 为了方便后期的装配，最好在各个零件上按装配顺序和结构打上标记。
3. 装配前要认真清理场地，并将零部件擦干净。
4. 在试模前，首先对模具进行一次全面的检查，检查无误后，才能进行安装。
5. 安装模具后一定要紧固，不可松动。

二、评分标准

直角弯形模装配评分标准见表 10—1—1。

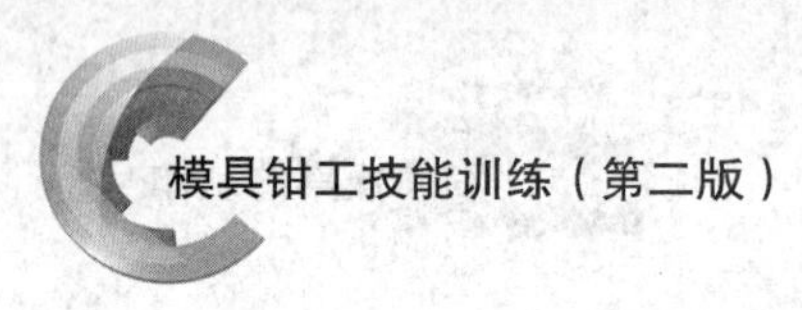

表 10—1—1　　直角弯形模装配评分标准

班级：______ 姓名：______ 学号：______ 成绩：______

序号	技术要求	配分	评分标准	自检记录	交检记录	得分
1	凸、凹模的修配	20	间隙大于0.04 mm 不得分			
2	凹模与下模板的装配	15	不合理不得分			
3	凸模与上模板的装配	15	不合理不得分			
4	凸模与凹模的试模及调整	15	不合理不得分			
5	加工试件，弯形角度允差为 ±0.5°	25	试件角度超差不得分			
6	装配时工具的正确使用	10	每错一处扣 3 分			
7	安全文明生产		违者每次倒扣 2 分，严重者倒扣 5～10 分			

任务拓展

在装配弯形模具时，一般需根据不同的结构选用不同的装配方法，但在装配中应尽量选用简单且易加工的装配方法，以取得较高的装配精度及效率。如图 10—1—12 所示为弯形模装配示意图，弯形模及各零件实物图如图 10—1—13 所示，试选用合适的装配方法装配该弯形模具。已知该弯形模具中凹模零件图如图 10—1—14 所示，凸模零件图如图 10—1—15 所示，下模板零件图如图 10—1—16 所示，上模板零件图如图 10—1—17 所示，凹模固定板零件图如图 10—1—18 所示。弯形模装配评分标准见表 10—1—2。

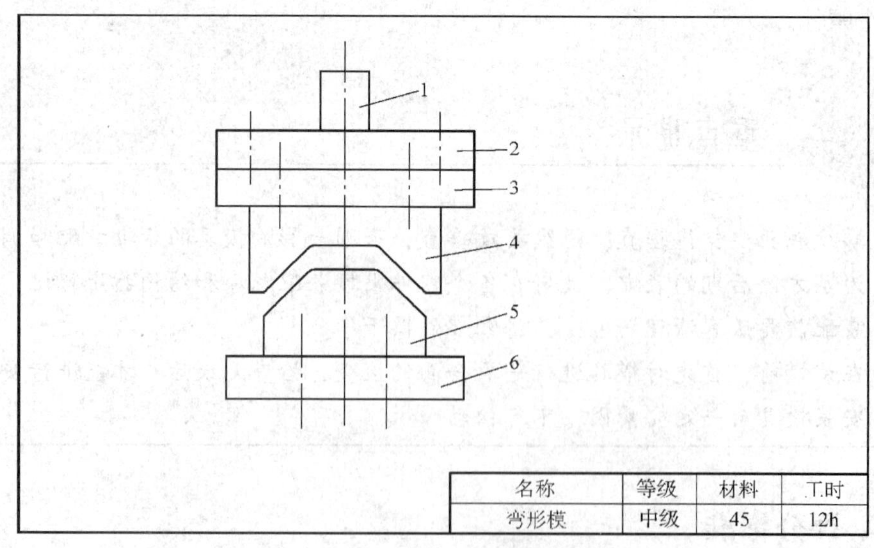

图 10—1—12　弯形模装配示意图

1—模柄　2—上模板　3—凹模固定板　4—凹模　5—凸模　6—下模板

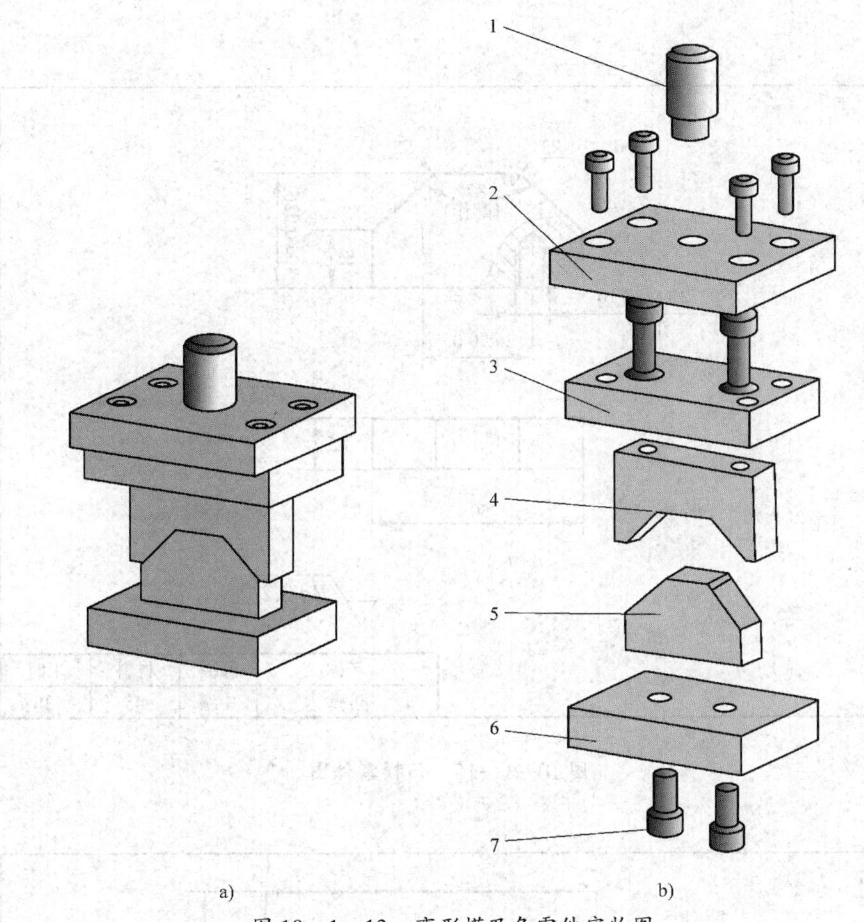

图 10—1—13 弯形模及各零件实物图

a）弯形模实物图 b）各零件实物图

1—模柄 2—上模板 3—凹模固定板 4—凹模 5—凸模 6—下模板 7—螺钉

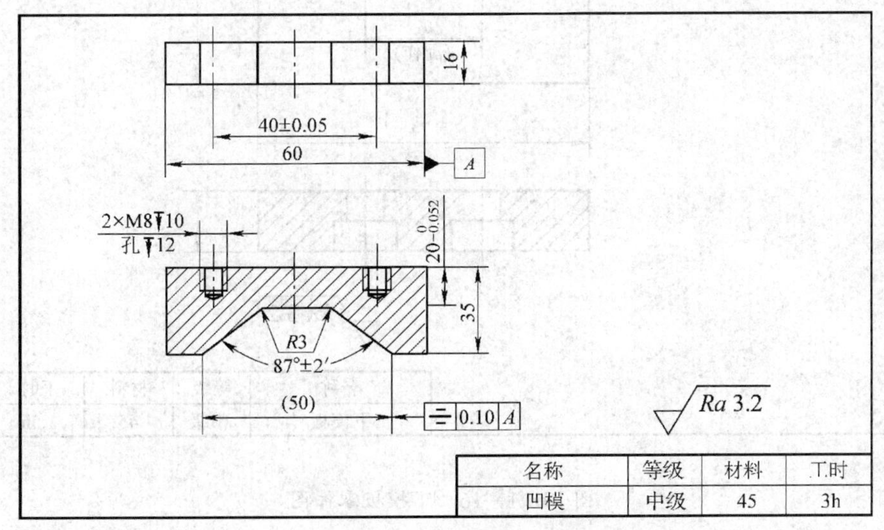

图 10—1—14 凹模零件图

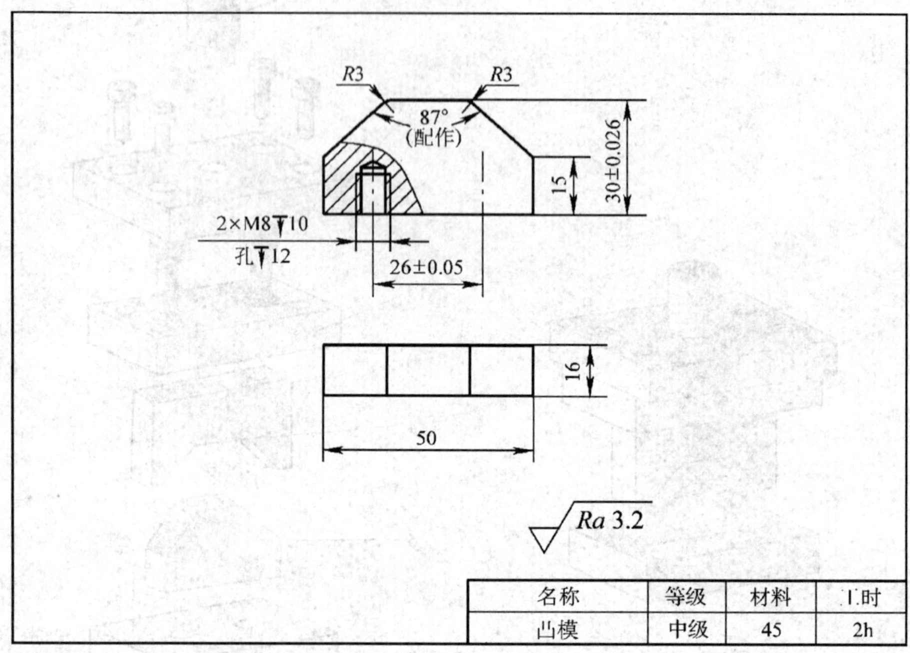

图 10—1—15　凸模零件图

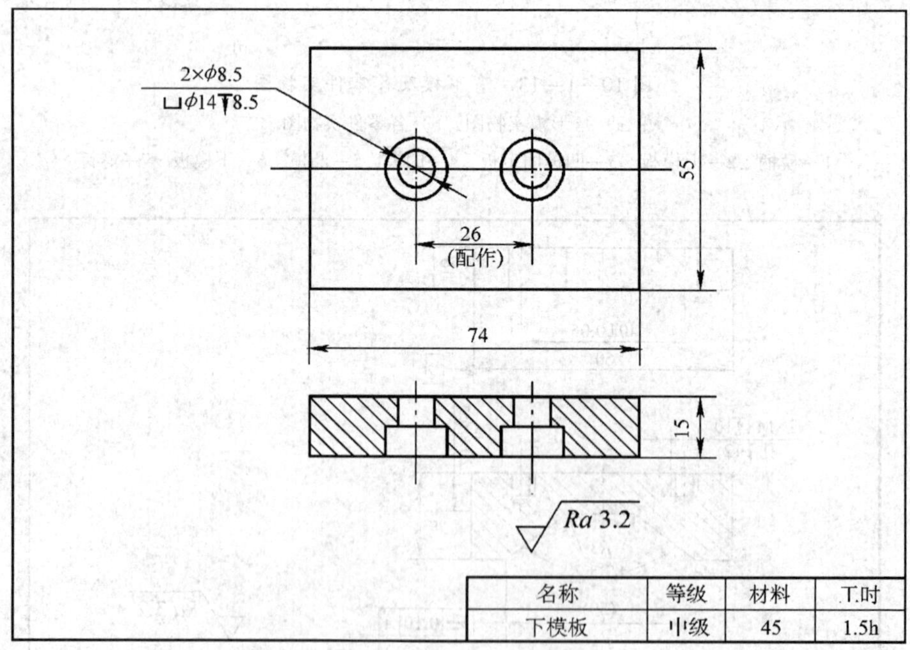

图 10—1—16　下模板零件图

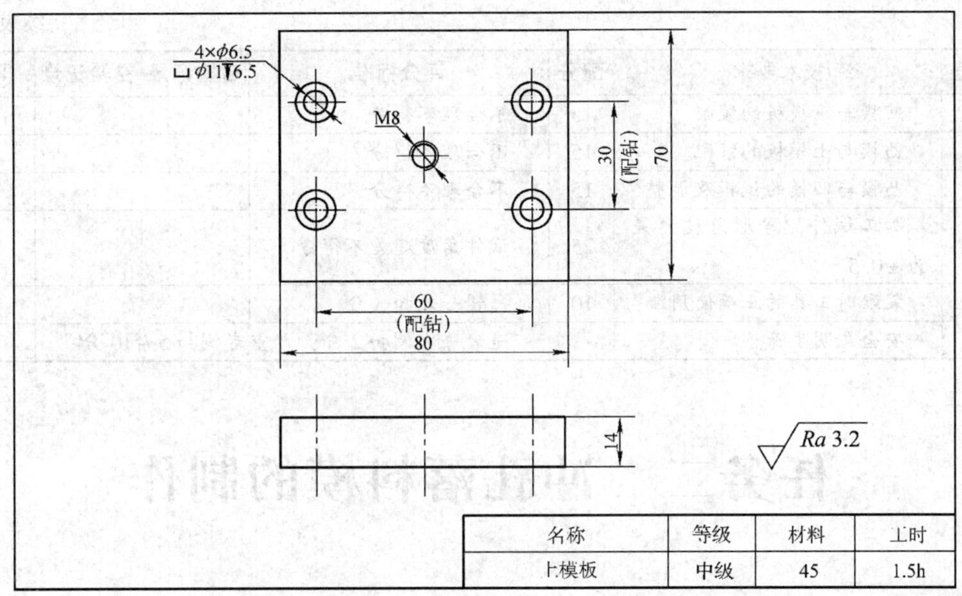

图 10—1—17 上模板零件图

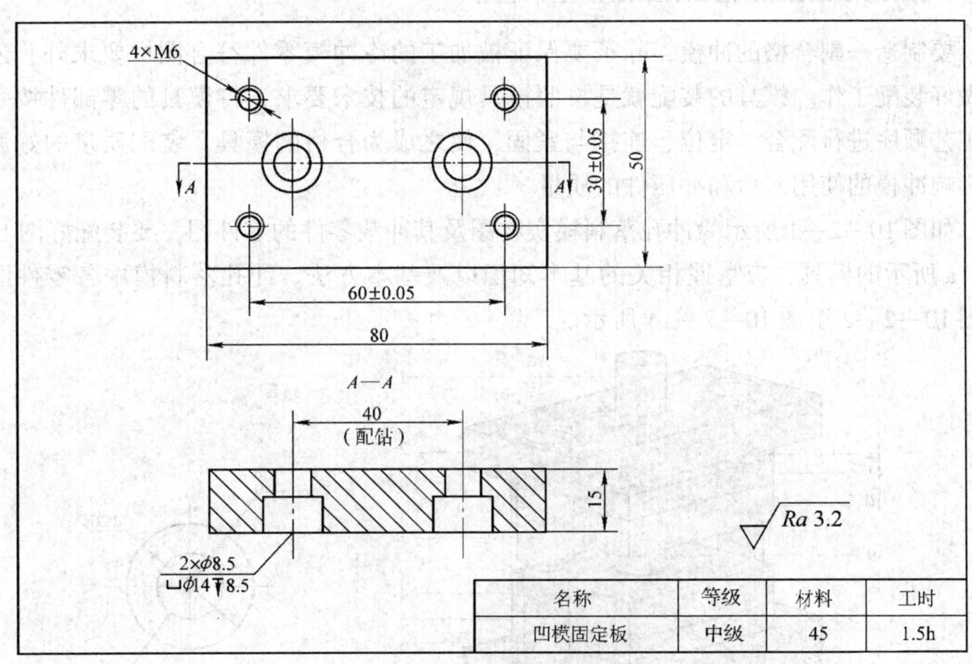

图 10—1—18 凹模固定板零件图

表 10—1—2 弯形模装配评分标准

班级：________ 姓名：________ 学号：________ 成绩：________

序号	技术要求	配分	评分标准	自检记录	交检记录	得分
1	凸、凹模的修配	20	间隙大于 0.04 mm 不得分			

续表

序号	技术要求	配分	评分标准	自检记录	交检记录	得分
2	凹模与下模板的装配	15	不合理不得分			
3	凸模与上模板的装配	15	不合理不得分			
4	凸模与凹模的试模及调整	15	不合理不得分			
5	加工试件，弯形角度允差为 ±0.5°	25	试件角度超差不得分			
6	装配时工具的正确使用	10	每错一处扣 3 分			
7	安全文明生产		违者每次倒扣 2 分，严重者倒扣 5 ~ 10 分			

任务二　冲孔落料模的制作

工作任务

要制造一副合格的冲模，除了要保证被加工的冷冲模零件符合图样要求外，还必须做好装配工作。模具的装配就是按照模具规定的技术要求，将模具的零部件按一定的工艺顺序进行配合、定位、连接与紧固，使之成为合格的模具，装配质量的好坏直接影响冲模的使用寿命和冲压件的质量。

如图 10—2—1 所示为冲孔落料模实物图及其冲裁零件的零件图，要装配好图 10—2—1a 所示的模具，应掌握相关的基本知识以及基本方法。冲孔落料模中各零件图样如图 10—2—2 至图 10—2—14 所示。

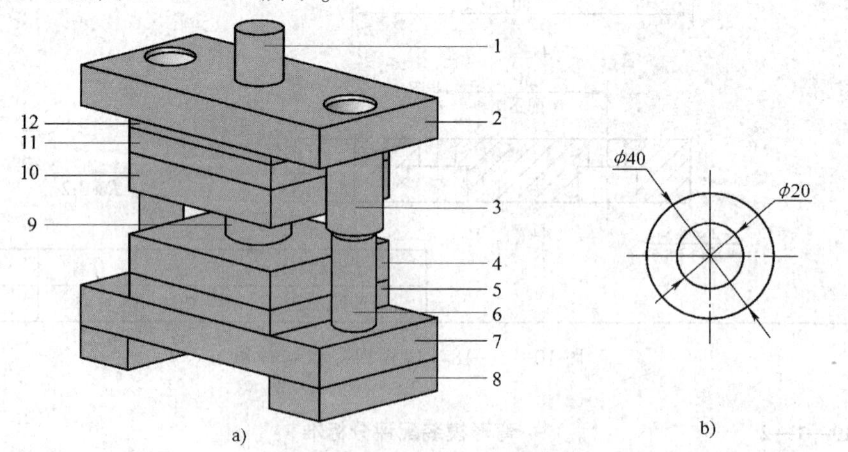

图 10—2—1　冲孔落料模及其冲裁的零件

a）冲孔落料模　b）冲裁的零件

1—模柄　2—上模板　3—导套　4—下凹模　5—凹模板及凹模固定板　6—导柱　7—下模板　8—垫铁　9—凸模　10—上凹模　11—凸模固定板　12—凸模垫板

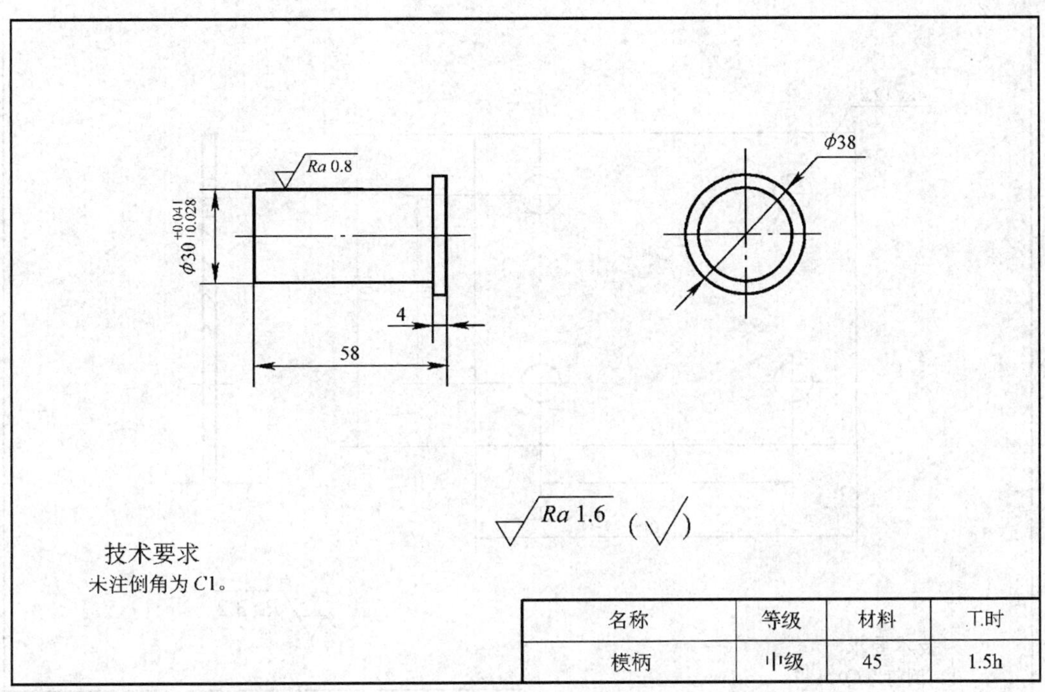

名称	等级	材料	工时
模柄	中级	45	1.5h

图 10—2—2 模柄零件图

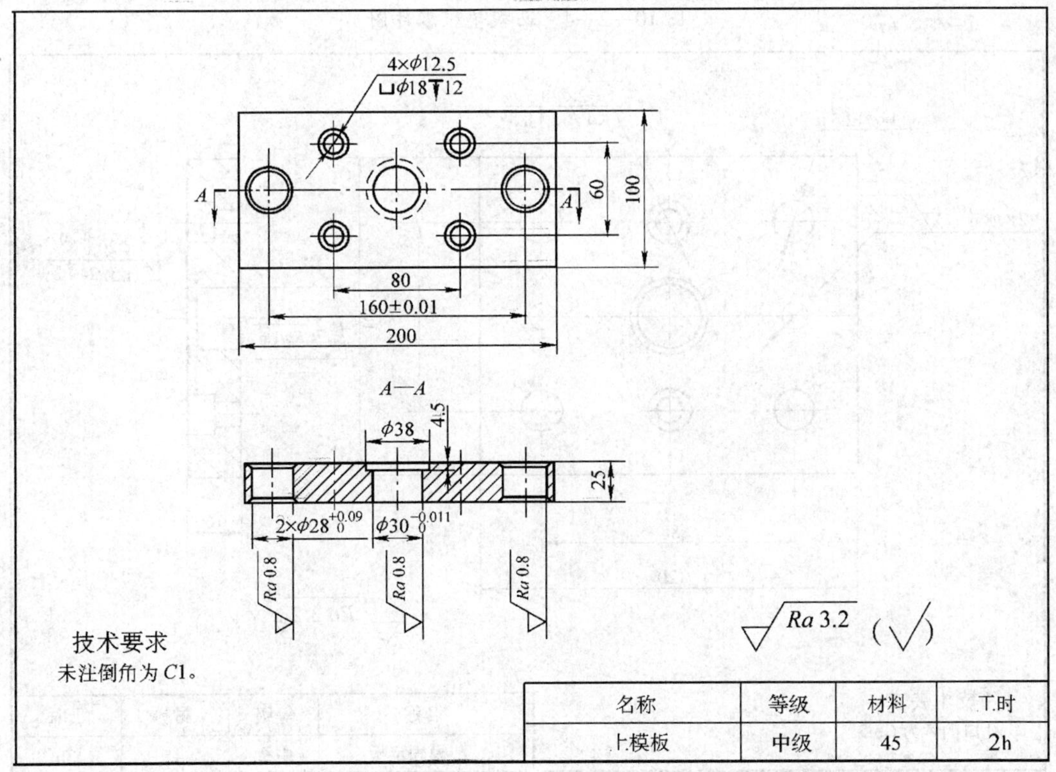

名称	等级	材料	工时
上模板	中级	45	2h

图 10—2—3 上模板零件图

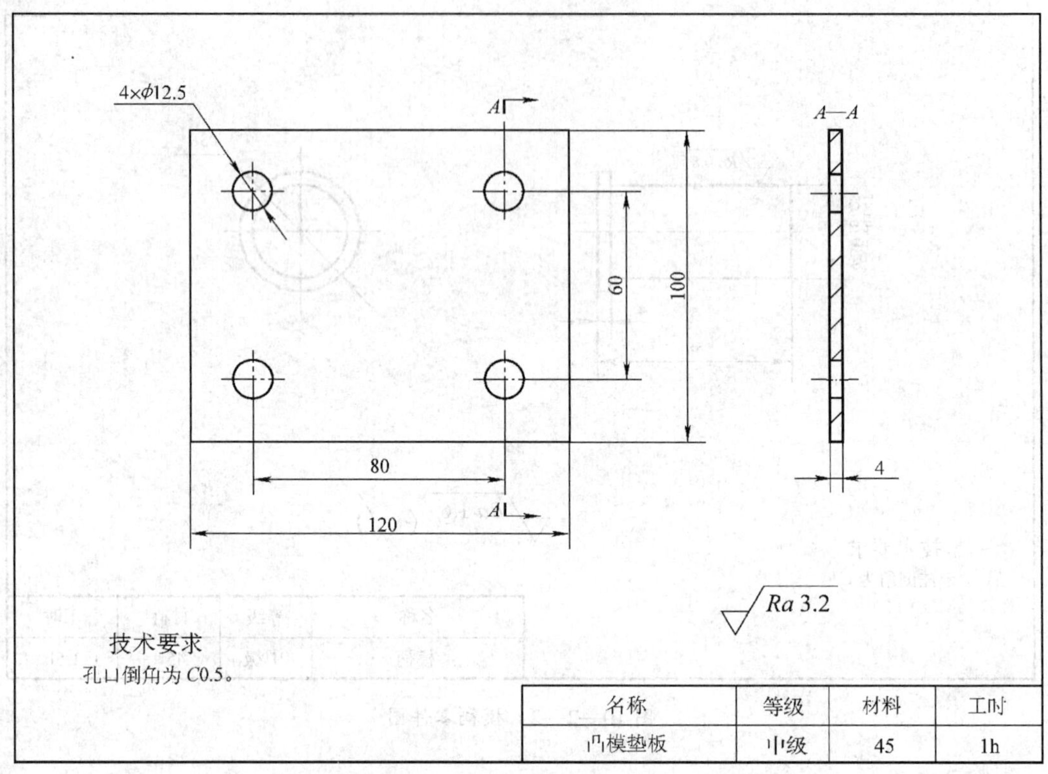

图 10—2—4　凸模垫板零件图

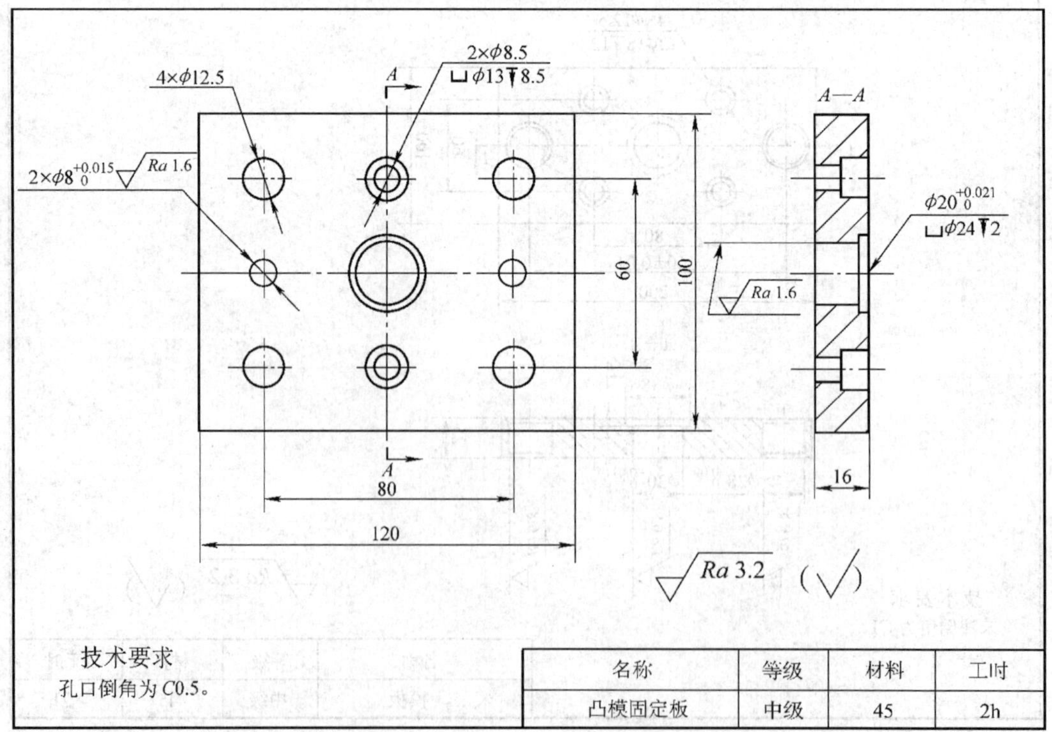

图 10—2—5　凸模固定板零件图

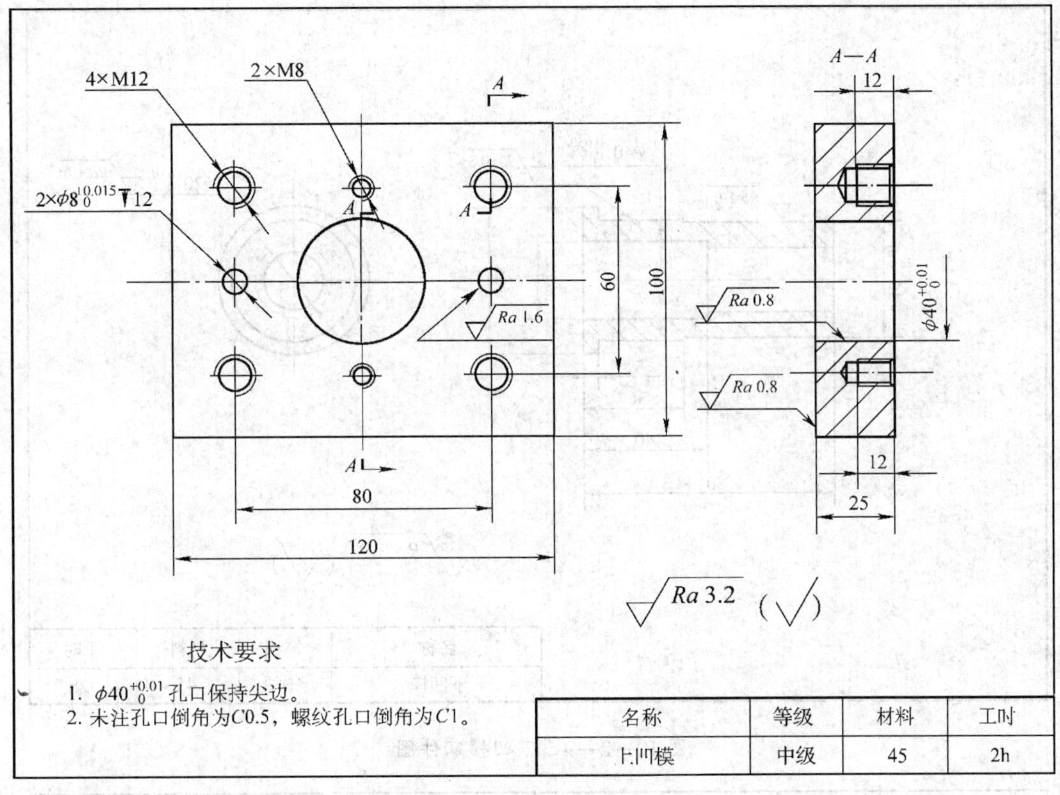

名称	等级	材料	工时
上凹模	中级	45	2h

图 10—2—6 上凹模零件图

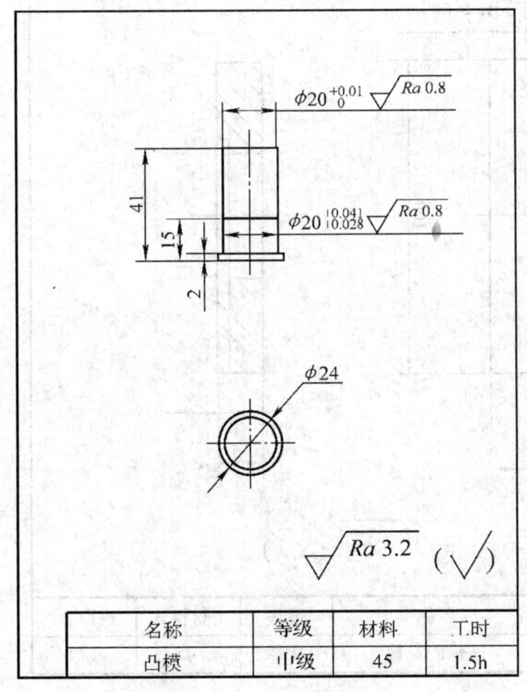

名称	等级	材料	工时
凸模	中级	45	1.5h

图 10—2—7 凸模零件图

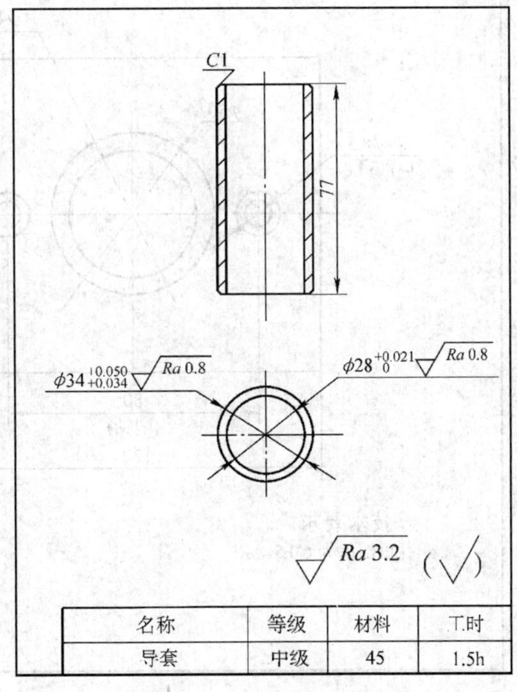

名称	等级	材料	工时
导套	中级	45	1.5h

图 10—2—8 导套零件图

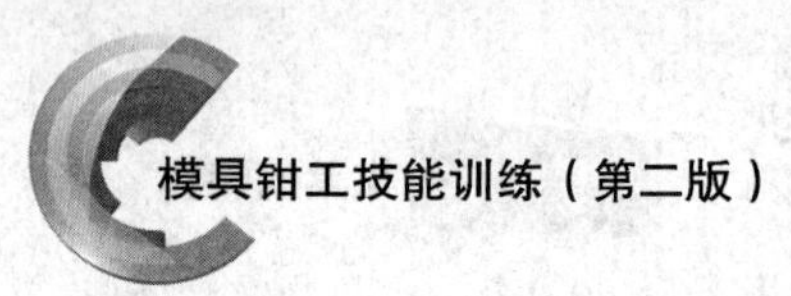

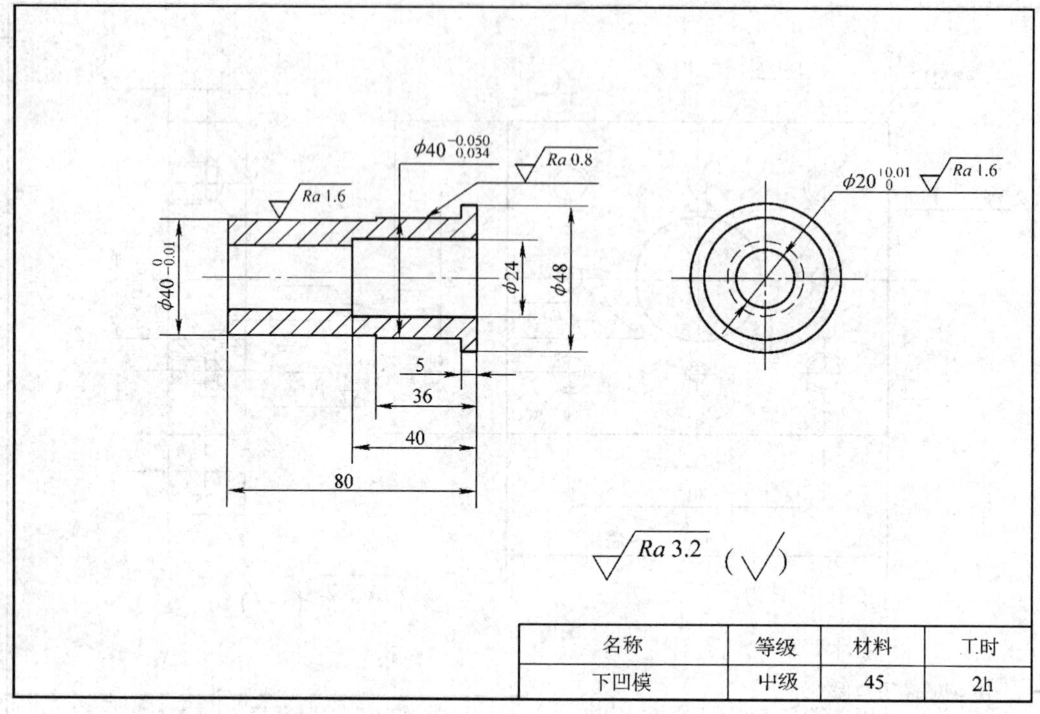

图 10—2—9　下凹模零件图

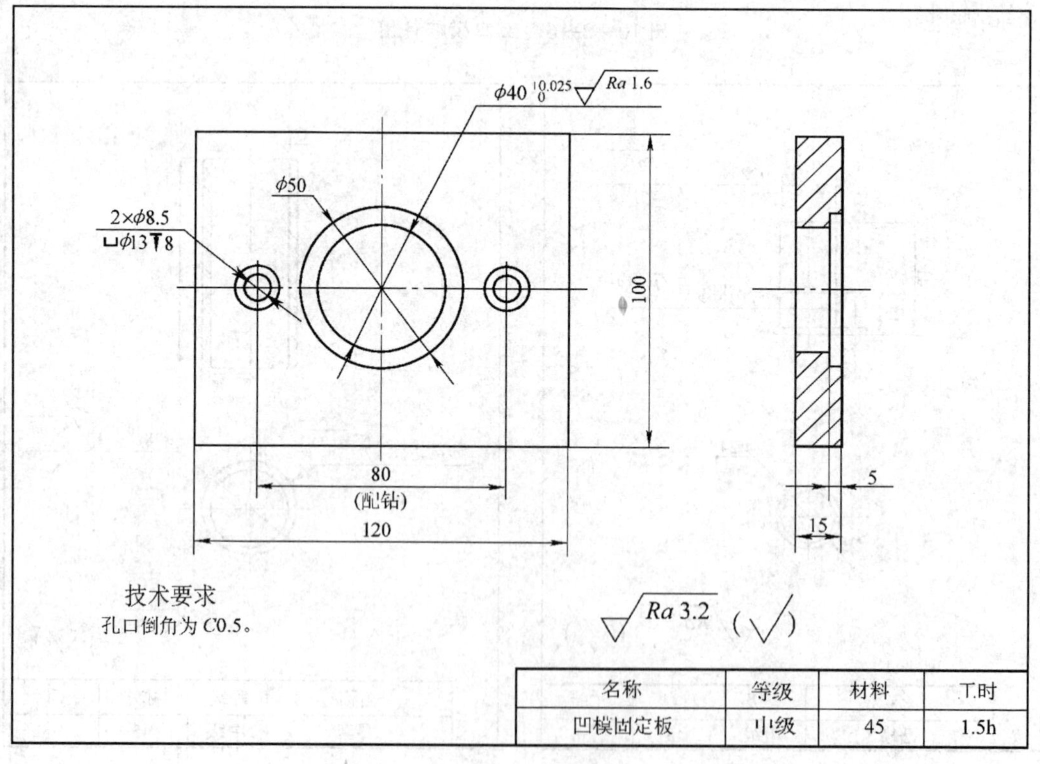

图 10—2—10　凹模固定板零件图

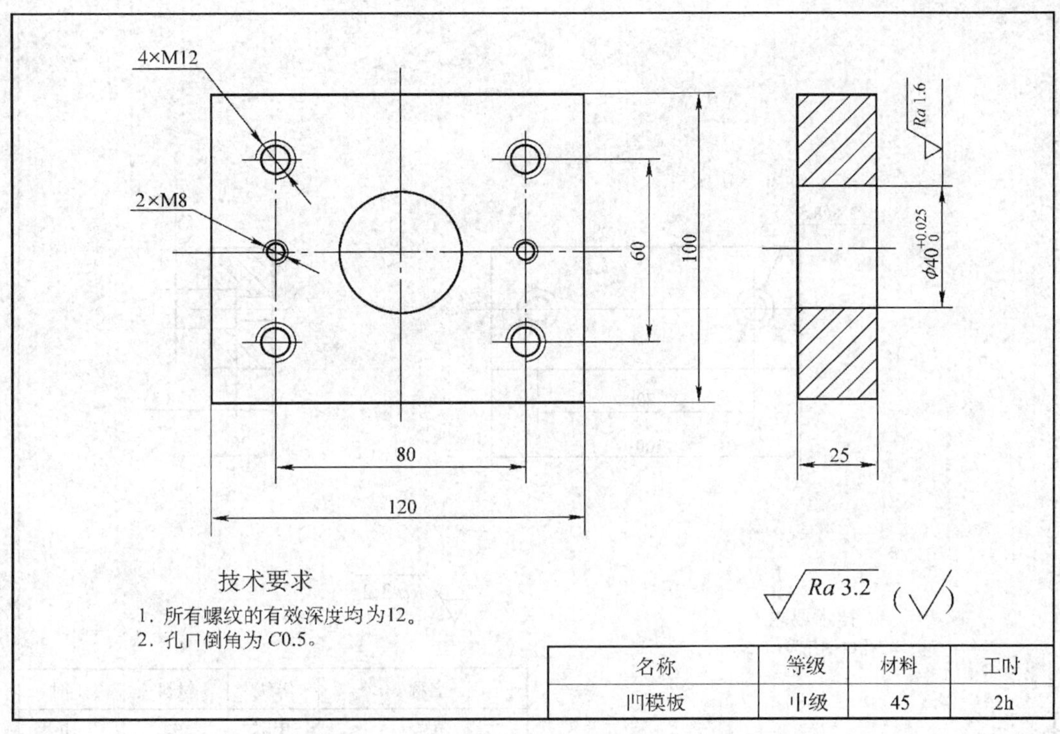

名称	等级	材料	工时
凹模板	中级	45	2h

图 10—2—11　凹模板零件图

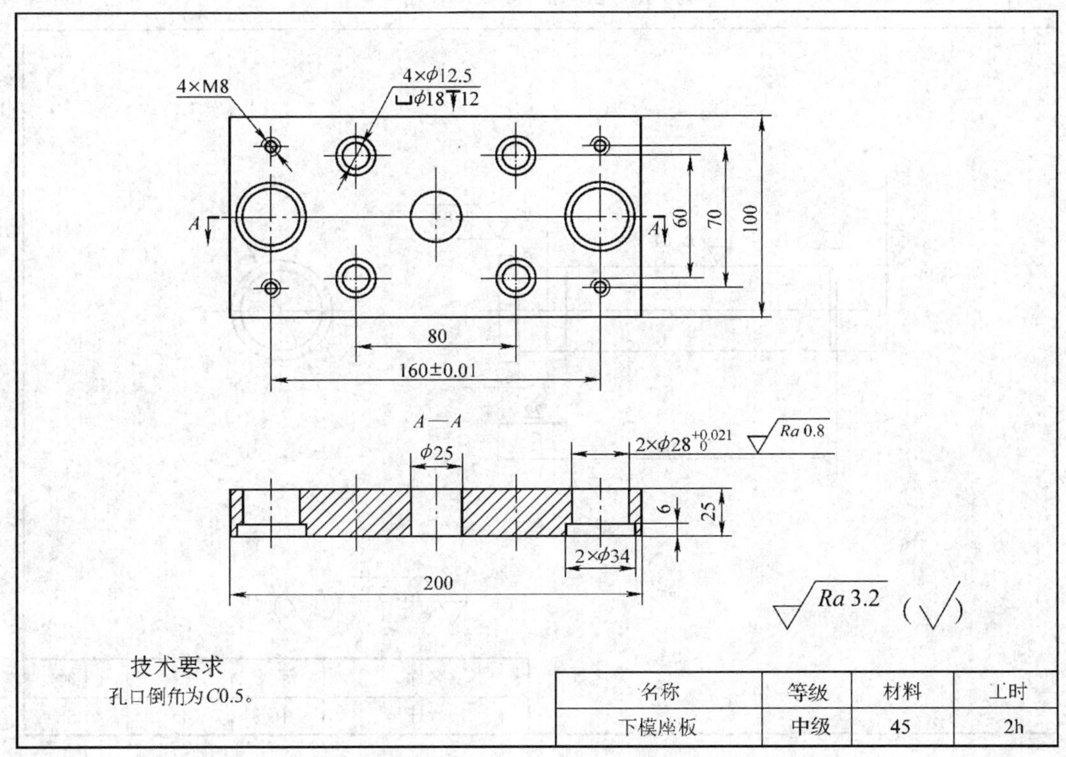

名称	等级	材料	工时
下模座板	中级	45	2h

图 10—2—12　下模座板零件图

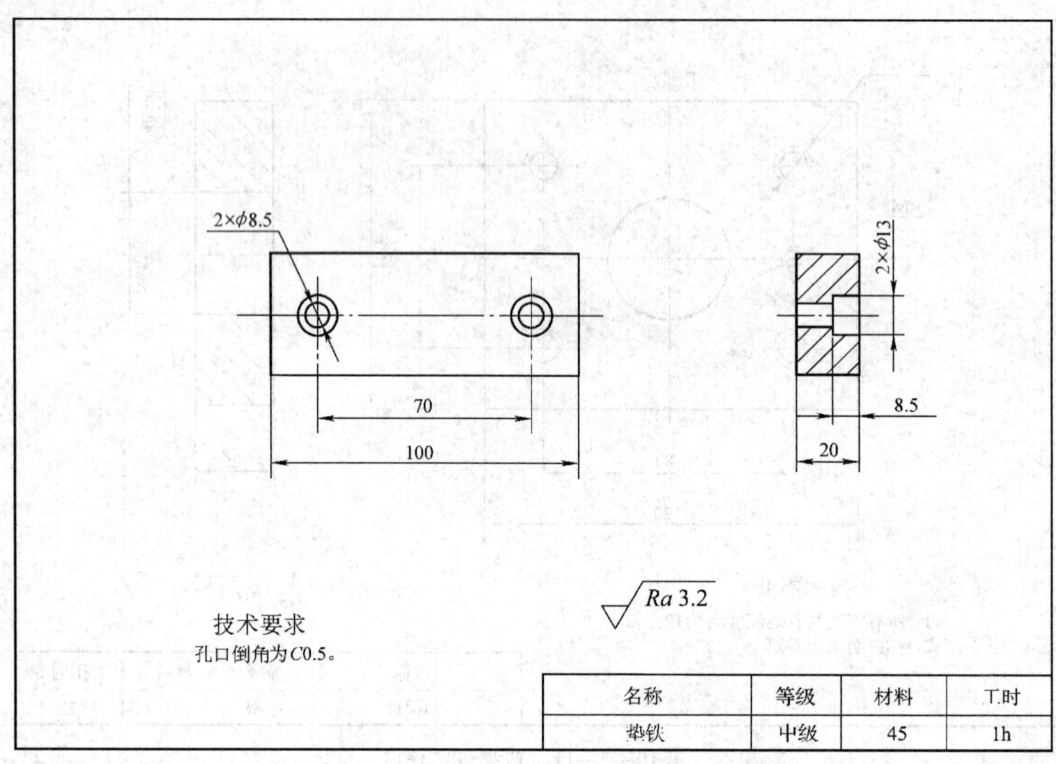

名称	等级	材料	工时
垫铁	中级	45	1h

图 10—2—13　垫铁零件图

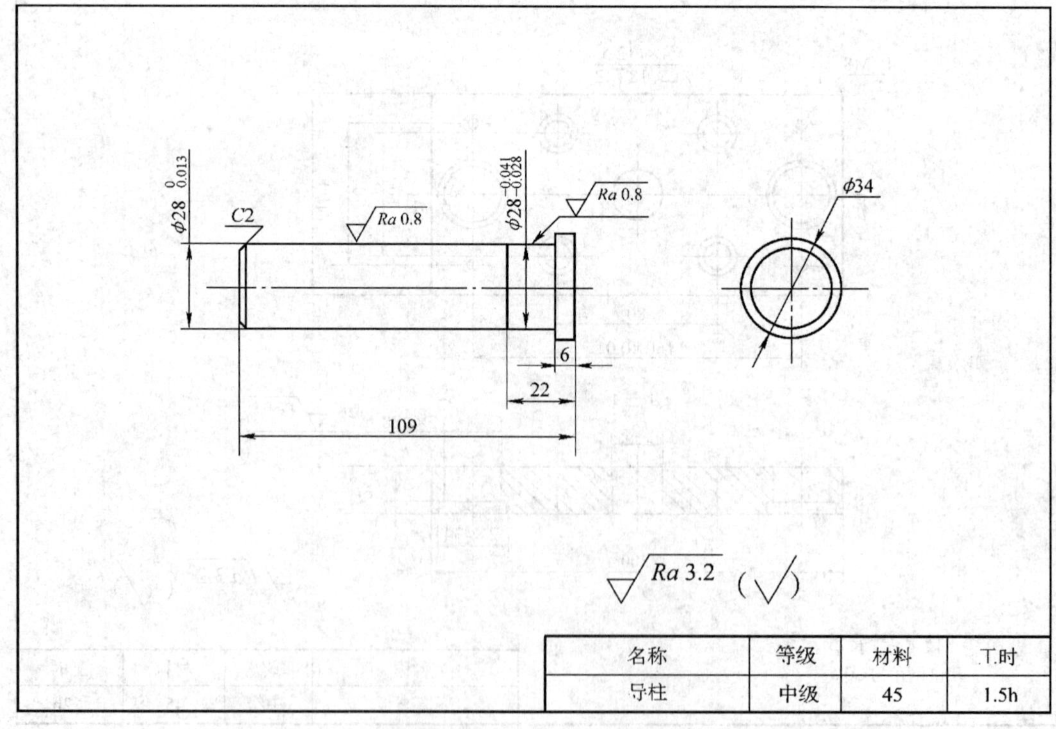

名称	等级	材料	工时
导柱	中级	45	1.5h

图 10—2—14　导柱零件图

相关理论

1. 保证装配精度的工艺方法

装配冲模时常用的工艺方法仍然是互换法、修配法和调整法，目前常用修配法和调整法。这是因为修配法和调整法相对于互换法而言可以放宽零件的制造公差，便于加工，虽然装配时费时、费力，要求模具钳工有较高的技能，但能保证较高的装配精度。然而，随着模具加工设备的现代化，零件制造精度越来越高，越来越能满足互换法的要求，互换法的应用越来越广泛。

2. 凸、 凹模的固定方法

凸、凹模常用的固定方法有紧固件法、压入法、挤紧法、粘接法和热套法等。

（1）紧固件法

采用紧固件的紧固方法见表 10—2—1，这种方法工艺较简单，应用较广泛。

表 10—2—1　　采用紧固件的紧固方法

紧固件	简图	要点	说明
螺钉	1—凸模　2—垫板 3—螺钉　4—固定板	1. 将凸模放入固定板孔内，确定其轴线与固定板安装平面垂直 2. 用螺钉紧固，不许松动 3. 凸模为硬质合金时，螺孔用电火花加工	1. 当刃口间隙 $Z \leqslant 0.02$ mm 时，凸模轴线与固定板安装基准面的垂直度公差等级为 5 ~ 6 级 Z 为 0.02 ~ 0.06 mm时，其垂直度公差等级为 6 ~ 7 级 $Z > 0.06$ mm 时，其垂直度公差等级为 7 ~ 8 级 2. 螺钉拧入螺孔时，其旋入长度应不少于螺钉直径的 1 ~ 1.5 倍

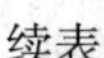
续表

紧固件	简图	要点	说明
钢丝	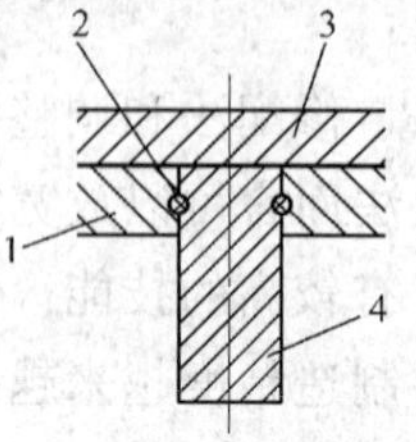 1—固定板 2—钢丝 3—垫板 4—凸模	1. 在固定板上加钢丝槽，槽宽等于钢丝直径 2. 将凸模与钢丝一并从上向下装入固定板	1. 钢丝与固定板及钢丝槽的配合要严密 2. 装配后垂直度公差同上
楔块螺钉	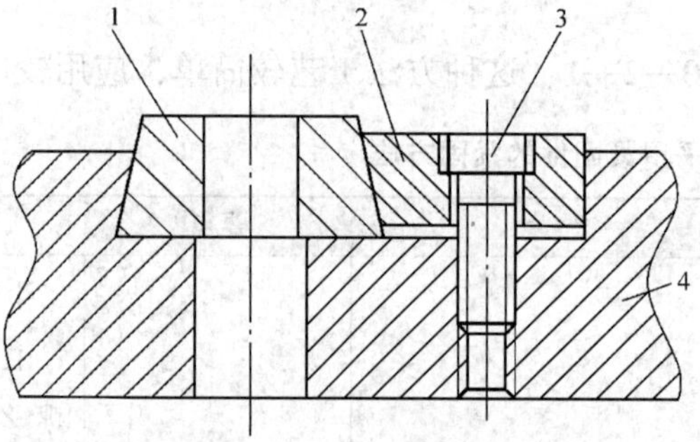 1—凹模 2—楔块 3—螺钉 4—固定板	1. 将凹模放入固定板内的型孔中，确保其轴线与固定板安装基准面垂直 2. 压入楔块 3. 拧紧螺钉	1. 凹模轴线与固定板安装基准面垂直度公差同上 2. 楔块要求配合准确 3. 楔块底面与固定板之间留有 2 mm 以上的间隙，固定板上的螺孔按楔块上的孔配成通孔
压板螺钉	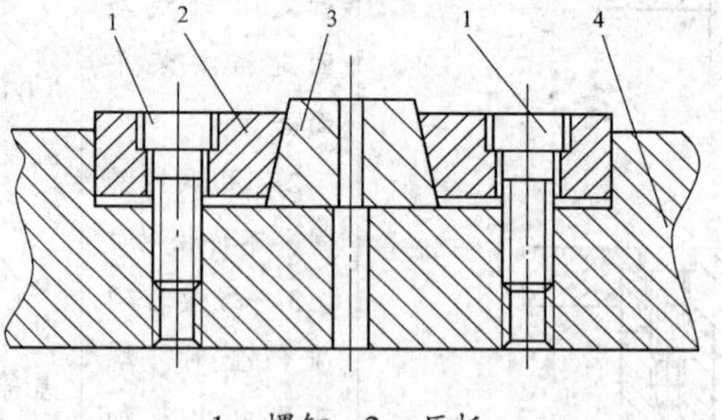 1—螺钉 2—压板 3—凹模 4—固定板	1. 将凹模压入压板中，保证两孔的同轴度 2. 将凹模组合放入固定板的型孔中，保证其轴线与固定板安装基准面垂直 3. 拧紧螺钉	1. 凹模轴线与固定板安装基准面垂直度公差同上 2. 压板要配合准确 3. 压板底面要与固定板之间留有 2 mm 以上的间隙，固定板上的螺孔按楔块上的孔配成通孔

（2）压入法

压入法是模具装配中常用的方法之一，是过盈零件常用的一种连接方法。它的优点是牢固、可靠，缺点是对压入的型孔精度要求较高，尤其是复杂型孔或孔距中心要求严格的多型孔比较难加工。此方法一般用于将凸模压入固定板或将导柱、导套压入模板。将凸模压入固定板的工艺要点见表 10—2—2。

表 10—2—2　　将凸模压入固定板的工艺要点

项目		工艺要点
配合要求		1. 采用 H7/n6 或 H7/m6 配合制 2. 表面粗糙度值小于 $Ra0.8$ μm
技术要求	凸模	1. 对于无台肩的成型凸模，压入端（非刃口端）的四周应修成斜度或圆角 2. 对于有台肩的圆形凸模，压入部分应设有引导部分，该部分可采用小圆角、小锥度或在 3 mm 左右长度内将直径磨小 0.03~0.05 mm
	固定板	1. 型孔的过盈量及表面粗糙度值应符合要求 2. 型孔轴线应与端面垂直 3. 型孔不应有锥度或鞍形 4. 当凸模不允许设引导部分时，可在固定板型孔凸模的压入处设斜度小于 1°、高度小于 5 mm 的引导部分 5. 凸模安装基准面应与固定板的支撑面紧贴，无缝隙
压入次序		1. 将装配时容易定位、便于作为其他凸模安装基准的凸模先压入 2. 较难定位或要求依赖其他零件、通过一定工艺方法才能定位的凸模后压入 3. 无特殊要求的，可随便选取压入次序
压入后修磨		1. 压入后将固定板的底面与凸模尾端磨平 2. 翻转 180°，以固定板底面为基准磨凸模刃口
注意事项		1. 用手扳压力机或油压机压入凸模时，凸模应放在压力机的中心 2. 压入过程中应经常检查垂直度，压入少许就应检查，压入 1/3 深度时再进行检查，以保证垂直度符合要求 3. 压入时严禁采用锤击法

（3）挤紧法

挤紧法是将冲模的凸模固定在固定板中的另一种工艺方法，适用于无台肩的中、小凸模的固定。其优点是操作简单，缺点是对固定板型孔的精度要求高，加工难度较大。其装配步骤如下：

1）将凸模通过凹模固定在型孔内（控制凸、凹模间隙均匀）。

2）用小錾子环绕凸模外圈对固定板型孔进行局部敲击，将固定板的局部材料挤向凸模。

3）复查间隙，如不均匀，重新修挤直到间隙均匀为止。

（4）粘接法

粘接法广泛应用于凸、凹模的固定以及导柱、导套与模座的粘接。粘接法采用的材料有无机黏结剂、环氧树脂、低熔点合金和厌氧胶等。

（5）热套法

热套法常用于固定凸、凹模拼块以及硬质合金模块。

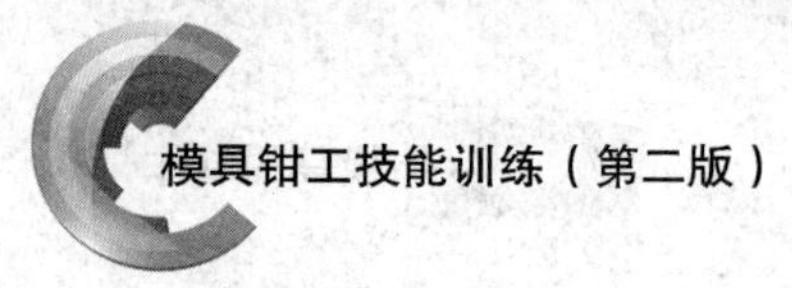

任务实施

一、实习步骤

1. 装配前的工作

在装配之前，必须仔细研究图样，根据模具结构的特点和技术要求，选取合理的装配次序和装配方法。此外，应先复检模具零件的制造质量，复检重点是上凸模和凹模的刃口尺寸是否满足冲裁间隙的要求。

2. 装配步骤

（1）上模组件的装配

1）将凸模压装在凸模固定板中，在压装时应多检查凸模下固定板的垂直度误差，将其控制在 0. 01 mm 之内。

2）调整好上凹模与凸模的位置，以保证凸模与上凹模的同轴度，同轴度误差应控制在 0. 01 mm 以内。调整好后，以圆柱销定位，并用螺钉紧固。凸模与上凹模组件的装配如图 10—2—15 所示。

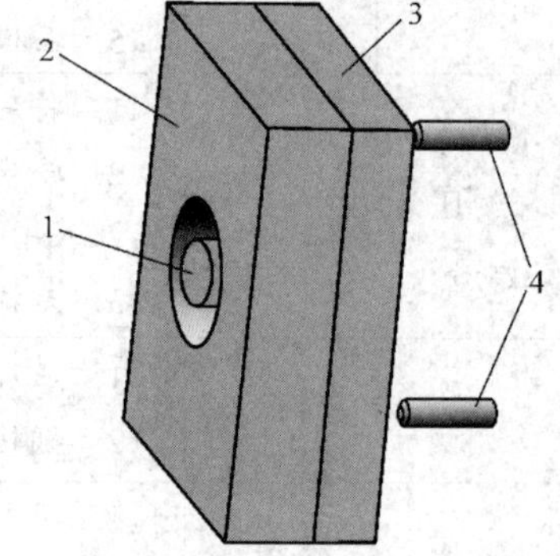

图 10—2—15 凸模与上凹模组件的装配

1—凸模 2—上凹模 3—凸模固定板 4—圆柱销

3）压装模柄。压装时用直角尺检查模柄与上模板上平面的垂直度，其误差应不大于 0. 05 mm。如模柄上端面不平，还须在平面磨床上磨平。

4）将导套压装入上模板中。

5）将已装好的组件与凸模垫板装配好，构成上模组件。上模组件的装配如图 10—2—16 所示。

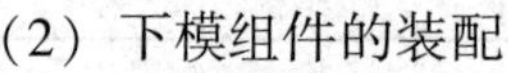

（2）下模组件的装配

1）将下凹模压装入凹模板及凹模固定板中，在压装时按要求检查下凹模与凹模板上平面的垂直度，垂直度误差不能大于 0. 01 mm。

2）将导柱压装入下模板中，在压装时按要求检查导柱与下模板平面的垂直度，垂直度误差应不大于 0. 02 mm。

3）将下凹模组件、下模板组件以及垫铁组装成下模组件。下模组件的装配如图 10—2—17 所示。

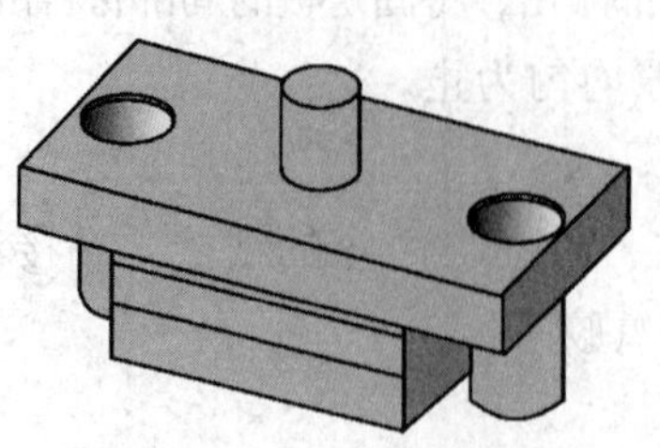
图 10—2—16 上模组件的装配

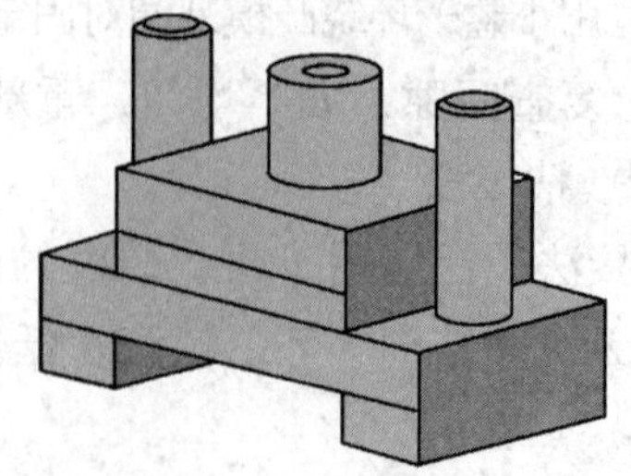
图 10—2—17 下模组件的装配

(3）总装配

以下模为基础件对模具进行总装配，在装配时调整凸、凹模的间隙，调整好后，用螺钉进行紧固。

重点提示

1. 装配过程中要小心，不要碰伤工作刃口。

2. 间隙调好后，应反复用切纸法试模。检查纸样，如果纸样轮廓整齐，没有毛刺或毛刺小而均匀，说明间隙均匀、一致。确认无误后，才可配钻、铰销钉孔，配入圆柱销。

3. 在压力机上安装模具，应调节压力机连杆使滑块底面与模具上平面贴平、压紧，锁紧上模，用压板轻轻预紧下模。然后将滑块稍往上调一些，使得行程大于模具的闭合高度，以防模具顶死。

4. 在试冲的过程中，应逐步调节滑块的高度，使模具刚好能冲断板料为止。

二、评分标准

冲孔落料模装配评分标准见表10—2—3。

表10—2—3　　冲孔落料模装配评分标准

班级：＿＿＿＿　姓名：＿＿＿＿　学号：＿＿＿＿　成绩：＿＿＿＿

序号	技术要求	配分	评分标准	自检记录	交检记录	得分
1	凸模与上凹模的装配	15	不合理不得分			
2	导套与上模座的装配	10	不合理不得分			
3	下凹模组件的装配	15	不合理不得分			
4	导套与下模板的装配	10	不合理不得分			
5	模具的调整	15	不合理不得分			
6	加工试件，尺寸允差为±0.5 mm	25	试件尺寸超差不得分			
7	装配时工具的正确使用	10	每错一次扣3分			
8	安全文明生产		违者每次倒扣2分，严重者倒扣5～10分			

任务拓展

图10—2—18a所示为落料模的结构图，各零件基本由机械加工加工完毕，现要求模具钳工进行装配，以满足如图10—2—18b所示落料零件的要求。

图 10—2—19 至图 10—2—25 所示为落料模各零件的图样。其中，底板零件图如图 10—2—19 所示，凹模零件图如图 10—2—20 所示，卸料板零件图如图 10—2—21 所示，凸模固定板零件图如图 10—2—22 所示，上模板零件图如图 10—2—23 所示，凸模零件图如图 10—2—24 所示，模柄零件图如图 10—2—25 所示。落料模装配评分标准见表 10—2—4。

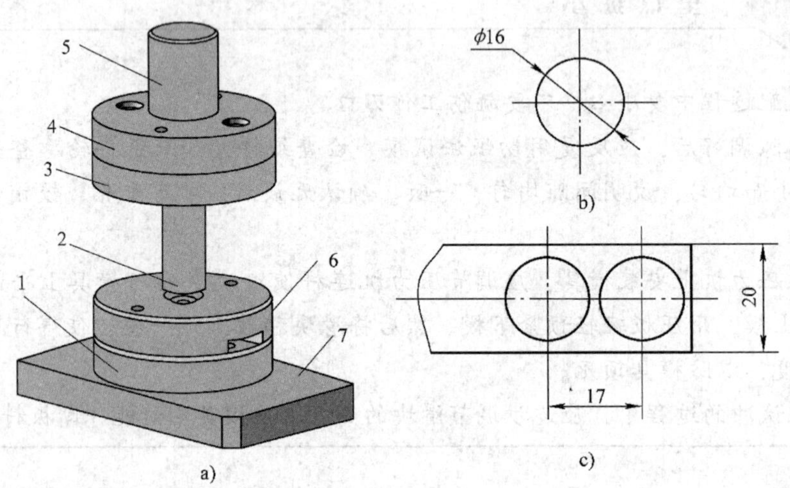

图 10—2—18 落料模及落料零件

a）落料模结构图 b）落料零件图 c）排样图

1—凹模 2—凸模 3—凸模固定板 4—上模板 5—模柄 6—卸料板 7—底板

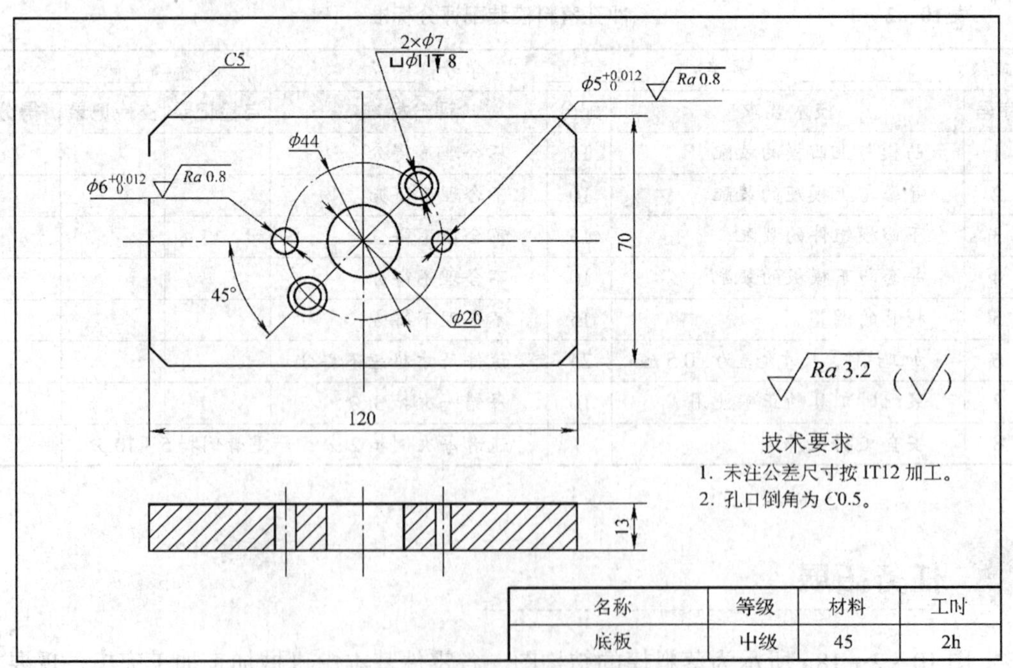

名称	等级	材料	工时
底板	中级	45	2h

图 10—2—19 底板零件图

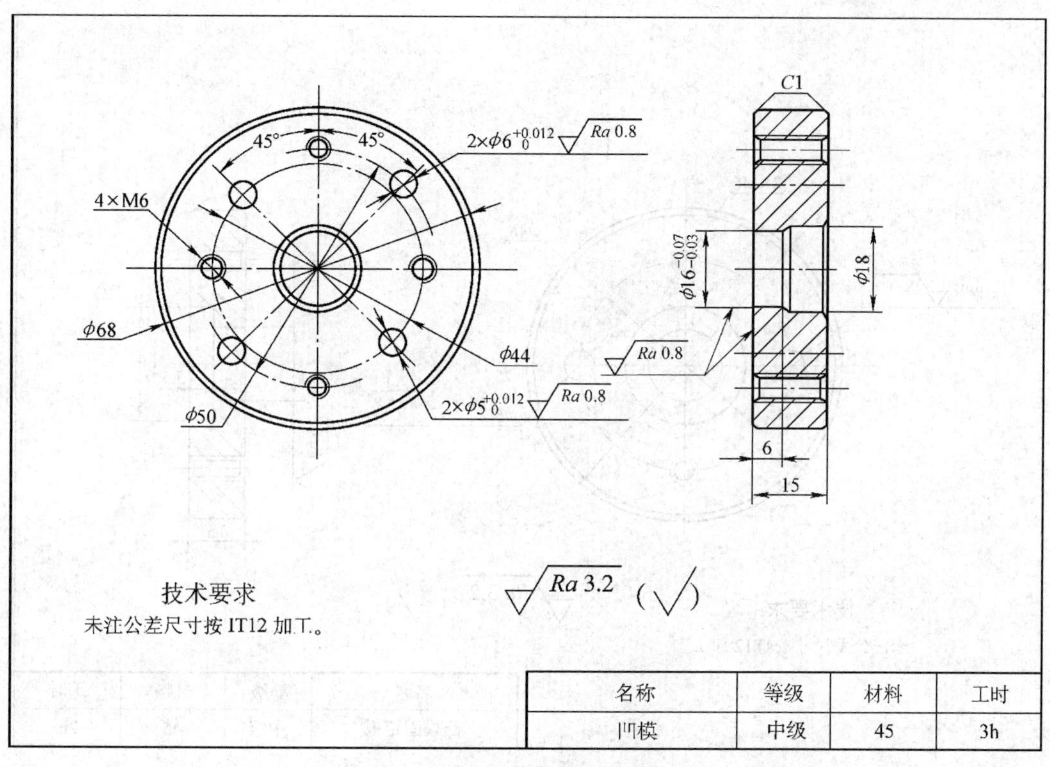

名称	等级	材料	工时
凹模	中级	45	3h

图 10—2—20 凹模零件图

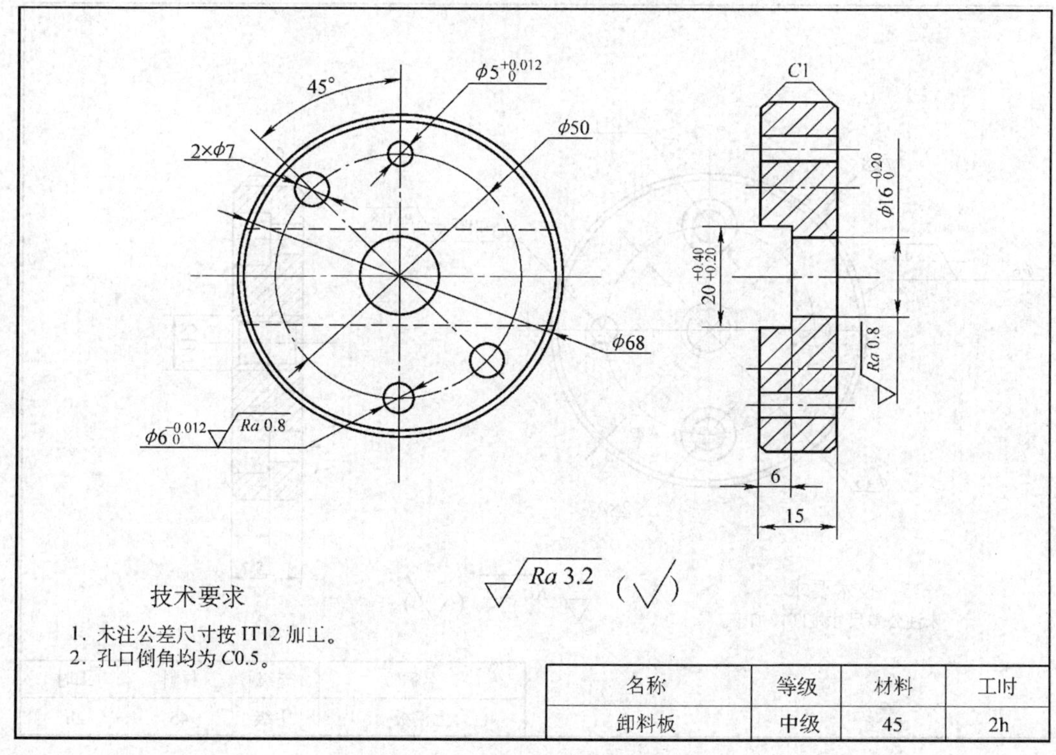

名称	等级	材料	工时
卸料板	中级	45	2h

图 10—2—21 卸料板零件图

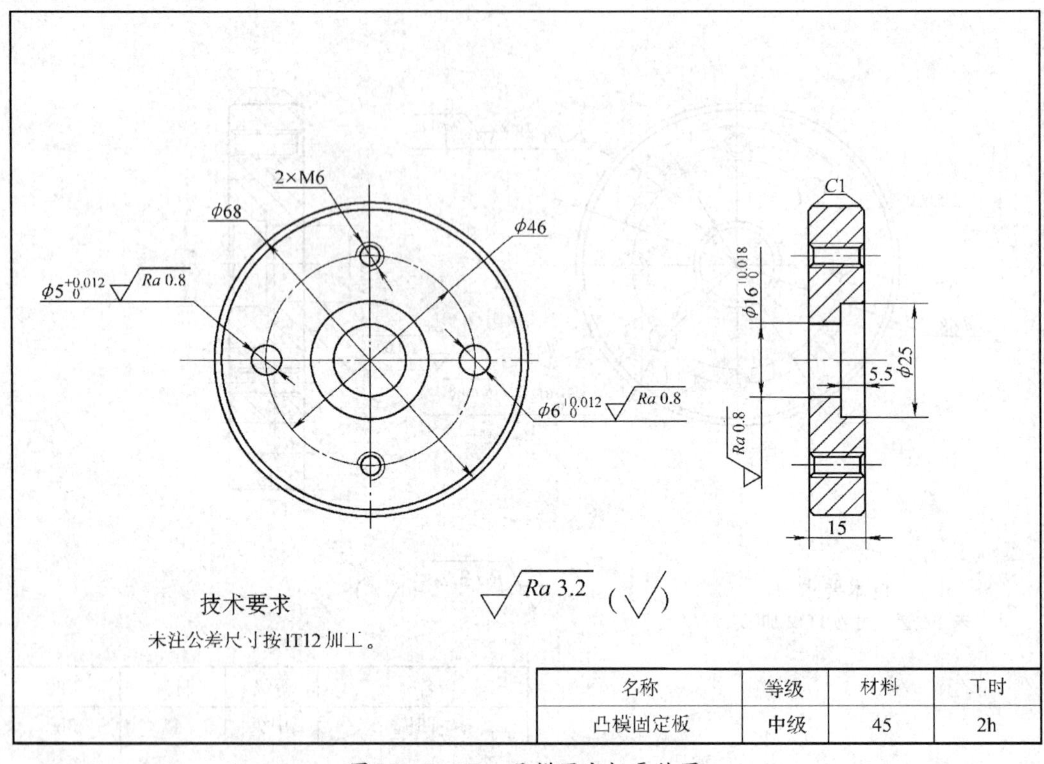

名称	等级	材料	工时
凸模固定板	中级	45	2h

图 10—2—22　凸模固定板零件图

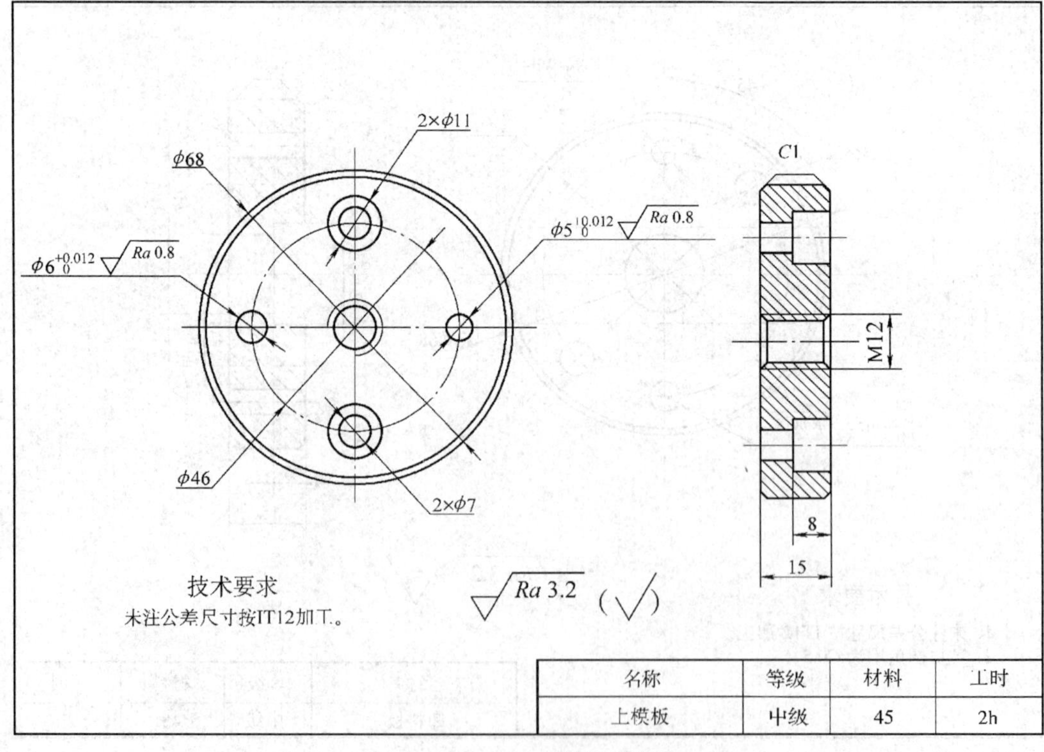

名称	等级	材料	工时
上模板	中级	45	2h

图 10—2—23　上模板零件图

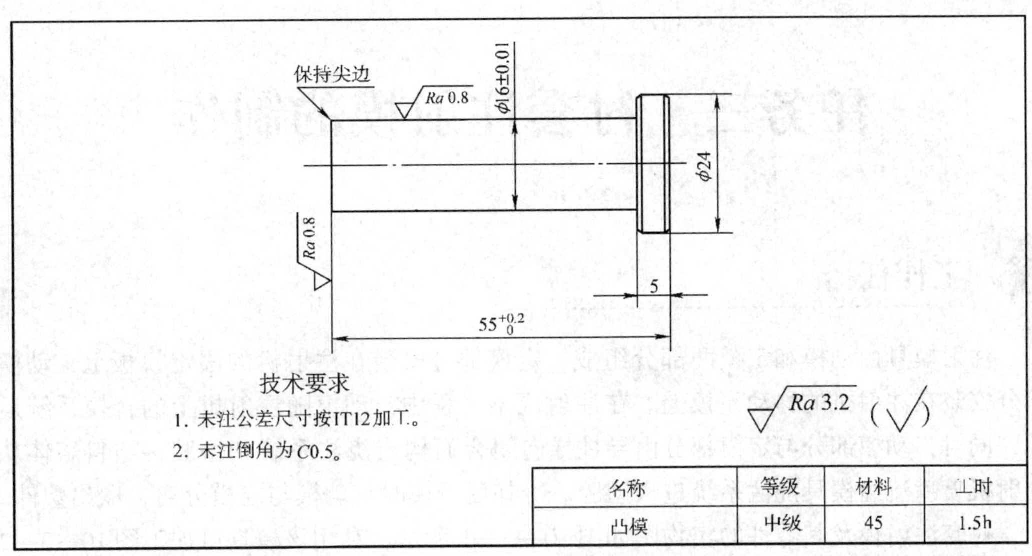

图 10—2—24 凸模零件图

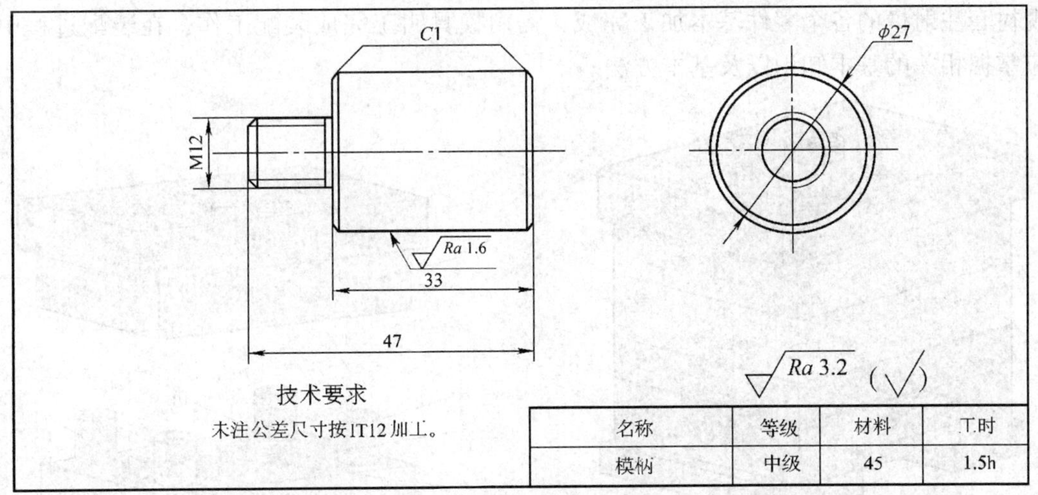

图 10—2—25 模柄零件图

表 10—2—4 落料模装配评分标准

班级：______ 姓名：______ 学号：______ 成绩：______

序号	技术要求	配分	评分标准	自检记录	交检记录	得分
1	底板与凹模的装配	15	不合理不得分			
2	凹模组件与卸料板的装配	10	不合理不得分			
3	凸模与凸模固定板的装配	15	不合理不得分			
4	上模组件的装配	10	不合理不得分			
5	模具的调整	15	不合理不得分			
6	加工试件，尺寸允差为 ±0.5 mm	25	试件尺寸超差不得分			
7	装配时工具的正确使用	10	每错一处扣 3 分			
8	安全文明生产		违者每次倒扣 2 分，严重者倒扣 5～10 分			

任务三　衬套注射模的制作

工作任务

注射模具由动模和定模两部分组成，定模部分安装在注射机的固定模板上，动模部分安装在注射机的移动模板上。在注射成型过程中，动模随注射机上的合模系统运动，同时，动模部分与定模部分由导柱导向闭合而构成浇注系统和型腔，塑料熔体从注射机喷嘴流经模具浇注系统进入型腔。冷却后开模时，动模与定模分离，取出塑件。

衬套注射模及其零件的实物图如图 10—3—1 所示，利用该模具可加工图 10—3—2 所示的塑料衬套。衬套注射模各个零件的零件图如图 10—3—3 至图 10—3—12 所示。现衬套注射模的各个零件基本加工完成，需由模具钳工完成装配工作，在装配过程中应掌握相关的基本知识以及基本方法。

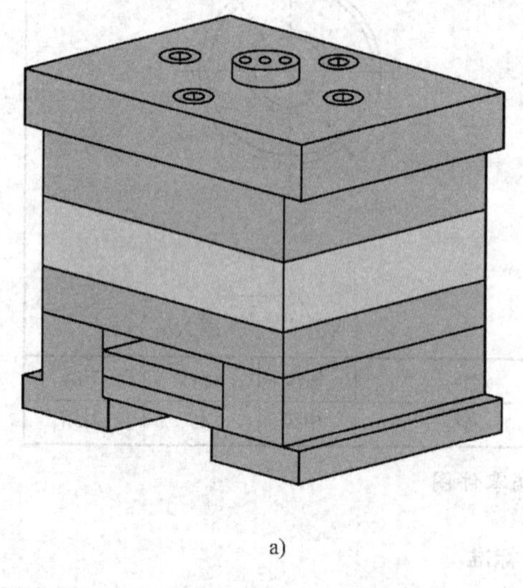

a)

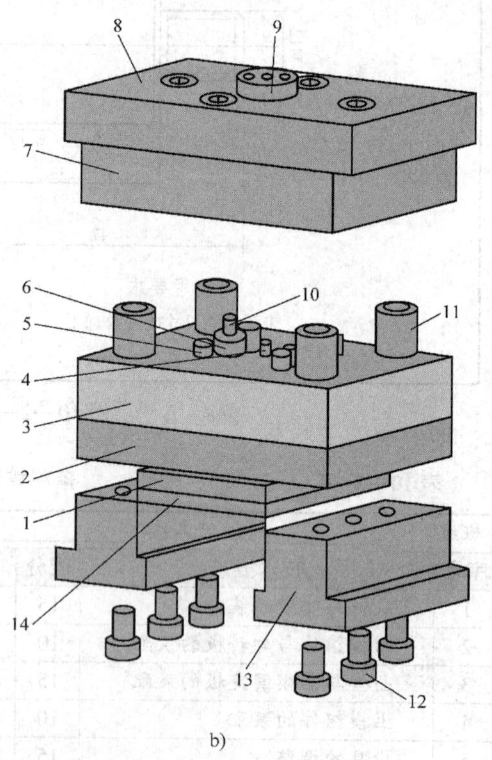

b)

图 10—3—1　衬套注射模及其零件的实物图

a）衬套注射模　b）衬套注射模各零件

1—推杆固定板　2—支撑板　3—动模板　4—拉料杆　5—复位杆　6—凸模　7—定模板　8—定模座板　9—浇口套　10—推杆　11—导柱　12—螺钉　13—垫铁　14—推板

1
10
R3
ϕ20
材料:ABS。
收缩率:0.05%。

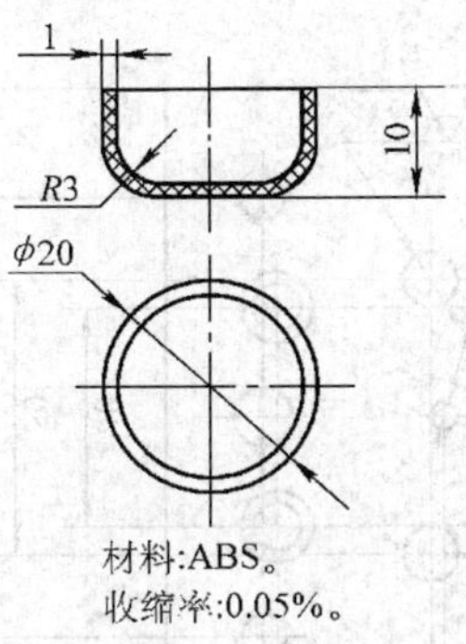

图 10—3—2 塑料衬套

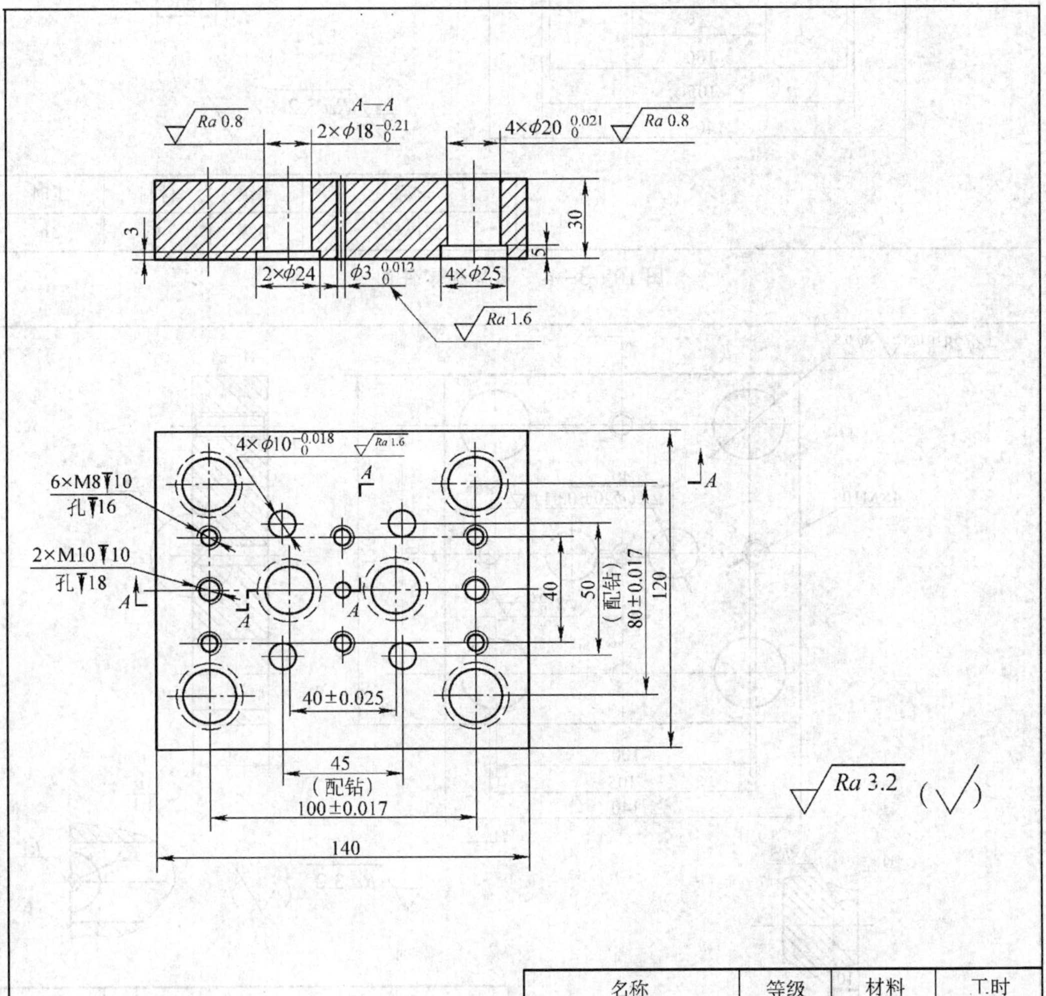

A—A
Ra 0.8
2×ϕ18 -0.21 0
4×ϕ20 0.021 0
Ra 0.8
3
30
5
2×ϕ24
ϕ3 0.012 0
4×ϕ25
Ra 1.6
4×ϕ10 -0.018 0
Ra 1.6
6×M8▼10
孔▼16
2×M10▼10
孔▼18
40
50（配钻）
80±0.017
120
40±0.025
45（配钻）
100±0.017
140
Ra 3.2 (√)

名称	等级	材料	工时
动模板	中级	45	3h

图 10—3—3 动模板零件图

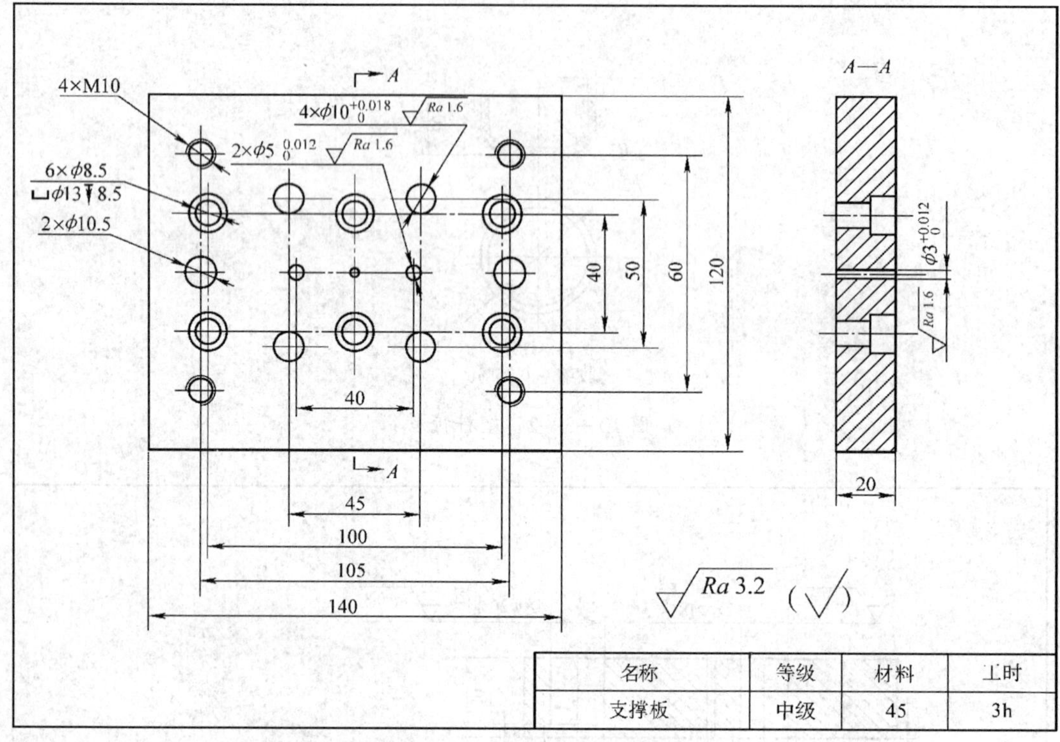

图 10—3—4　支撑板零件图

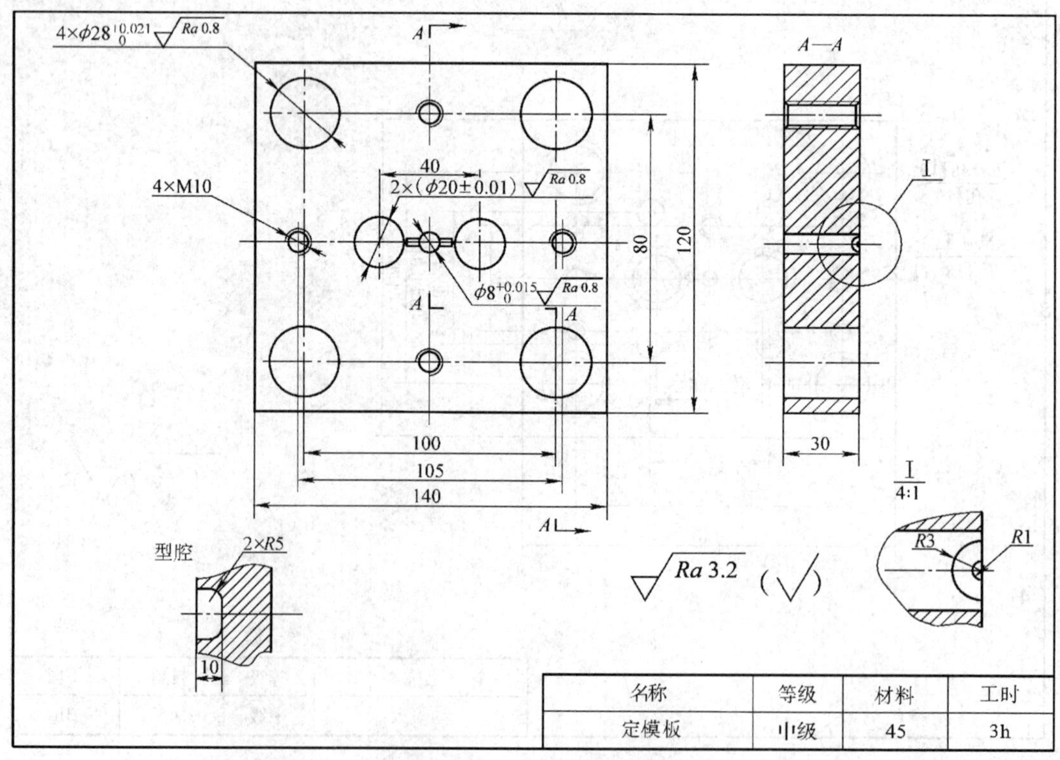

图 10—3—5　定模板零件图

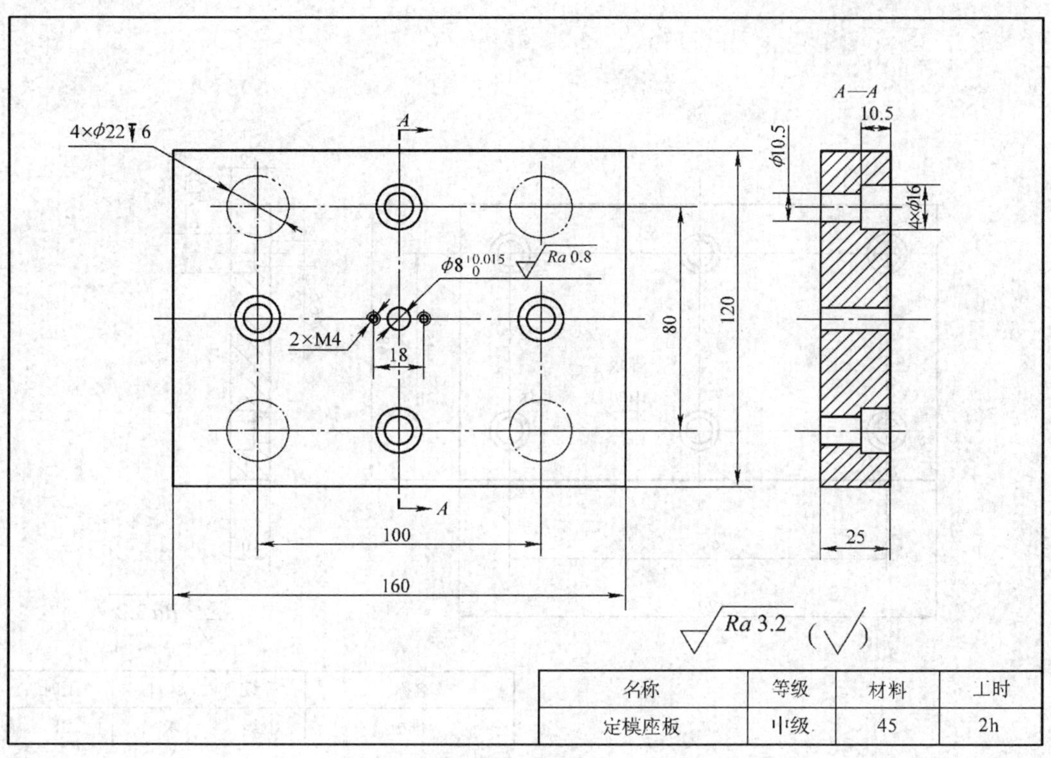

名称	等级	材料	工时
定模座板	中级	45	2h

图 10—3—6 定模座板零件图

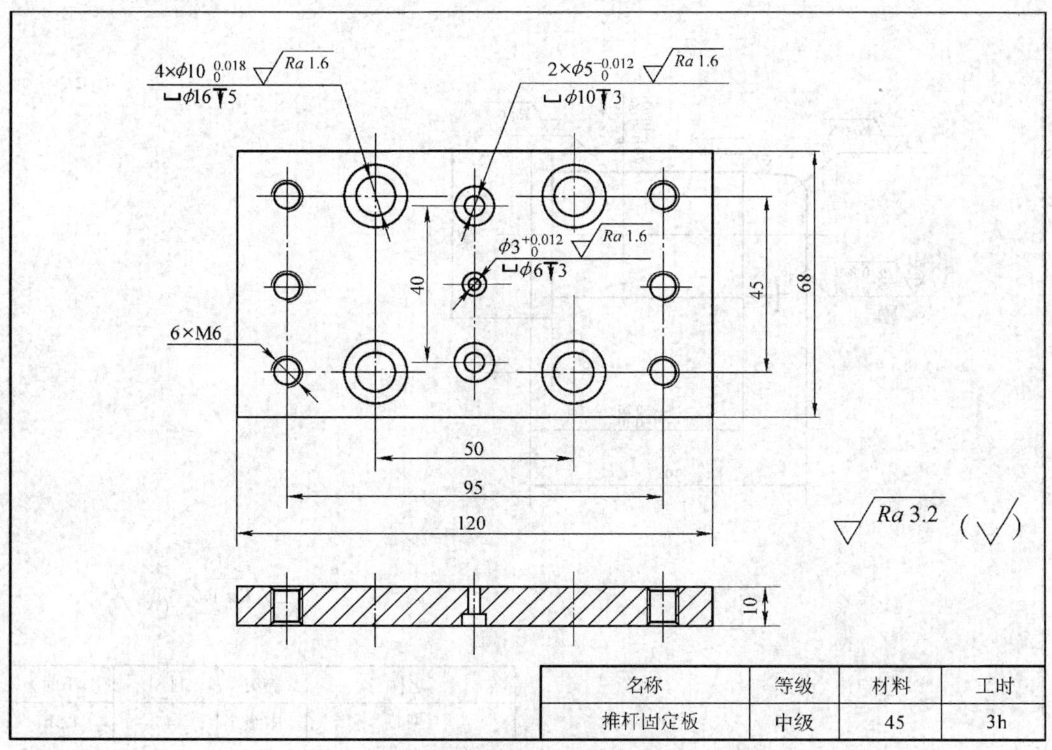

名称	等级	材料	工时
推杆固定板	中级	45	3h

图 10—3—7 推杆固定板零件图

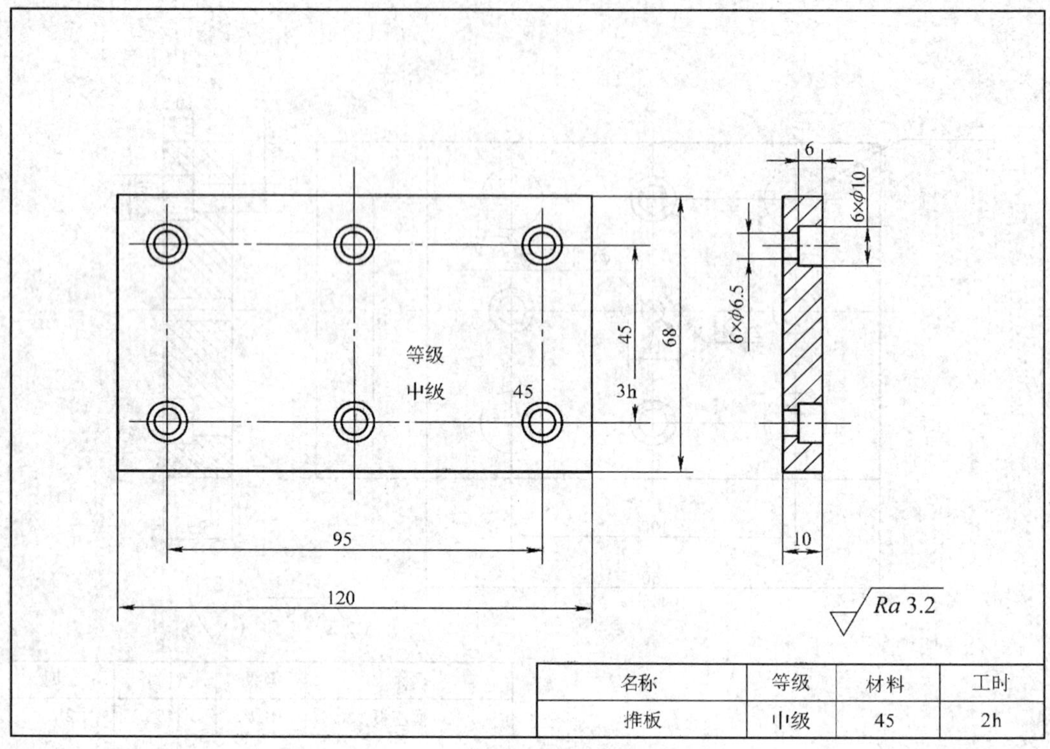

图 10—3—8 推板零件图

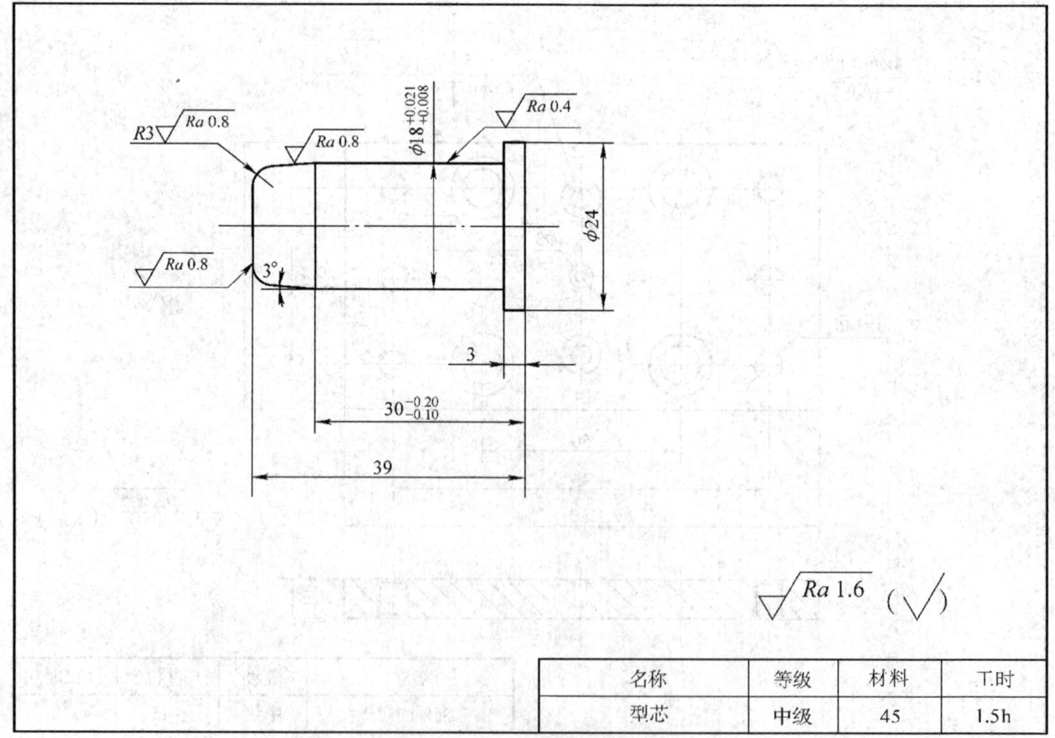

图 10—3—9 型芯零件图

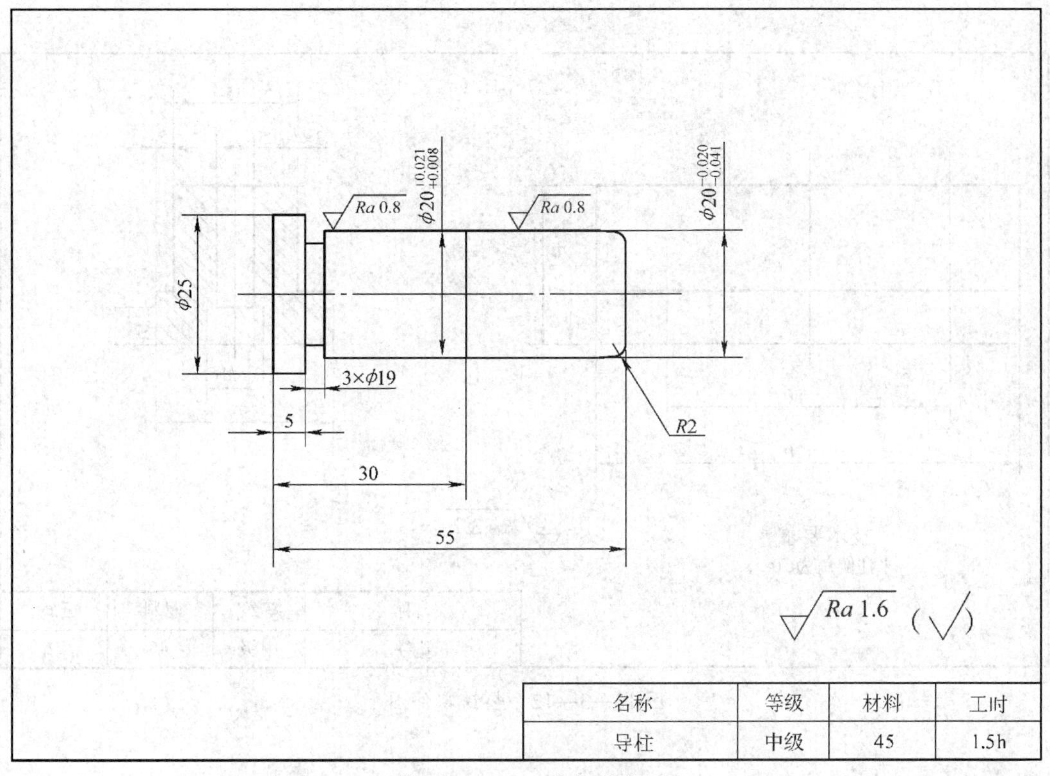

名称	等级	材料	工时
导柱	中级	45	1.5h

图 10—3—10 导柱零件图

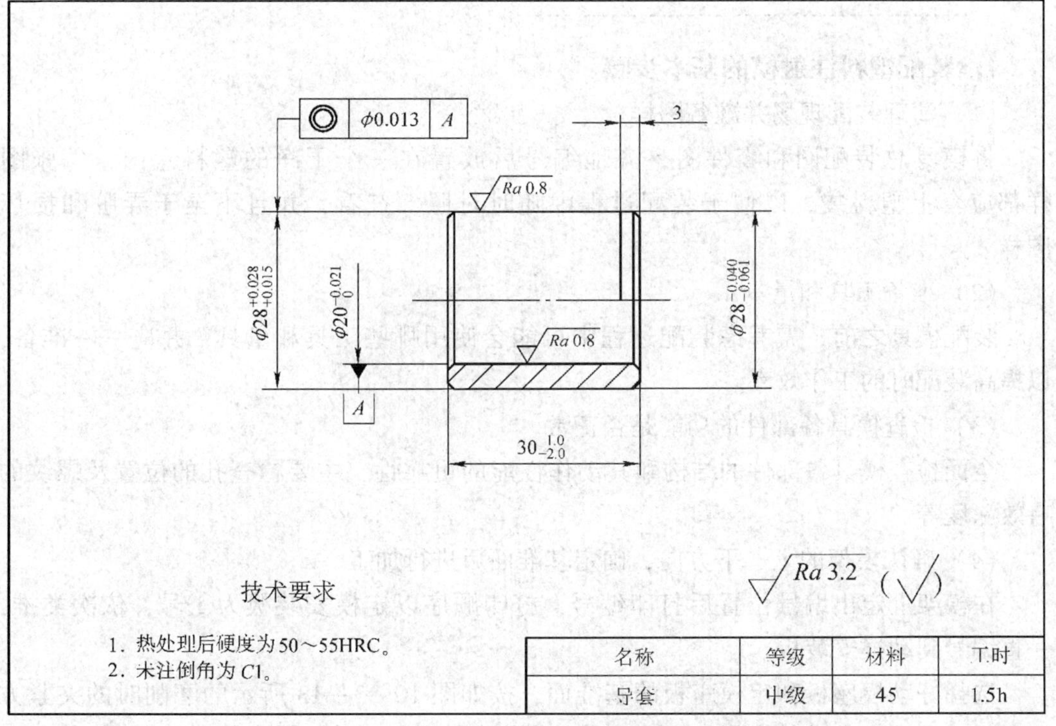

技术要求

1. 热处理后硬度为50～55HRC。
2. 未注倒角为C1。

名称	等级	材料	工时
导套	中级	45	1.5h

图 10—3—11 导套零件图

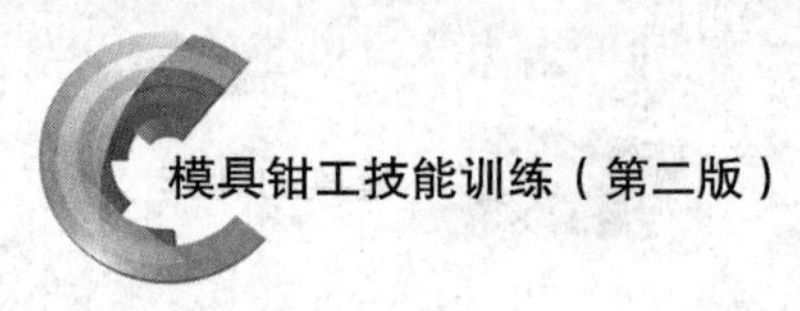

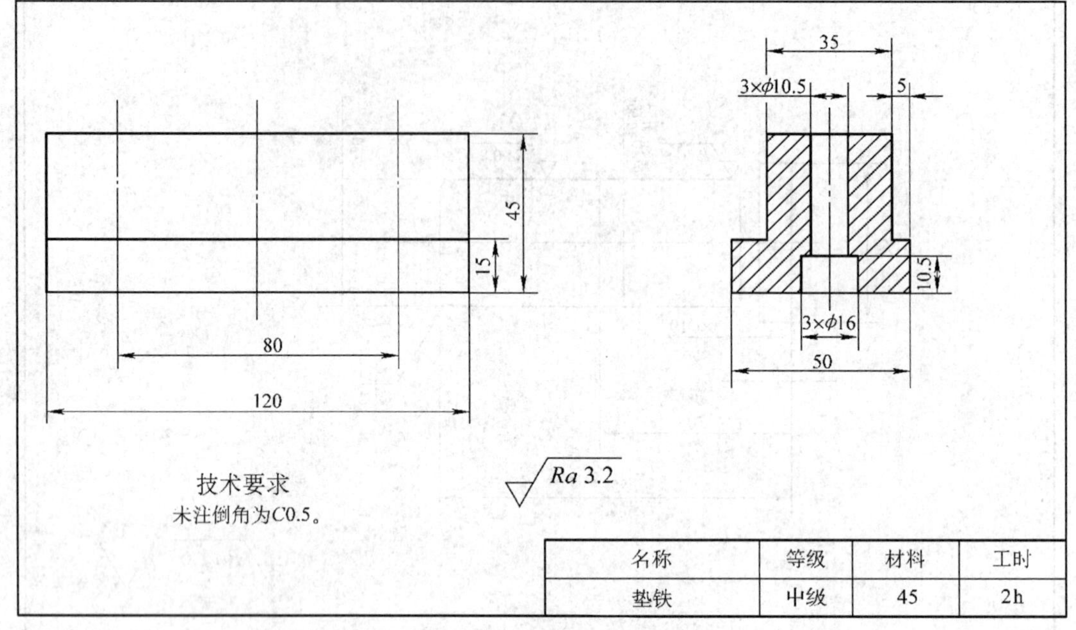

图 10—3—12　垫铁零件图

相关理论

1. 装配塑料注射模的基本步骤

（1）清理装配现场并准备图样

将模具总装配图和零件图整齐地编号后放置在一个干净的塑料盒内，每张图样都应套上塑料袋，以便于装配过程中随时对照、查看，并且不至于弄脏和损坏图样。

（2）准备工具和量具

装配模具之前，需考虑装配过程中可能会使用哪些工具和量具，并应一一准备，以提高装配时的工作效率。

（3）检查模具各部件的功能是否正常

全面检查模具各部件的结构和其动作性能的可靠性，主要检查孔的位置及螺纹的有效深度等。

（4）确认模架的上、下方向，确定基准面后进行加工

在模架上定出编号位置后打印编号，打印顺序以定模安装板为①号，依次类推，一直编号到动模安装板。

选择好动模座板和定模座板的基准面，按如图 10—3—13 所示的磨削时的夹紧方法夹紧，在磨床上进行磨削加工，然后在铣床上或数控机床上进行沉孔的加工。

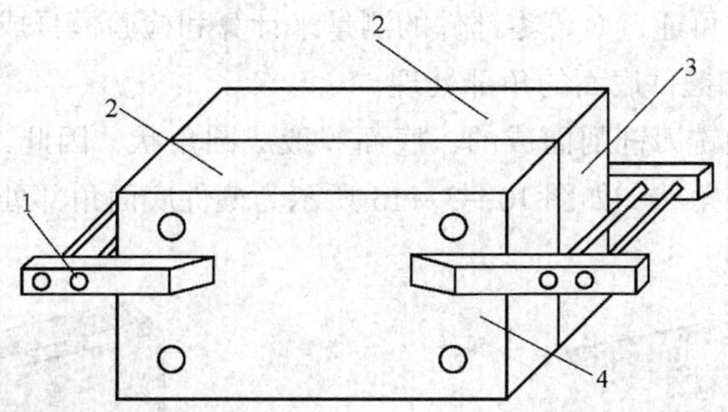

图 10—3—13 磨削动、定模座板基准面的夹紧方法

1—平行夹头 2—基准面 3—定模座板 4—动模座板

（5）确认、修正以及清理各模板和附件

根据图样要求对动、定模板与型芯、型腔的连接沉孔，动模板和支撑板的推杆孔，水孔等以及各连接螺纹孔进行划线、钻孔并攻螺纹，去除螺纹的毛刺，用空气枪吹去内部切屑并清理和确认，对各模板进行倒角并修正。

（6）压入导柱、导套

若模架各模板是自己加工的，还得由模具钳工按装配要求压入导柱和导套。在压入前须检查导柱和导套的长度、压装孔的精度以及沉孔深度。在敲入导柱或导套时，置放导柱或导套一定要与模板垂直，为方便敲入，可在外径处涂上机油或润滑脂。在用锤子敲入时，为保证垂直且避免敲伤导柱、导套，可衬垫辅助铜片。如图 10—3—14 所示为导柱、导套的装配。

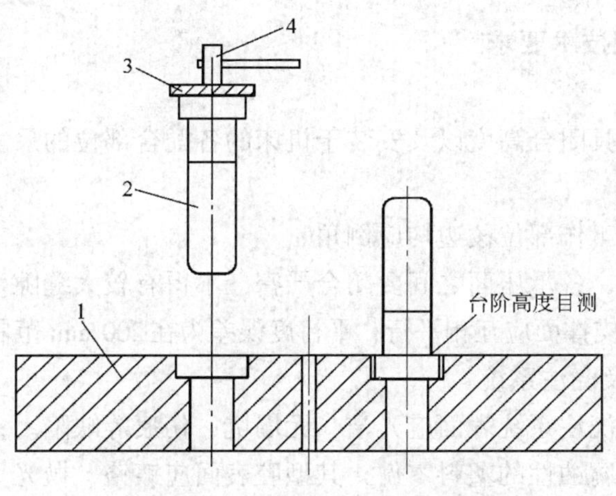

图 10—3—14 导柱、导套的装配

1—模板 2—导柱 3—铜片 4—锤子

（7）将装配的零件逐一对照零件图进行确认

零件数量较多时，要逐一对零件的形状和数量进行确认，防止出差错。查看零件是否在加工和运输过程中有碰伤和破损现象，尤其要检查与装配有关系的装配形状和尺寸是否符合装配精度要求，当对模具的所有零件都进行了检查并做出记录后，可实

施装配操作。必要时可通过对各零部件的测量来计算和检验模具成型部分的尺寸。

（8）镶入零件和镶件底面的角部处理

由于镶件一般用铣刀铣削而成的，底面一般成圆角状，因此，镶入零件的底面四周角部处应修正成圆角状，如图 10—3—15 所示为镶件底面角部处理。

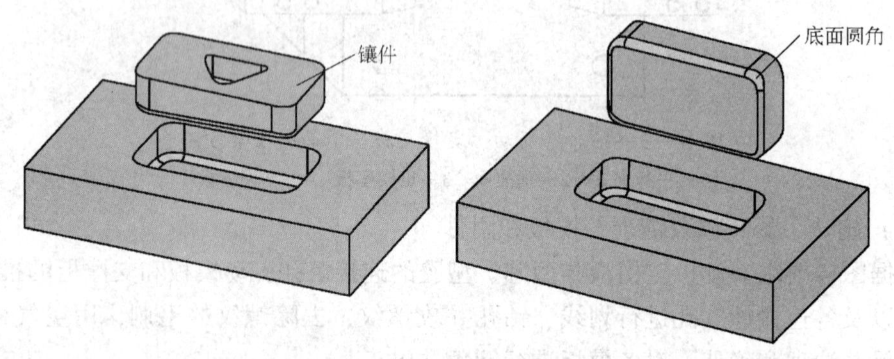

图 10—3—15　镶件底面角部处理

（9）装配组件

在进行总装配前，一般先将模具装配成各个组件，主要是凹模组件、型芯组件、推出系统组件，应分别进行装配。

（10）总装配与调整

在主要组件装配完成后，进行总装配与调整，以保证模具在装配后能进行符合要求的正确开、合模动作。

2. 型腔模装配技术要求

（1）模具外观

1）装配后的模具闭合高度以及安装于机床的各配合部位的尺寸应符合所选用设备规格。

2）模具外露非工作部位棱边均应倒角。

3）模具闭合后，各承压面之间要闭合严密，不得有较大缝隙。

4）零件之间各支撑面应互相平行，平行度误差为在 200 mm 范围内不超过 0.05 mm。

（2）成型零件及浇注系统

1）成型零件、浇注系统表面应光洁，无塌坑、伤痕等缺陷。

2）对成型时有腐蚀性的塑料零件，其型腔表面应镀铬、抛光。

3）成型零件尺寸精度应符合图样规定的要求。

4）互相不接触的承压零件之间应有适当间隙或合理的承压面积及承压形式，以防止零件间直接挤压。

5）在型腔分型面处以及浇口和进料口处应保持锐边，一般不得修成圆角。

6）各飞翅方向应保证不影响工件正常脱模。

（3）顶出系统零件

1）开模时顶出部分应保证顺利脱模，以方便取出工件及浇注系统的废料。

2）各顶出零件要动作平稳，不得有卡住现象。

3）模具稳定性要好，应有足够的强度，工作时受力要均匀。

（4）锁紧及紧固零件

1）锁紧作用要可靠。

2）各紧固螺钉要拧紧，不得松动，圆柱销要楔紧。

（5）斜楔块及活动零件

1）各滑动零件配合间隙要适当，起止位置定位要正确。镶嵌紧固零件要紧固、安全、可靠。

2）活动型芯、顶出及导向部位运动时，滑动要平稳，动作可靠、灵活、互相协调，间隙要适当，不得有卡紧及感觉发涩的现象。

（6）导向机构

1）导柱、导套要垂直于模座。

2）导向精度要达到图样的配合精度，能对定模、动模起良好的导向、定位作用。

任务实施

一、实习步骤

1. 读懂各图样，理解各图样间的关系，并清理好装配现场。

2. 准备各种工量刃具。为了提高装配精度及装配效率，根据各零件图样准备好测量用的千分尺、游标高度尺、塞尺等量具以及麻花钻、扳手、铜棒等刃具及工具。

3. 根据图样核对、检验各零件尺寸精度及形位精度。

4. 装配组件。

（1）动模组件的装配

如图 10—3—16 所示，以动模板为基准，组装动模组件。在装配前先以配钻的方法加工出固定螺钉的螺纹底孔及螺纹沉孔，并加工出螺纹。在压装型芯及导柱时，注意型芯及导柱与动模板大平面的垂直度要求。

（2）定模组件的装配

如图 10—3—17 所示，在装配定模组件时以定模板为基准件。在装配时先加工出螺纹孔、螺纹沉孔及螺纹，然后压装导套，在用螺钉固定后配钻、配铰加工出浇口套孔，最后把浇口套固定在定模座板上。

（3）推板组件的装配

如图 10—3—18 所示，在装配推板组件时以推杆固定板为基准件，而推杆固定板上的拉料孔及推杆孔应以动模板为基准进行加工，一般是在数控机床上同时加工完毕。

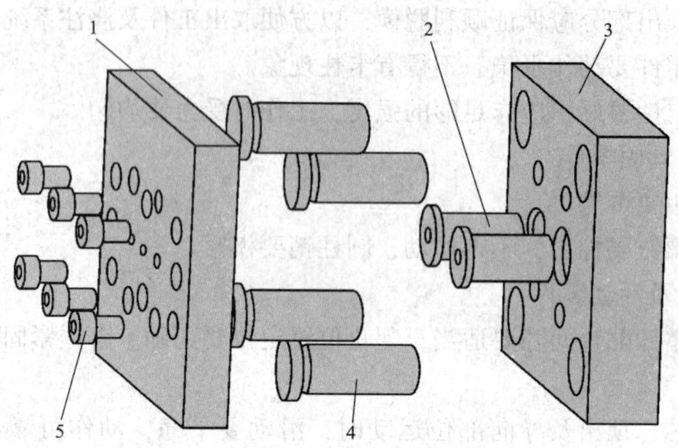

图 10—3—16 动模组件的装配

1—支撑板 2—型芯 3—动模板 4—导柱 5—螺钉

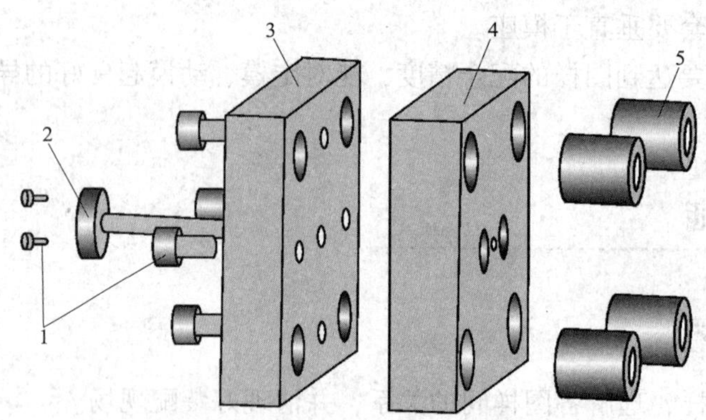

图 10—3—17 定模组件的装配

1—螺钉 2—浇口套 3—定模座板 4—定模板 5—导套

在加工推杆孔时，应与支撑板及动模板一起配钻、配铰完成。推板与推杆固定板上的螺纹固定孔一起配钻完成，在分开后分别加工螺纹及沉孔。

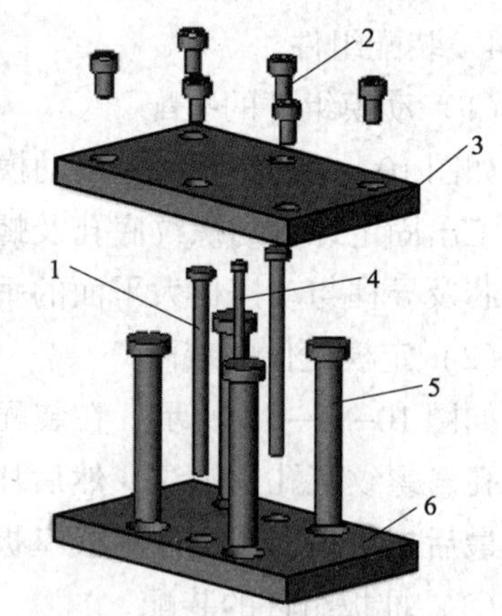

图 10—3—18 推板组件的装配

1—推杆 2—螺钉 3—推板 4—拉料杆 5—复位杆 6—推杆固定板

5. 总装配与调整。

组件装配完后，进入总装配与调整阶段。首先调整动模组件与定模组件的配合，主要看型芯与型腔的配合间隙是否合理、正确，以及导柱与导套的配合是否能正确引导型芯与型腔的配合。

其次调整拉料杆、推杆、复位杆的长度至合理，以及它们相互之间的关系正确。

调整完毕后，装配上垫铁并进行试模，然后根据试模状况进行再次调整。

重点提示

1. 在压入导柱、导套时，应事先对导柱、导套进行选配。
2. 在压入导柱、导套时，应校正垂直度，不准偏斜。
3. 装配中绝不允许漏装螺钉、销钉或未按要求拧紧。
4. 总装配后，开、合模时导柱、导套、顶出机构等不能有阻滞及松紧不一的情况出现。
5. 工件顶出后不能出现偏移、错位及锁紧处松动现象。

二、评分标准

衬套注射模装配评分标准见表 10—3—1。

表 10—3—1　　衬套注射模装配评分标准

班级：＿＿＿＿　姓名：＿＿＿＿　学号：＿＿＿＿　成绩：＿＿＿＿

序号	技术要求	配分	评分标准	自检记录	交检记录	得分
1	动模组件的装配	15	型芯的压装（5 分） 导柱的压装（5 分） 固定螺纹的加工（5 分）			
2	定模组件的装配	15	导套的压装（5 分） 浇口套的装配（5 分） 固定螺纹的加工（5 分）			
3	推板组件的装配	15	推杆、拉料杆的装配（5 分） 复位杆的装配（5 分） 固定螺纹的加工（5 分）			
4	总装配与调整	25	型芯、型腔间隙的调整（5 分） 拉料杆的调整（5 分） 推料杆的调整（5 分） 复位杆的调整（5 分） 总装配完成（5 分）			
5	试件的正确性	25	试件尺寸超差不得分			
6	装配时工具的正确使用	5	每错一处扣 3 分			
7	安全文明生产		违者每次倒扣 2 分，严重者倒扣 5～10 分			

任务拓展

如图 10—3—19 所示为密封垫注射模的结构图及注射零件图。密封垫注射模的零件基本加工完成，现需完成该模具的装配及调试工作。动模板零件图如图 10—3—20 所示，定模板零件图如图 10—3—21 所示，推板零件图如图 10—3—22 所示，型芯零件图如图 10—3—23 所示，导柱零件图如图 10—3—24 所示，球头拉料杆零件图如图

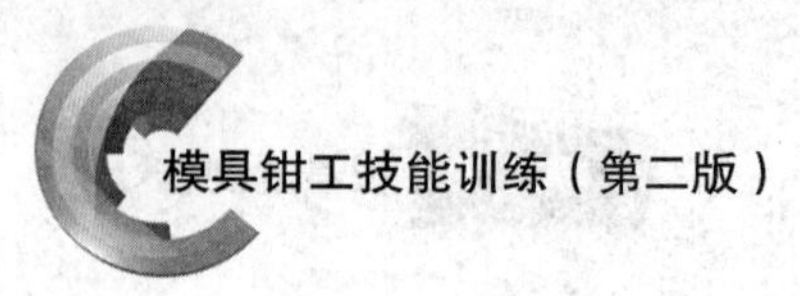

10—3—25 所示，浇口套零件图如图 10—3—26 所示，定位圈零件图如图 10—3—27 所示。密封垫注射模装配评分标准见表 10—3—2。

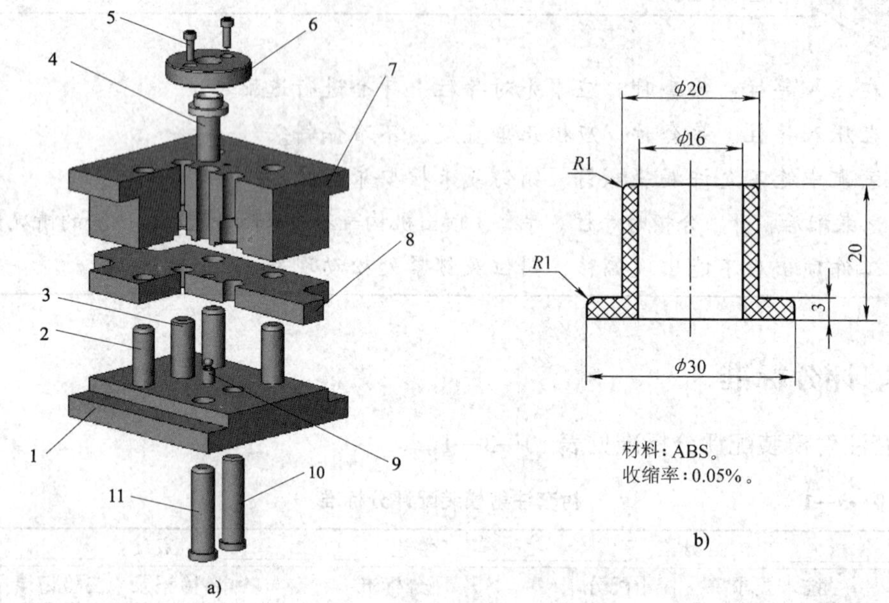

图 10—3—19　密封垫注射模的结构图及注射零件图

a）注射模结构图　b）注射零件图

1—动模板　2—导柱　3—型芯　4—浇口套　5—螺钉　6—定位圈

7—定模板　8—推板　9—球头拉料杆　10—型芯　11—导柱

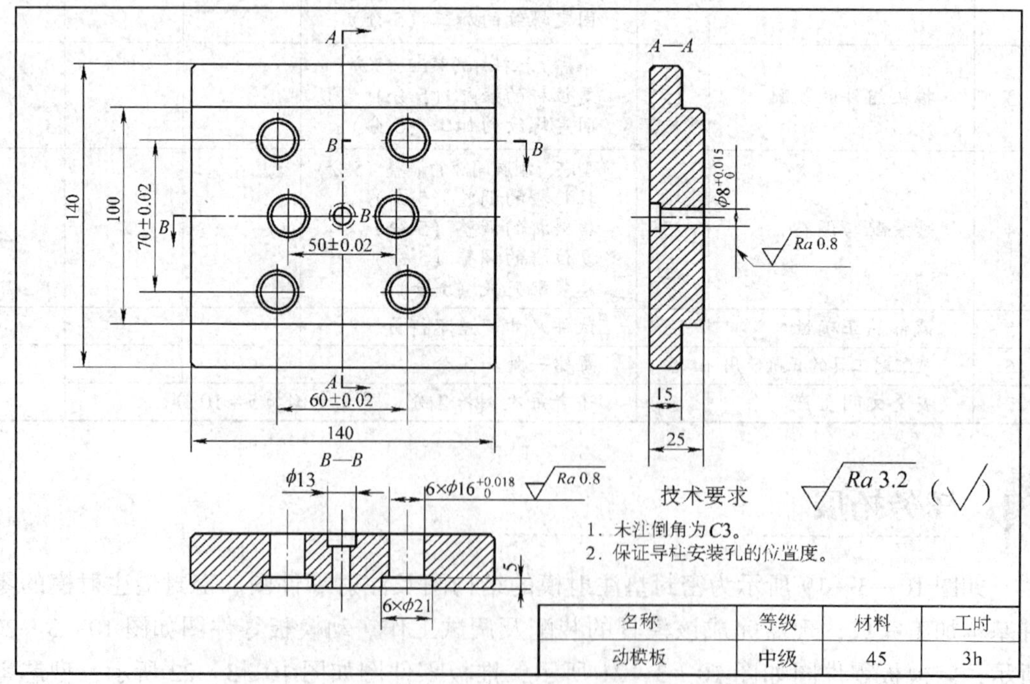

图 10—3—20　动模板零件图

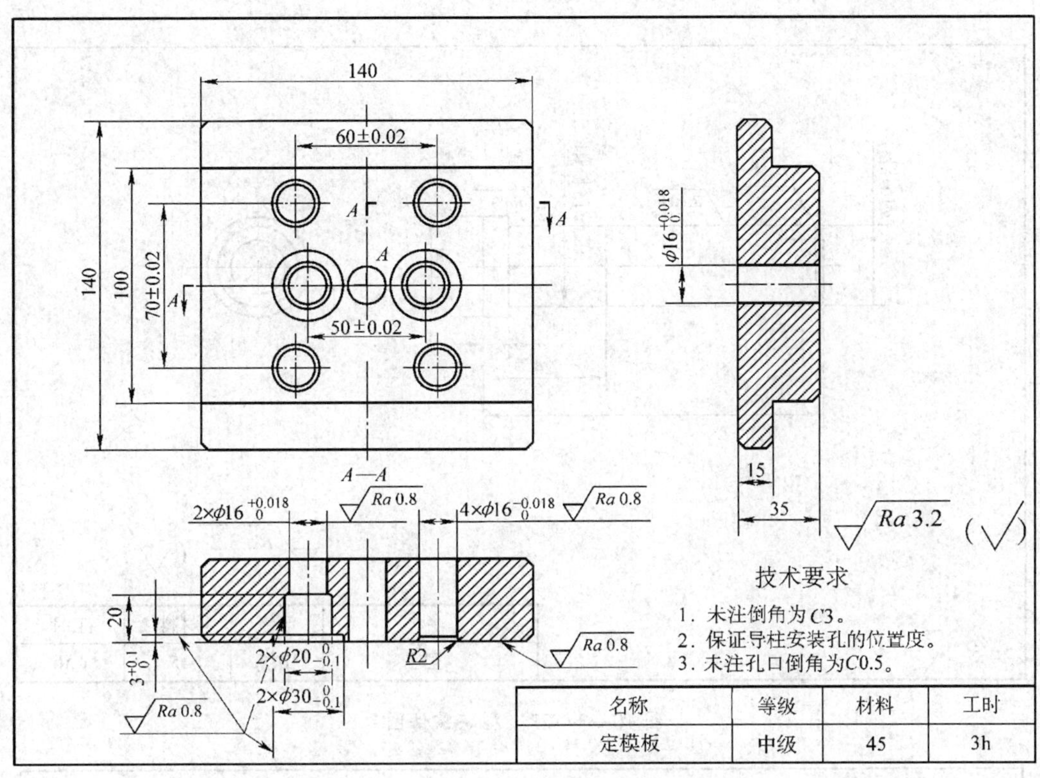

图 10—3—21 定模板零件图

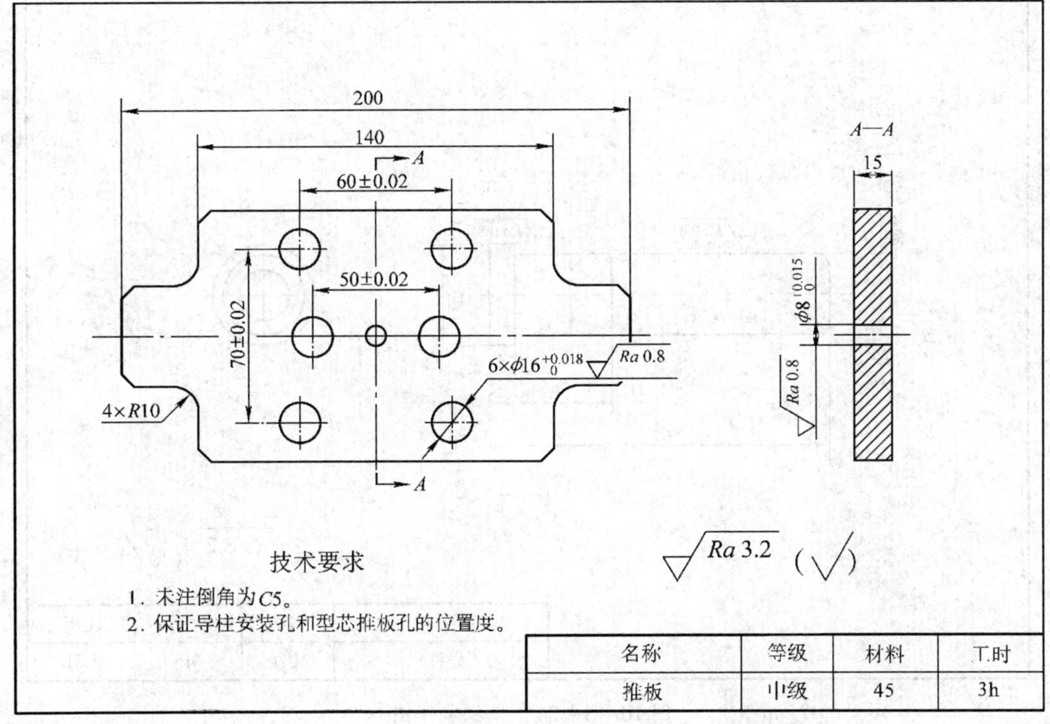

图 10—3—22 推板零件图

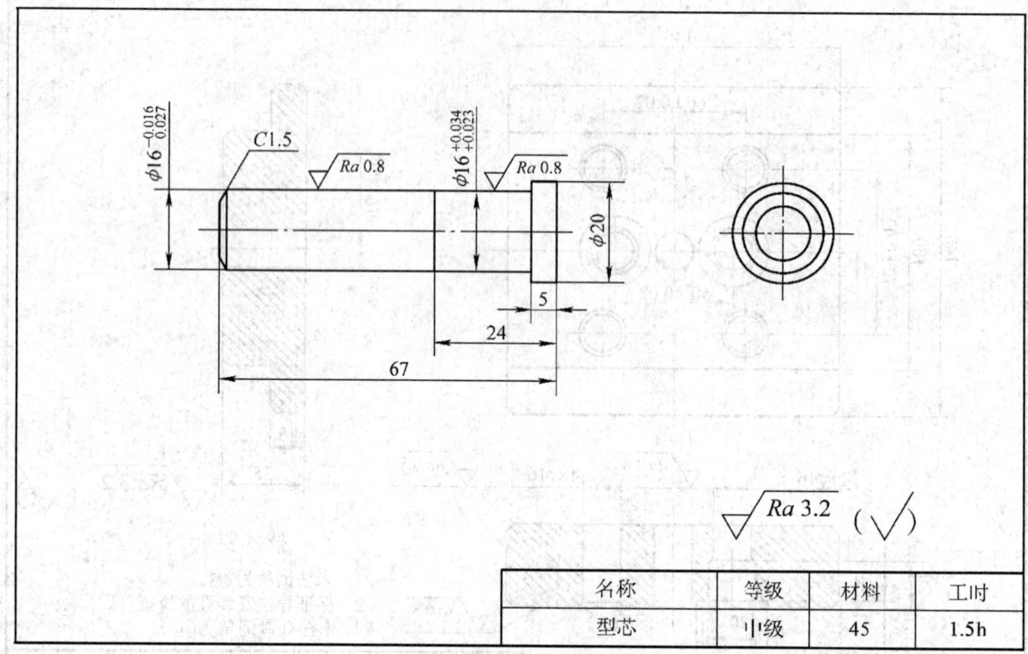

图 10—3—23　型芯零件图

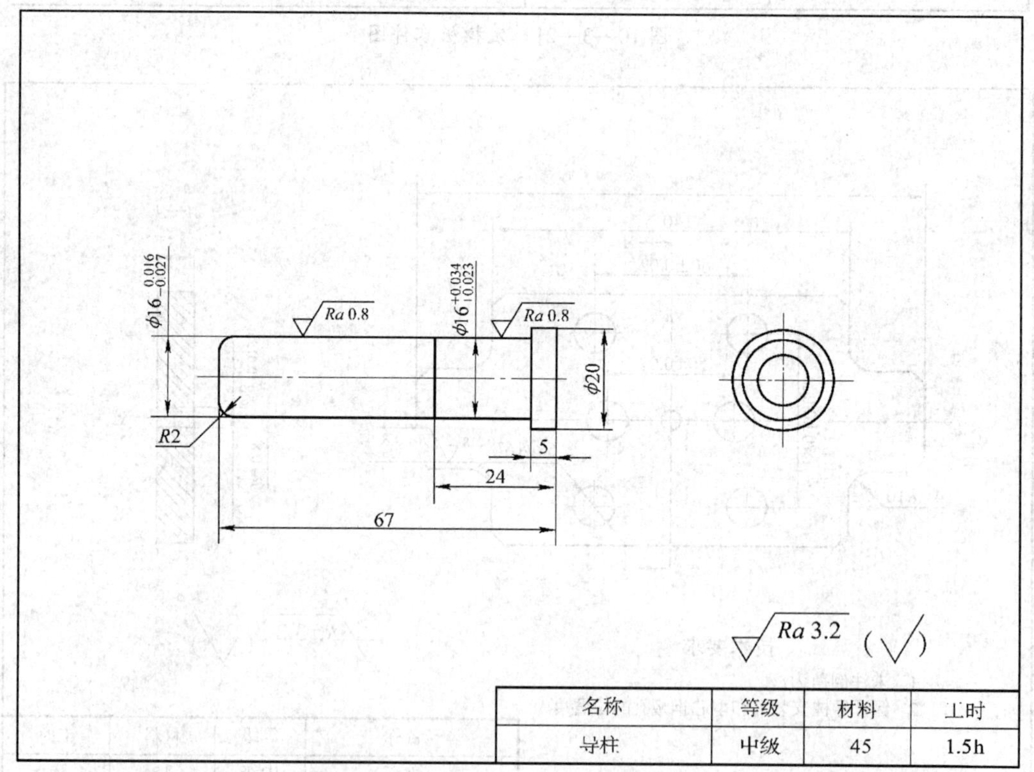

图 10—3—24　导柱零件图

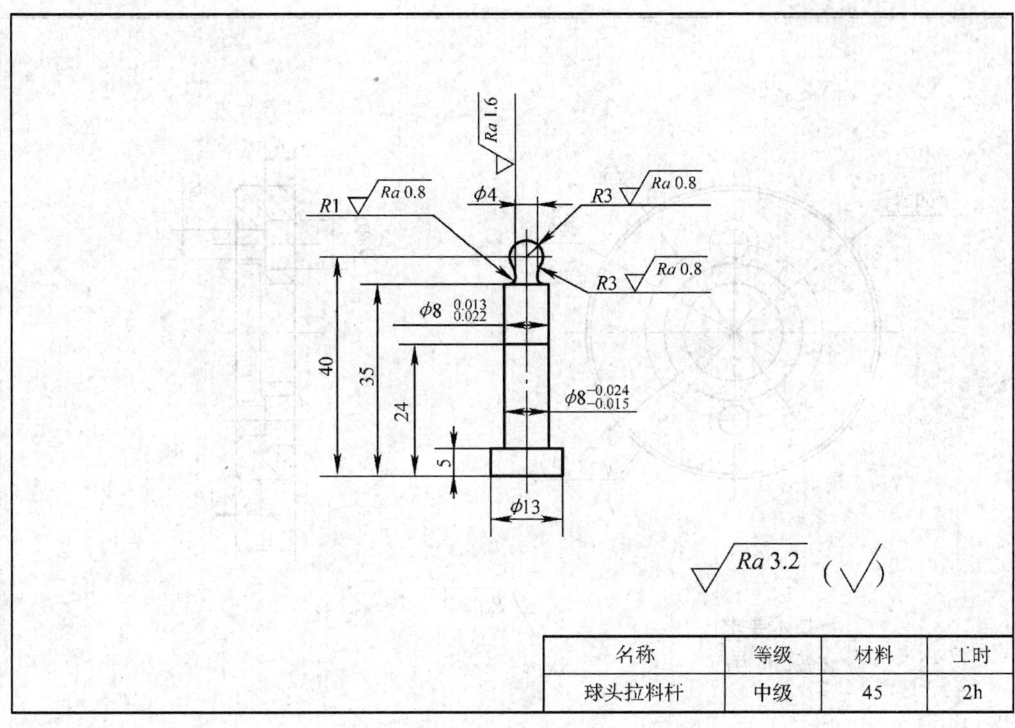

图 10—3—25 球头拉料杆零件图

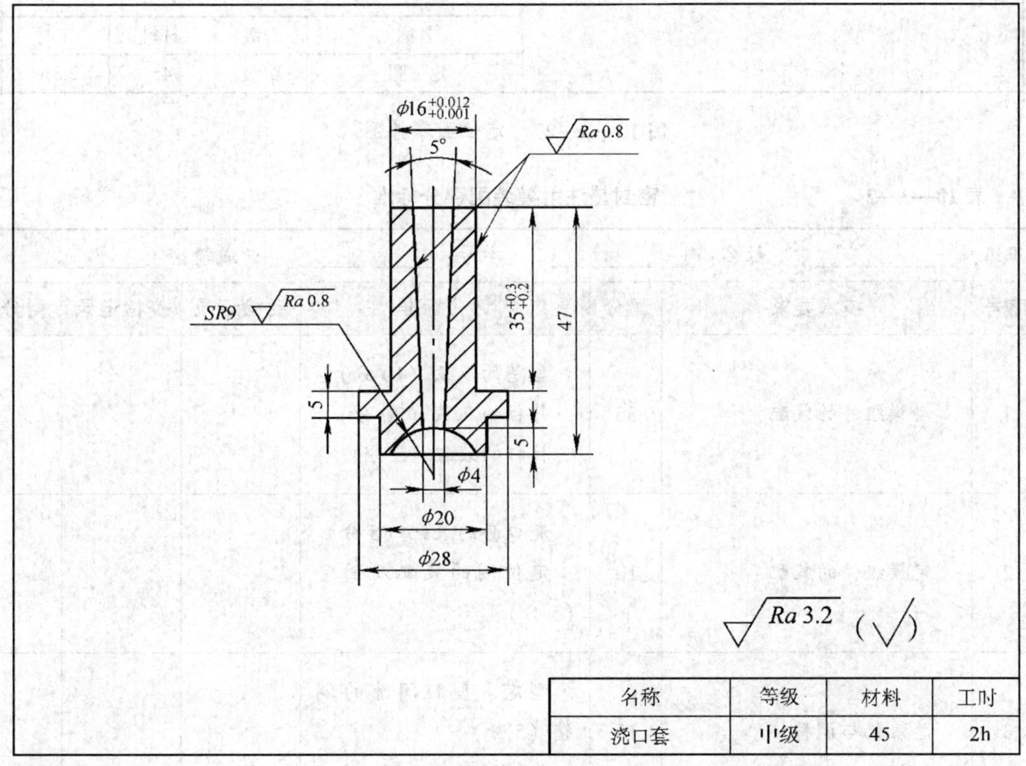

图 10—3—26 浇口套零件图

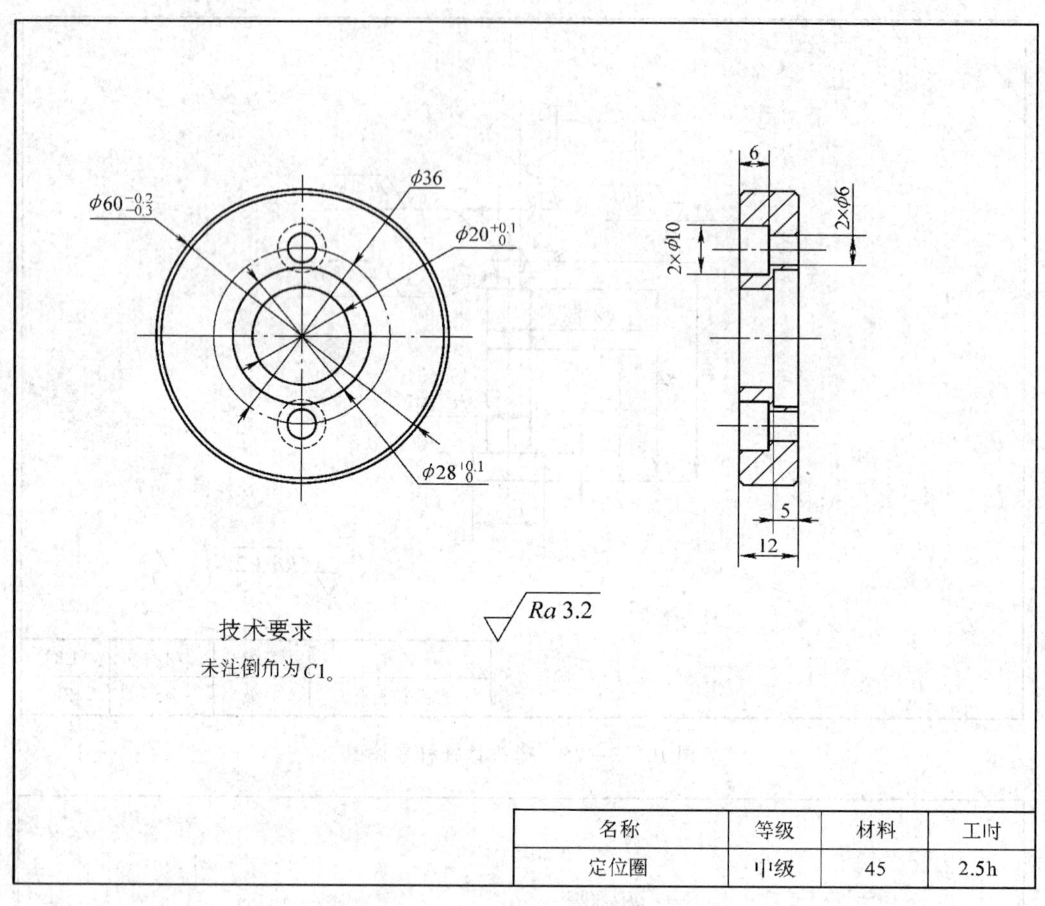

图 10—3—27　定位圈零件图

表 10—3—2　　密封垫注射模装配评分标准

班级：________　姓名：________　学号：________　成绩：________

序号	技术要求	配分	评分标准	自检记录	交检记录	得分
1	动模组件的装配	35	型芯的压装（10 分） 导柱的压装（20 分） 拉杆的装配（5 分）			
2	定模组件的装配	10	浇口套的装配（5 分） 定位圈的装配及固定（5 分）			
3	总装配与调整	15	型芯、型腔间隙的调整（5 分） 总装配完成（10 分）			

续表

序号	技术要求	配分	评分标准	自检记录	交检记录	得分
4	试件的正确性	30	试件尺寸超差不得分			
5	装配时工具的正确使用	10	每错一处扣2分			
6	安全文明生产		违者每次倒扣2分，严重者倒扣5～10分			